The Golden Thread

金线

〔英〕卡西亚·圣克莱尔 著

马博 译

湖南人民出版社

献给我的父亲，
谢谢他给我讲故事，并教我坚持。

目录
Contents

前言

如果你把目光从这一页上移开，往下看看，你就会发现自己的身体正被布料包裹着。（亲爱的读者，我假设你此刻并非裸体。）也许你正坐在地铁或火车的椅垫上，又也许你正陷在松软的沙发中。你可能身上正围着一条浴巾，可能在色彩缤纷的帐篷里，也可能盖着被子。而以上一切都是布料制成的，无论是纺布、毡布还是织布。

面料，无论人工的还是天然的，都在定义、改变、提升、塑造着我们所生活的世界：这一过程始于史前时代，然后是早期的中东和埃及文明，途经中国帝制时代的丝绸龙袍和加速了工业革命的印度白棉布与印花棉布，最终抵达实验室研制的合成面料——这些面料让人类走得更快、更远。纵观文明史，四种主要的自然纤维激发了心灵手巧的人们的创作能力：棉、丝、亚麻、羊毛。人们利用这些材料来取暖、护身、区分阶级、彰显个人风格、发挥创造力和想象力。

布料在我们的生活中无所不在。我们刚出生就被包裹在布里，而死后脸上又将盖上一块布。我们就像硌醒豌豆公主的那颗豆子，睡在一层又一层的布料中间；当我们醒来时，我们又穿上布料做的衣服去面对世界，并让世界知道我们在那一天如何展示自己。讲话时，我们使用很多有关线与布生产过程的词语或比喻，比如线（line）、衬里（lining）、内衣（lingerie）、油毡（linoleum），都来源于一个词——亚麻（linen）。绝大多数人对亚麻如何被从植物纺成线，或如何将极细的经纱织成花缎的实际过程知之甚少。对多数人来说，这些语言中的母题就像被冲上沙滩的空贝壳：本身是令人无甚兴味的事物，但它们提示着一个更宏大、更丰富、我们一知半解却值得注意的事物。

我在大学研究 18 世纪服装时，经常见到很多古板的人。他们认为衣服是琐碎的、不值一提的，尽管它们显然对我们所讨论的社会十分重要。而当我之后书写当代的设计与时尚时，我也遭遇了相同的势利眼光。关于面料的研究常被边缘化。即使当衣服成为社会的主流话题时，人们关心的也是成品的样式及其风尚，而非构成衣服的原材料和制造衣服的人。

本书邀请你更仔细地审视每天出现在你身边和身上的这些面料。本书并非一部关于织物的全史，我从未有此打算。相反，《金线》中有 13 则彼此各异的故事，它们共同揭示了织物的巨大意义。其中一章将引领你探寻帮助人类登月的宇航服是如何制作的，还有一章探讨哪种工艺启发维米尔画出了《花边女工》，其他的内容还包括给古埃及木乃伊缠上和解开布料的人，终身致力于将蜘蛛丝织成布的发明家和科学家，还有一些衣服在极为严苛的环境下如何失去保护功能、造成致命结果的故事。这本书是写给拥有好奇心的人的，我希望你喜欢它。

我将金线的一端献给你，
只需将它卷成一颗球，
它就会引领你通往天堂之门。

威廉·布莱克，《耶路撒冷》，1815 年

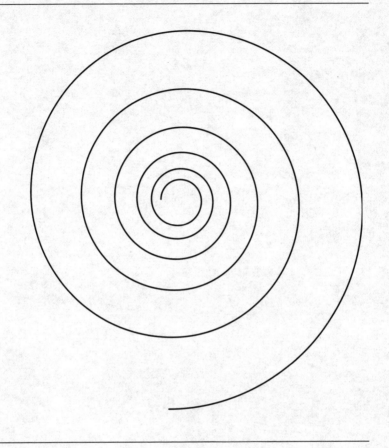

序章

Introduction

线与身体

命运女神们编织的线不可更改，若她们将王国整个许诺给某人，就算这王国已有君主，并且现在的国王杀掉命定之人来确保自己不被夺去王位，死者也将最终复活，以兑现命运女神的许诺。

——斐罗斯屈拉特，《阿波罗琉斯的传记》，公元 3 世纪

古希腊人相信命运女神掌握着人的命运。在神话中，命运女神是三姐妹，她们在每个婴儿降生后便立刻前去拜访。克罗托是三人中最具神力的，她用自己的纺锤纺出每个人的命运之线；拉克西斯仔细测量线的长度；而阿特洛波斯将线切断，从而决定人死亡的确切时间。她们一旦做出决定，无论人还是神都无法将其更改。罗马人将这三位女神共称为帕耳开，挪威人则称之为诺恩斯。如今，这一古老的传说在我们思考自身和社会的方式上仍存有痕迹。当我们说我们正命悬一线，说生活一团乱麻，或说自己处于社会网络之中时，我们使用的说法实际上有着数千年的传统。织物和用来编织的线自古以来都是比喻人类生活本质的意象。

从很多方面来看，这都是理所当然的。布料和衣物的生产一直对全球经济和文化发挥着重要影响。布料给了人类选择自己命运的机会。据说在史前的温带地区，用来制作布料的时间比制作陶器和食物加起来的时间还要多。古埃及人对亚麻有着崇敬之情。亚麻不仅出现在多数人日常生活的方方面面——它无疑是当时衣服最常用的面料，并且有很多人参与到亚麻的种植和生产中——还具有崇高的宗教地位。其神圣程度可从下述事实看出：当死者的身体被制作为木乃伊，并用专门准备的亚麻布裹起来，普通的人类遗体便能转化为神圣之物。[1]

如今我们视布料为寻常之物，但这一态度在我们的祖先看来是大逆不道的。织物使人类能居住于更多的区域并在其间迁徙往来，这些区域本来会因过于寒冷而不宜居住。华丽的丝绸与暖和的毛织品通过丝绸之路等贸易网络进行交易，这也促进了不同文化在思想、技术手艺等方面的交流，乃至人口的交换。凭借灵巧的手指来制造线与布料，这是数不清的个体的日常经验。举例来讲，据估计，在18世纪中期光是英国就有超过100万的女性和儿童参与到纺织业当中。在工业革命前夕，他们靠纺织获得的报酬就已接近低收入家庭总收入的1/3。而接下来发生的巨大经济转变，虽然在今天的集体想象中与钢铁和煤炭紧紧绑在一起，实际上却是由纺织物推动的，尤其是某种特殊的纺织品——埃里克·霍布斯鲍姆在《工业与帝国》中写道："谈论工业革命，就必须谈到棉花。"据说，棉花这一农作物及用其生产的织物是第一种全球性商品。[2]

虽然我们已不像过去那样在意日常接触的每一块布料的材质和品质，但布料仍是非常私人的物品。比方说，我们与人见面时，会通过挑选的衣服来表现自我，并决定给对方留下怎样的印象。人们在不同的单位穿不同的衣服：城市对冲基金、硅谷的初创企业、媒体单位，不一而足——虽然，这些员工多数时间都坐在办公桌后面。下属往往会受上级的穿衣喜好影响，在小单位里，潮流会像野火一样蔓延开来。（在我曾工作过的一个办公室里，无袖背心莫名其妙就成了时尚；而一些教授们一面真诚地说在18世纪那些绅士小姐的衣着选择中寻找意义是徒劳的，一面却齐刷刷地将自己包裹于花呢夹克中，他们中觉得自己具有反叛精神的，可能会穿双亮色的袜子作为调剂。）

社会阶层长久以来都决定着使用布料的规则，不管是在成文的法律中，还是在不成文的习俗中。《圣经·旧约》有诸多怪异的禁令，其中一条就是：信徒们不得"用两样掺杂的种子种地，也不可将细麻和羊毛混纺的衣服穿在身上"。但这并非是道德异议，因为牧师的衣服正是由这两样材料做成的，这是他们独享的荣耀。

禁奢法令限制某些社会阶层不得穿特定面料的衣服，这些法规已经存在了数千年，并且存在于多种文明当中：在古代中国、古罗马和中世纪的欧洲都能找到这类规定。例如，英国在1579年通过了一条法令，禁止"阶层低于男爵、骑士及女王陛下宫廷人员"的人"穿着英格兰境外制作或加工的拉夫领，即平时所说的花边领"。当时掌权的伊丽莎白一世完美掌握了使用奢华的服饰来彰显权力的技巧，她那些优雅的画像证明了这一点。（不过，她也似乎确实非常喜爱漂亮的面料。在一个可能是杜撰但很有名的故事中，伊丽莎白在 1561 年从为她提供丝绸的蒙塔古夫人那里得到了一双手织的黑色丝质长筒袜后，就不愿再穿任何其他的袜子了。）[3]

谋生手段

我是织工，顶级的织工，我的织布机干活不得了。

平纹、斜纹、织锦和绸缎，这些都不能把我难倒。

我布好经纱，穿动梭子，压下芦苇筘，将纬纱打好。

我缠绕的线轴快得像飞，用经纱排出的图案美妙。

我织出亚麻的床单，就连皇室里华美的床也需要。

我抬起踏板，穿回梭子，抬起芦苇筘，将纬纱打好。

——英国民间织布歌谣

　　制作所有织物的第一步都是捻这一动作。纺（spinning）这个词如今在人们心中的含义类似于旋转，就像陀螺（spinning top）一样，但它原本是描述一边转一边拉长的动作，就像集市上用一根棍子缠出棉花糖那样。用手将精细的材料纺成线的动作与此非常类似，这样纺出来的线通常更坚固耐用。羊毛、亚麻和棉花的纤维相较其他材料更短、更精细、更光滑，因此加工起来更棘手。把这些纤维从松散的一堆拉长、捻成线，这是需要练习的：如果动作不稳，会使得捻出的线粗细不均、结块，拉长的动作过快或过慢则会使线过细或过粗。捻线的动作可以是顺时针的，这种方式被称为Z捻；也可以是逆时针的，也就是所谓的S捻。但无论如何都要捻得恰到好处：如果不够紧，线会不够结实；如果捻得过紧，线则容易打卷，并在使用的过程中容易打结、缠绕，难以处理。技艺高超的捻线者不仅需要熟能生巧，还要有好的师父，来向其学习这门手艺的精妙之处。[4]

捻线的方式多种多样，捻线者采用哪种手法则取决于他们的文化背景、个人性格、目标产品和使用材料。有些人在手与脚拇趾（或大腿）之间捻线，还有人用纺锤——约1英尺（1英尺约等于0.3米）长的棒子，甚至还有人用带钩子的棍子。（纺锤使用起来格外有优势，因为捻成的线可以直接缠在上面，不易打结。）同一区域的人可能使用多种捻线方式。线纺成后，或是直接使用，或是再与其他的线捻在一起，制成更粗、更耐用的线以适应承重更多的用途。

线制成后有多种用途：编成穗带或捆成束带，制作绳子或花边；织成衣物，当然还有织布。织布的本质是将成组的线交织在一起，形成一张无限扩张的网。传统的方法是将两排线以正确的角度织在一起：经纱被绷紧在织布机上，以防出现意外时乱掉；然后将纬纱慢慢地编织进去。交织线的方式不计其数，最简单的方式是平纹织法，即纬纱先压在一根经纱上，再穿到下一根经纱下，循环往复。若使用更为复杂的操作，如纬纱交替编织在连续几根经纱的上面或下面，就可以制造出性质和图案各异的布料。例如，常用于制造丹宁布的斜纹织法，就是让纬纱压在一条经纱上，然后穿到两条或更多纬纱下面，由此织成的面料看起来有倾斜的纹路，非常耐用。

考虑到织布涉及的各种程序烦琐而精密，使用的原材料又易乱易断，因此很自然地，各种相关技术竞相发展，以辅助人们制作布料：如前面提到的纺锤，还有卷线杆，它的作用是将大量未加工成形的纤维缠在上面。织布机等工具则帮助人们梭织。织布机最本质的作用是将经纱拉紧。背带织布机是最早出现的织布机种类之一，它利用人体的重量制造拉力。另一种在古希腊常见的是经纱加重织布机，其最上面有一根水平的木条，经纱从上面垂下，底部有重物将其拉紧。不过，不管织布机的设计如何，纬纱都要从一侧穿梭到另一侧，一根接一根地编出布料。后来，一些设计更复杂的织布机使织工可以将一部分经纱同时抬起，从而使纬纱可以一次性快速地穿过中间的空隙，这一空隙被称为梭口。使用这种技术的双综织布机最早出现于公元前 2000 年的埃及。[5]

当然，人类早期为制造线和织物曾做出的努力今日已无迹可循。制作者没有留下书面记录，而他们使用的器械和技术与他们制造的产品一起腐朽、消逝了。存留下来的物品则给我们提供了一个不完整的画面：使用手与大腿捻线的工作者在考古文献中不见踪影，而使用大型石头纺轮的工作者却在其中出现。织布机也是一样：越复杂耐用的机器就有越多的踪迹被发现。[6]

制作服装无疑是织物最理所当然的用途，但线和布料还存在于很多我们意料之外的地方。比如，我的靴子上有红色棉线编成的活泼流苏；此刻我打字时，手腕会不时碰到笔记本键盘

上面覆盖的质感类似山羊皮的阿尔坎塔拉（Alcantara）——这种
材料在高端汽车内饰上很常见；如果你有一台"Google Home"，
你可能会注意到它有一部分是包裹在尼龙和涤纶的混合材料之
中的。毫无疑问，电子产品的设计师们越来越多地将纺织面料
融入自己的创作，以削弱科技感。科技设备现在已是我们日常
生活的重要部分，它们不再需要具有尖端的、未来感的造型。
相反，制造者们希望它们能融入周围的环境，成为家居图景中
另一件温馨的组件，这正是他们使用纺织面料的原因。然而，
用面料"削弱"科技感的想法与面料的本质是背道而驰的。制
造面料的工艺出现得比制陶、冶金工艺还早，甚至可能还早于
农业和畜牧业。布料才是科技的起源。[7]

贸易与科技

职工们利用纵横交错的线，加上自己的专业劳动制造出一张有力的织物——这和分布在全世界的计算机网络制造比特币区块链是一样的！

——戴维·奥尔本，《比起挖矿，纺织才是比特币更好的隐喻》，2014 年

2015 年，谷歌网络开发者年会——该公司一个进行秘密研发的部门——宣布，他们计划制造一条具有计算机功能的裤子。裤子将使用一种特殊的织物——可以呈现多种颜色，并由大量材质混合而成，可以当作触摸屏使用，能标记特殊手势，还可以控制智能手机等设备。两年后，裤子的计划被证明不可行，但谷歌网络开发者年会和李维斯（Levi's）公司合作制造了一件牛仔夹克，夹克面料的作用和原来的计划别无二致。轻拍或是抚摩这件夹克就可以播放和暂停音乐、切换歌曲及实现其他功能，并且，夹克会在收到信息时发出提醒。这件夹克的售价为350 美元。虽然早期试用的客户认为其技术相当有限——毕竟这只能用来操作口袋中的手机——但仍有人认为这类智能面料是

衣着科技的未来。[8]

　　这一未来感十足的尝试被命名为"雅卡尔计划"。这个名字的族谱可追溯至 19 世纪。1801 年，约瑟夫·玛丽·雅卡尔发明了能够大量生产带有复杂图案的布料的织布机，在此之前，这需要大量的技巧、时间和专业技术才能完成。"雅卡尔织布机"的运行原理是使用一套打洞卡片的系统来制定图案。很久以后，这些精密的打洞卡片，为另一项发明的出现铺平了道路：编程。一位美国工程师借用了这套打洞卡片系统来辅助记录户口普查数据。他的公司最终成为"国际商业机器公司"的一部分，后者也就是人们所知的 IBM。[9]

　　雅卡尔织布机是科技与织物之间较为明显的一个联系，但还有更为隐蔽的例子。已知最早的人造面料出现在 34000 年前，是有人用从地上拾起的亚麻纤维编织而成的。将亚麻、羊毛、棉花、蚕丝、大麻和苎麻变成线是一项技术上的壮举，这需要技巧和工具——如纺锤和纺纱杆。人们从世界上最古老的考古现场挖掘出数以百万计这样的工具。这些线可以进一步被制成绳索与网，而经过织布机的编织勾连后，它们则能成为织物。这一技术使我们的祖先能更快速收集食物，运送到更远的地方，同时也能更为便捷地探索气候没那么温和的地区，以寻找新的定居点。

　　纺织的不同阶段产生的成品都由其生产者进行着交易，这形成了覆盖全球的网络的重要部分，这一网络不仅传递了商品，也传递了语言和观念。此外，这些交易使更为复杂的信用体系和簿记方式得以发展。制造布料就是制造金钱。人们用制造、交易织物所产生的财富资助了意大利文艺复兴运动。在 15

世纪，美第奇家族因从事羊毛制品的生产而成为欧洲的银行家。他们资助米开朗琪罗创作雕塑作品《大卫》、菲利波·布鲁内列斯基[*]重建圣洛伦佐大教堂，以及达·芬奇绘制《蒙娜丽莎》。在东方，棉质织物使蒙古帝国得以壮大，他们的白棉布出口至现在的美洲、非洲、欧洲和日本等地。与此同时，中国小心翼翼地保守着养蚕术的秘密长达几世纪之久，垄断着利润丰厚的丝绸产业。即使是今天，这种各有所长的局面仍在继续。意大利拥有精美的丝绸和巴洛克图案织物。蒙特罗公司，一家成立于科莫湖[**]畔的百年企业，存有超过 1.2 万本布样书，供人汲取灵感。英国的磨坊仍是制造羊毛和精纺毛料的生产标杆。香奈儿的粗花呢料购自"林顿粗花呢"，这一合作关系开始于 1920年代可可·香奈儿与威廉·林顿的相遇。若需要最新的创新型织物，买家们只需在日本穷尽搜索就可以，日本有着数十年的制作人造创新面料的传统，优衣库深受欢迎的"HEATTECH"面料就是一例。[10]

　　用更高的效率来制造更多的布料，这一诉求使纺织业迎来了各种蜂拥而至的技术创新。最早的织布机需要用人自身的重量运作，后来则有更为复杂的水平或垂直机型将其取代，这些新机型由木头制成，悬挂着一串串大型的陶土或石头作为重锤。又过了很久，市场开始扩张，需求增多，创新变得更为迫在眉

---

* 菲利波·布鲁内列斯基（Filippo Brunelleschi），文艺复兴早期佛罗伦萨的建筑师与工程师。
** 科莫湖（Lago Como），意大利阿尔卑斯山脉一冰川湖。

睫。1760 年，《工艺、制造与商业促进协会期刊》提出悬赏，征集"能够由单人操作，同时编织六条毛线、棉线、亚麻线或丝线的织布机"。他们很快得偿所愿：在 100 年的时间里，詹妮纺纱机、水力纺纱机、动力纺织机和其他新发明使生产效率呈指数地提高。提起工业革命，人们脑中会浮现煤矿和钢铁，但更为准确的画面应该是飞速运转的织布机和弥漫着棉尘的巨大工厂。实际上，分工合作这种最基本的经济原则之一也是从织物生产中发展而来的。在亚当·斯密提出"大头针工厂"这一例子的一个世纪以前，经济学家威廉·配第就写道："若要降低生产布料的成本，需由一人负责梳理，一人负责纺线，一人负责穿线，一人负责拉线，一人负责排齐，一人负责压箱，而非由一个人手忙脚乱地完成上述所有工作。"[11]

所有这些改变对纺织工人产生了重大影响。例如 1786 年，英国利兹市毛纺工人发现自己陷入了困境，他们的生计受到了新发明的"粗织机"的威胁，这种机器可以比人力更快、更廉价地梳理毛线。他们在本地报纸上发表的一篇请愿文章中发问："这些失业的人怎么养活他们的家庭？他们的孩子又该去学什么手艺，好让他们在这个高速发展的时代里仍有一席之地，不至于像流浪汉一样终日晃荡？"正是这样的恐惧引发了卢德运动，即一系列失业纺织工人发起的捣毁机器的运动。而卢德分子一词逐渐演变为贬义词，用以形容不愿面对新技术、阻挡进步的人。如今，众多工厂中的工人的生计同样被新技术的发展威胁着，卢德分子们的怨叹再次令人感同身受。[12]

编织的故事

"那肯定是非常好的布料,"国王心想,"如果我穿上这种布料做出来的衣服,我就能看出国家中哪些人并不胜任自己的位置,还能分辨聪明人和傻子。事不宜迟,我必须立刻找人做这件衣服。"于是,他给两个骗子预付了一大笔钱。

——汉斯·安徒生,《国王的新衣》,1837 年

命运女神编织的线是无情的:无论它们的对象怎样试图逃避为自己编织好的未来,他们最终都会失败。俄狄浦斯王的双亲尽全力试图阻止他像预言中那样弑父娶母,但这些事最终还是发生了。相似地,故事中应允的愿望往往会以可怕的结果反噬许愿者。希腊神话中的迈达斯国王有着类似的经验。这位国王太迷恋财富,向神祈祷无论他碰到什么,那些东西都能变成金子。神应允了他的愿望。然而不久后,国王却饿死了,因为哪怕是一颗葡萄,只要碰到他的嘴唇,都会变成一粒没法食用的金子。

这个故事为人熟知,不为人知的是历史上真实的迈达斯国王,他可能就是这个神话故事的原型。公元前 8 世纪的最后几

十年里，他统治着弗里吉亚，这是一个古老的国家，在今土耳其境内。古希腊的历史记录中对他有所提及，后来也有考古方面的发现。弗里吉亚的首都戈尔迪翁在公元前 7 世纪初被彻底摧毁，毁灭突如其来，城市与其中的事物在原地被焚为灰烬。对城塞的挖掘发现了许多人们逃命时抛弃的物品。最为特别的一项发现是织布机上作为重锤的物品总数超过 2000 块，它们整齐地排列着，彼此间距不超过 100 米。这些重物落在编织中的布被火焰烧毁的地方。通过这个数字可算出，这座城市被摧毁时，至少有 100 个女工在为弗里吉亚的国王织布。"难怪，"伊丽莎白·巴伯挖苦地写道，"古希腊人把迈达斯看作金子的同义词！"[13]

还有很多神话是以织布者作为故事背景的。例如睡美人和她那致命的纺锤，或者把草织成金子的恶毒的森林精灵侏儒怪。在另一则格林兄弟收集的童话故事中，一个美丽却懒惰的女孩从终生的纺线劳动中被解救出来。当她的丈夫——自然是一个国王——看到她的"阿姨"们时，他解救了她。这些阿姨终生从事纺线劳动，因此导致了各自的畸形：肿胀的脚、变大的拇指和下垂的嘴唇。这个故事若由纺织工们自己来讲，应该会得到更多共鸣。

神话和童话中贯穿着有关织物和编织的内容，这并非偶然。织布的工作过程是非常适合讲故事的：一群人，通常是女性，被圈在一起，投身于重复性的劳动，一干就是几个小时。她们彼此交换一些自己编的故事来打发时间，这是多么自然啊。这也能解释为何纺线者和织布者经常在故事中出现，并且被赋予超自然的能力或手段。例如荷马史诗《奥德赛》中奥德修斯的妻子珀涅罗珀，她用织布来抵挡那些唐突的古希腊追求者。他们以为她的丈夫死了，就像蝗虫一样涌来。"她在织布机上布了一张巨大的网，放在家中，开始纺织——用的线非常精良，非常粗。"荷马在公元前8世纪末左右写道，"白天，她在自己的大网前不停纺织，但到了晚上，她将火把放置于织布机旁，把织好的布拆开。"据说，这一策略为她换来了三年不受侵扰的时间——可能这也说明了，男性对于传统意义上的女性手工有多么不关注。[14]

女性的工作

若官方版本深入人心，我成了什么了？一个起教化作用的传奇。用来鞭打其他女性的棍子。她们怎么不能像我这样细心、忠贞、隐忍？这就是他们选用的材料，那些歌手，那些编故事的人。别学我的样！我想冲你的耳朵这样喊——没错，你的！

——玛格丽特·阿特伍德，《珀涅罗珀记》，2005年

与纺线和织布相关的神祇几乎无一例外都是女性。古埃及神话中的奈斯、希腊神话中的雅典娜、北欧神话中的弗丽嘉——女武神也是要纺织的——日耳曼神话中的霍尔达、印加神话中的玛玛·奥克略，以及美索不达米亚的苏美尔神话中的泰特。日本的太阳女神天照大神从事纺织，而中国神话中有织女这一形象，但她只有与丈夫牛郎相隔银河时才从事纺织。他们的分离事实上是有意安排的，部分原因就是让织女不误纺织。

几个世纪以来，女人们不断重述着她们的故事，正如珀涅罗珀那不断织成又拆开的织锦，这些故事里有凌厉而多产的女神、心灵手巧的老妇人和复仇的少女。故事被编织、低述，在

黑暗中蔓延，或在女织工坐下来纺织自己的布料时对同伴再次讲述。毕竟，几个世纪以来纺线和织布都是女性的工作。或许其原因在于，这种工作形态与抚养孩子最相适应：对于有经验者，这份工作只需在家中就能进行，无须一心一意，并且可以随意中断或继续。

然而，将纤维纺成线仍是费时又费力的工作，这份工作由千百万的女性在家中用手完成，直到工业革命将其机械化。通过纺纱和其他与织物相关的工作，如养蚕，女性为家庭提供必需物资，上交税额——有时是以上交线料或布料的方式——并补充了家庭收入。相应地，纺织用具与女性产生了无法切断的联结。许多女性的陪葬品就是自己的纺锤和卷线杆。在古希腊，某个人家若生了女孩，就要在门边放一团羊毛让别人知道。人们在语言中对此有更为抽象的表述。在中国，一个有名的谚语规定了"男耕女织"。传统上，英文将女方亲属称为"卷线杆的一方"，而"老处女"一词来自 16 世纪中期的"纺织女工"（spinster）一词。

女性和布料之间历史悠久的亲缘关系既可以看作是一种幸运，也可以看作一种不幸。《诗经》是中国的古诗选集，里面的作品以积极态度把养蚕以及用蚕丝纺线、织布形容为适宜女性的工作。还有很多社会——虽然不是全部——持同样的看法。男人的工作通常是种植、收割庄稼，如大麻、亚麻等，以及饲养羊群。若是孩子，则无论男女都会帮忙，一般是分拣羊毛，或是将纺成的线缠起来。而在一些文化中，男人和女人一样从事纺织工作，纺织工作甚至主要靠男性来做。《政事论》是古印度的一部论治国策略的著作，最早的部分大致写于公元前3世纪，其中就严格规定："织布工作由男性做。"女性被允许纺线，但只局限于可怜的一小部分人——"寡妇、跛子、处女、独居女子、将功抵过者、妓女之母、国王的老侍女，还有已经退役的寺庙舞者"。

相反，在古希腊，包括女神、王后、奴隶在内的所有女性都参与到纺织当中。在记录这些故事的作者眼中，这是自然的秩序。[15]

一方面，制造面料的工作与女性有着紧密的联系，而另一方面，这种工作对男性而言却被认为是不吉利的。雅各布·格林记录了德国一条古老的迷信：男子在外骑马，遇到一位纺线的女子，这是非常不好的预兆；他应该掉头换一条路走。或许是因为这种迷信，或许是因为男性不常参与到织物生产中，这一生产的成果往往被低估。弗洛伊德在这方面显然没帮什么忙。"女性似乎在人类文明史上少有洞见和发明。"他在论女性气质的一次演讲中说道，"不过，有一项技术是她们创造的——编织和纺织。"他论证道，掌握这些技能是对潜意识中的羞耻感和"生殖器缺陷"的回应：女性编织，是为了在男性的凝视中隐藏自己没有阴茎的事实。这就是"固着"作用的力量。[16]

熟练的纺纱工和刺绣工是社会经济的重要组成部分，虽然常被忽略。例如，公元前2000年前后的亚述商人频繁地给自己的女性亲属写信讨论布料：或是要求她们特制一种布料，或是告诉她们哪种布料正在畅销。一个商人的妻子拉玛西写信给丈夫，抱怨他提的要求太多了：

> 你说我没给你送去你要的那种布料，你真不该为此生气。女儿长大了，我得织两块厚重的布放在马车上。此外，我还得给家里的大人和孩子织布。所以，我才没有把你要的布料送来。下一批货车经过时，我尽可能给你送去一些我织得出来的布料。[17]

纺织基本上是室内工作——因为人们希望女性有活干又不惹麻烦，但它同样可以带来相当的成就感。巴约挂毯就是一个著名的例子。这条毯子据说由 11 世纪的纺织女工设计和制造，上面记录了诺曼人的黑斯延斯战役。尽管记录的是这样一个事件，或者说正因如此，这件作品颇为精巧美丽，上面像图像小说一样展现了约 50 幅场景，只用 8 种颜色的精纺毛料在 70 米长的平纹粗织亚麻布上完成。几世纪后，不知名的花边工人创造了巴洛克图案，其复杂程度令人惊愕，每块布料的制作都要经过严密的数学计算以确保使用的线轴数恰到好处。较为接近我们时代的一个例子是索妮娅·德劳内的作品，她是一位抽象艺术家，在 20 世纪初期创作了一些织物艺术品。她 1911 年的一件早期作品是"一条由多块布料拼接而成的被子，就像我在俄罗斯农民家里见过的那种"。这件作品启发了立体主义画派。她的艺术作品包括电影戏服、一个家居饰品精品店、一期《VOGUE》杂志的封面，还有数百件色彩缤纷到令人觉得耳边轰鸣的精美织物。50 年后，艺术家菲丝·林戈尔德与母亲联合创作了富有故事性的精美被子作品。（这种衬垫填充、手工缝制纺织品的历史至少可追溯至公元前 3400 年的埃及，以具温暖、可供精致装饰而备受重视。）林戈尔德的作品现在于古根海姆美术馆、纽约现代艺术博物馆等地展出。

布料的消费也有性别特征。在 18 世纪的英国，女人常常替她们的丈夫、兄弟甚至是成年的儿子购买布料和衣服，如亚麻衬衫等。18 世纪末，北英格兰小绅士阶层的一位已婚女性莎拉·阿德尔纳在自己的账簿中记载，她花费了大量的时间和金钱为自己的丈夫购买亚麻服装。她为他买做领巾和手帕的平纹细布，监督他的亚麻服装的洗涤。1745 年的一条记录写道："在玛丽·史密斯服装店为我亲爱的主人做了 10 件上好的霍兰德亚麻衬衫。"（满足丈夫的需要是莎拉最大的开销，占她年支出的 36%，而在她的 9 个孩子身上她只花了 9% 的钱。）[18]

刺绣、纺线和其他纺织手艺使女性拥有了一个表达自我的机会。"绣花针就是你的笔"，著名的女刺绣工艺家丁佩在她 1821 年写的书《绣谱》中这样说。纺线、做花边、养蚕、绣花及其他纺织相关的手艺可以赋予女性经济力量和地位。例如在 1750 年的英国，纺线是女性最常见的受雇工作，也是报酬相对较高的。据估计，单身女性当时每周能纺出 6 磅（1 磅约等于 0.45 千克）重的毛线，而结婚的女性大约只能纺出 2.5 磅的线。

拿到全酬的成年未婚女性纺工一周之内赚到的钱可以和专业织工一样多——专业织工多为男性，并且多在行会工作，也就是说他们的工作更受重视。直到后来，"未婚女性纺工"（spinster，现多指老处女）这个词才具有了负面的含义。[19]

女性若掌握了使用纺锤、织布机或绣花针的技术，即使得不到相同的酬劳，至少也能脱离赤贫。比如，《政事论》提到女性纺线的重要性时就以此为前提："纺线的工作应由女性完成（尤其是要靠此谋生的女性）。"与此相似的是，在1529年，阿姆斯特丹通过了一条法律，规定"所有贫穷而不会缝制花边的女孩"需要到城市中的几个指定地点报名，学习如何用绣花针谋求生计。一个多世纪后，在法国的南部城市图卢兹，市政府的官员发现本地有太多穷困女性在从事花边生产，导致了居家女佣人手不足，因此制定了一条法律，而这条法律是禁止花边生产的。[20]

如今，纺织都用机器操作，并且在工厂中进行，这似乎取消了纺织最初作为"女性工作"的前提，然而，这一联结依然存在。在孟加拉国，大约有400万人从事与纺织相关的工作，其中80%是女性。只有很小一部分——2015年的数字是15万——是有工会的。这些工人担心着来自极具男权威严的工厂老板和制度的报复。（据2014年的统计数字，服装出口占这个国家总出口额的80%。）[21]

编织语言

他把繁缛的言辞抽成丝的功力强于他把论据装订成篇的能力。

——威廉·莎士比亚,《爱的徒劳》, 约 1595 年

文本（text）和织物（textile）来源于同一个词：拉丁语中的 texere，即编织。与此相似，fabrica，即精巧制造之物，衍生出了面料（fabric）和捏造（fabricate）两个词。语言和布料如此紧密地交织在一起，这并不稀奇：在某种程度上，这两种事物关系颇为密切。织布作为最早出现的一种技术，其生产的布料在用文字记录历史这一点上起到了重要作用。最早的纸是用废弃的破布做的，并且有很多文字是用织物包裹起来或覆盖着的——一是保护这些文字，二是为其增添价值。订书匠很早就在使用针和线；而书法和花边制作也有着类似之处。并且，文字和织物的关系并非总是分离的：通过绣有训诫箴言的刺绣样本和装饰着富有深意的符号与文字的面料，我们就能看出这一点。

在现代之前，织物生产无处不在，这进一步加深了文本与

织物的关系。孩子在成长过程中往往会看见家长纺线或编织，并且会帮忙。对较贫穷的家庭来说，家中使用的许多织物——衣服、袋子、家纺和床单——都是家人用从几英里（1英里约等于1.6千米）外收获来的原材料亲手织成的。而被扯坏、磨碎的布边和开线处，则需要重新拼接起来、缝好、封边——布料是很值钱的，不能轻易丢掉。做活的人肯定会一边缝制衣物，一边讲故事、聊八卦、彼此争论，因此很自然的结果是，制作织物时会使用的词语在故事讲述和辩论的修辞中被广泛使用，对听众来说，这些词语是生动可感的，一下子就能听明白。

如今，文本和织物之间的接触面也是文学评论家们施展手脚的地方。他们同样去拆解、设计、组装，只不过他们的原材料是论文、诗歌、角色和情节。相似地，揭开"面纱"已经成为历史和人类学研究中的常用主题。

当然，学者们并非是唯一使用来自布料工艺词汇的群体。你可能继承了一两样的传家宝，曾焦虑不安，曾胡编乱造，或偷偷认为某人的装潢看起来有些廉价*。语言中包含的织物意象就像是习以为常的屋子中钟表的滴答声，一旦注意到，就再也无法忽视。

然而，这些隐喻中很大一部分已经被延用得太远，成为

---

* 传家宝的英文为 heirloom，从构词看指"继承的织布机"。焦虑不安的英文为 on tenterhooks，直译为"挂在张布钩上"。胡编乱造的英文为 spin a yarn，直译为"缠纱线"。廉价的英文为 chintzy，原意为"印花棉布"。

俗套的表达了，因为我们绝大多数人对于词语的原始含义并不了解。若一个人曾亲自在织布机上穿过线，将梭子从经纱一头穿到另一头，那他说到"编织严密的论据"时，该能联想到多么丰富的含义啊。另一个例子是表达浅黄色头发的词"tow-headed"，"tow"的本意是编成线之前的淡金色亚麻纤维。而上文曾提到的"焦虑不安"一词与张布钩有关，也就是将洗涤后的粗纺毛织物挂在张布架上面的钩子。此类表达似乎不太可能消失殆尽，但值得注意的是，其中一些在几十年前就已经变得索然无味了，或用得太多，或已无人理解。今天已经几乎没有人会将棘手的问题形容为纠结的线了，但柯南·道尔笔下的歇洛克·福尔摩斯不止一次这样说过。麻梳———一种梳理亚麻或大麻纤维的工具——作为发愁的同义词也已被弃用。即使用浮夸（fustian）来形容一个人也失去了往日的辛辣感，fustian 为粗棉麻布之意，曾被借用来形容"膨胀的、浮夸的或不合时宜的高端言辞"。

　　无论是语言、童话、科技还是社会关系，我们生活的各方面都被紧紧包裹在一张面料制作的网络之中。或许命运女神也觉得非这样不可。

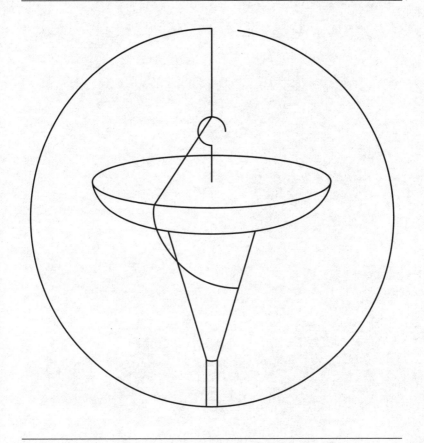

1

洞中纤维

Fibres in the Cave

编织的起源

最早的编织者

> 凭借祭宴上的食物和护身符的联结，凭借色彩斑斓的生命之线，其纯洁即为真理，我把你的心和灵魂绑住。你的心将属于我，我的心将属于你。
>
> ——吠陀箴言

当艾丽索·科沃瓦泽看向显微镜的目镜时，她以为自己要看的是新石器时代的花粉。作为格鲁吉亚国家科学院的植物学家，这是她通常的研究对象。按照她的预计，在显微镜下，这些从遥远地区的山洞地面刮下来的远古植物可以揭示出远古时代气候变化的信息。很多种类的树和其他植物曾在冰河时期及更温和的时代茂盛生长，不同植物的花粉也会随气候不同而变化。然而，在 2009 年的这一天，载玻片上这颗小小的花粉粒被旁边另一样不可思议的东西抢走了风头：人类迄今发现的最早被用于纺织的纤维。

与科沃瓦泽一同前往山洞的是一队来自格鲁吉亚、以色列和美国的研究者。他们勘测的山洞叫祖祖阿那，在格鲁吉亚西部的高加索山脉的山壁中。在一般人看来，这个山洞没什么特别值得注意的。洞口像一张噘起的嘴，是横过来的 D 形，海拔560 米。从洞口进去，就是蜿蜒的小径，小径伸向坚硬的岩穴深处。[1]

放射性碳定年法显示，人类最早于 34500 年前首次小心翼翼地踏进这个山洞。虽然祖祖阿那人在那里生活了几乎两万年，但他们行事非常仔细，几乎没有留下任何东西。不过我们知道的是，这些最早的编织者同时是高效而不拘小节的猎人。从散落在山洞中的骨头来看，这些旧石器时代的居民最中意山羊，接着是美洲野牛，不过他们也曾猎回欧洲野牛、松貂、野猪，甚至还有狼。我们还知道，他们制造了一系列工具，比如岩石和黑曜石制成的刮刀和尖刀，还有挂在身上的饰物。[2]

到目前为止，这些发现都在意料之中。然而科沃瓦泽的发现证明了他们还从植物上剥取纤维，在制造者状态最佳时这项工作也颇费手艺，何况人们一直认为这项技术是很久以后才出现的。这推翻了我们长期以来对人类祖先的假设，将面料的历史向前延伸至过去难以想象的时代，并为我们提供了一幅关于远祖生活的更为柔和而完整的画面。

新线

兄弟, 当你为我带来织好的亚麻布,

谁会为我将它染色, 谁会为我将它染色?

那块亚麻布, 谁会为我将它染色?

——苏美尔情歌, 公元前 1750 年

科沃瓦泽发现的线是肉眼不可见的, 它们不管曾被织成什么, 这些成品也早已灰飞烟灭了。不过, 这些纤维仍能使好奇的人窥见一些有趣的秘密。它们揭示出的一件事就是当年的制造者非常勤劳。在山洞千年来累积的泥土中, 还存有远超过 1000 根与显微镜中相同的纤维, 这代表了从收集亚麻到把线编织成当时人们在制作的不知何种织物的长时间的工作过程。泥土最下层中有 500 根纤维, 而较上面一层有 787 根, 这一层形成于 19000—23000 年前。获得纤维的技巧无疑是一辈辈人留心传下来的——就像传家宝。或许就在发现这些纤维的山洞的洞口, 人们曾借着阳光传授制作纤维的秘密。[3]

让我们回到现实。这些线是韧皮纤维做的, 也就是来自植物内部的富有延展性的纤维, 而这需要相当老练的处理技术。

有些纤维是被纺成线的，有些仅仅是用手捻过。在宣布发现这些纤维的论文里，科沃瓦泽和她的团队不无惊讶地写道：一些样本"似乎是用相对复杂的 S 捻将两股线拧成的"。用两根或三根线拧成的合股线，拧的方向和这些线本身被拧成的方向相反，这有着实际的好处：若处理得当，拧的次数恰好，这样的线就会柔顺易用，不易卷曲打结。总而言之，如果这些样本真的来自 S 捻的两股线，那么它揭示出的工艺水平是令人震惊的。[4]

更令人震惊的是，这些纤维很多都被染了色，似乎是使用植物色素染的。并且，正如样本被捻成线这一事实，其颜色的丰富性也显示了祖祖阿那编织者的高超技艺。虽然多数线是灰色、黑色和蓝绿色的，但还有黄色、红色、紫罗兰色、绿色、卡其色的，甚至还有粉色的，这表明制作者对当地有色植物和其他染料的熟稔程度。泥土中年代较早的两层纤维来自19000—32000 年前，其中的样本含有最多的染色纤维。在最早一层的 488 根纤维中，58 根是染过色的；而第二早那层的 787 根纤维中，有 38 根染了色，不过颜色种类更为丰富，粉色的线就是在这一层发现的。[5]

调查山洞的研究者们也在腐烂的织物上发现了常见的蛾子幼虫、真菌和山羊毛的痕迹。因此，这些被发现的亚麻纤维可能是纺成线后缝制兽皮衣服用的。其他可能的用途还有制作工具绑柄用的线绳，或是将线织成篮子。以色列考古学家欧弗·巴尔-约瑟夫和科沃瓦泽有密切的合作，他猜想几万年前这些山洞居民编织纤维的方式或许与做流苏花边类似。史前织物研究专家伊丽莎白·韦兰德·巴伯则认为，即使只是把纤维纺成线都已经是强大的技术，对人们能做的事有革命性的促进意义。"你可以把东西绑成行李，这样就可以背更多东西。你还可以撒网、设陷阱捕猎，从而获得更多食物，吃得更好。"[6]

体毛去哪儿了？

人靠衣装。

——英国谚语，15 世纪

根据科沃瓦泽女士 2009 年的发现，我们知道人类制作纤维已经有 34000 年之久。但除了智人何时开始学会制作纤维这一棘手难题外，史前的面料研究还面临另一个难题：服装的起源。

人类学家认为服装在人类社会中起到两个重要作用。第一个是展示自己。但是，人类即使不穿衣服也具备能够区分彼此的办法，可用的手段有文身、佩戴珠宝、穿洞或使身体变形：很多民族，包括古罗马人一度惧怕的匈奴人，会在小孩的头上缠布并将布绑紧，使其长大后脑袋变得又平又长。人们用衣服展示的主要是自身地位。不过，若将这看作人类开始穿衣服的理由，恐怕不够有说服力。[7]

另一个穿衣服的理由更为实际，即抵御寒冷。人类进化于温暖的环境中，若脱离这样的环境就很难生存。与许多其他哺乳动物相比——哪怕与其他灵长类相比——我们对抗低温的机能是很不完善的。例如，能在新陈代谢中立刻提供热量的褐色脂肪在人类体内相对较少，而许多基因上与我们相似的亲属动物都靠此御寒。不过，我们在这方面最大的弱点，可能还是缺少体毛。[8]

兔子能承受的低温极限是零下45摄氏度，但若没有毛，它们最低只能承受0摄氏度。不穿衣服的人类在温和的27摄氏度就开始觉得凉了。我们身体内部中心的温度平均约为37摄氏度，降到35摄氏度以下就是体温过低，若体温降到29摄氏度就会死亡。即使轻微的体温降低也会带来问题。英国军队的手册上说，体温降低会使人易怒，若处于疲劳或饥饿状态，则更加危险。

如果没有体毛对我们这一物种如此不利，我们又是为何、在何时成为裸猿的呢？在这一方面，人类算是特异的哺乳动物。（其他哺乳动物，如大象、鲸等，都出于各异的原因而在进化中失去毛发。）有些人提出理论来解释这种特异性，认为人类可能经历过半水生的阶段。这一理论认为，我们手指间的些微蹼状物是这种生活方式曾经存在的残存证据，无体毛则是另一个证据。另一种理论是，没有体毛是为了让我们更凉爽，以适应从阴凉的森林生活到热带、亚热带草原生活的转变。然而，裸露的皮肤其实会在炎热中吸收更多热量，而在寒冷中又将快速失去热量，因此从热量控制这一点来看，无毛并不适合任何一种环境。两位英国科学家于2003年提出了最新的一种理论。他们认为，我们失去体毛是因为体毛上容易滋生携带疾病的寄生虫，此外这还有性行为选择的原因：对潜在的交配对象来说，光滑裸露的肌肤就像是山魈彩色的屁股和孔雀开屏的羽毛，令人难以抗拒。[9]

有趣的是，寄生虫也被科学家们用来推算我们是何时开始穿衣服的。体虱依靠人体存活，但它们只住在布料上。弄清楚这些虱子何时从其祖先头虱进化而来，就能知道人类何时开始有穿衣服的习惯。据此推算，我们在42000—72000年前才开始穿上衣服，也就是人类开始迁移出非洲的时候，这就是说，我们有100万年都是裸体生活的。[10]

当然，不是所有衣服都是用织物做的。似乎在很长一段时间，人类都把兽皮披在身上凑合穿，然后，人们开始把兽皮粗糙地缝在一起（不过他们缝兽皮用的线可能是纤维编成的）。不过最终，使用织物面料来做衣服的巨大优势逐渐显现出来。一件厚厚的动物皮毛虽然在人坐着或躺着不动时可以很好地保暖，但当人移动起来，或是在风中时，它就不大奏效了，因为兽皮与人体不够贴合。

进入人体和衣服之间的空气越多，衣服就越难以发挥锁住皮肤周围那层保温空气的作用。事实上，当人快速行走时，衣服保温的能力就会降低一半。衣服的面料还需要透气，因为汗湿的衣服不仅无法保暖，还会增加重量。织物面料比皮毛更加透气，并且经剪裁后很适合贴身穿，可以使冷空气无法直接接触皮肤表面。因此，当我们的祖先离开非洲来到更为凉爽的环境中时，用织物制造衣服的能力给予了他们物质上的帮助。[11]

保护自己不受天气伤害，这一需求在过去比现在更为迫切。

在过去的 13 万年中有过几次严重的气候变化，寒冷时期往往伴有强风。在最后一次冰河时期较为寒冷的日子里，人类居住区冬天的平均气温据估为零下 20 摄氏度。在这样艰苦的条件下，考虑到人类的心理，再结合一些留存下来的刮刀、刀片和缝针等制衣工具，我们可以确信，当时的人类是穿衣服的，虽然衣服本身难以找到。和搭建房屋、生火一样，在人类于多个地区繁衍的过程中，制衣应该也是人类不可或缺的技能之一。[12]

从韧皮到精纺

现代女性只会看到亚麻布，而中世纪的女性透过亚麻布能看到亚麻田，能闻到沤麻池的臭气，能听到收割亚麻的嚓嚓声，能看到亚麻纤维的柔光。

——多萝西·哈特利，《英格兰大地》，1979 年

在祖祖阿那发现的线是亚麻制成的，我们如今仍在使用亚麻布。亚麻是高而细的一年生植物，茎有一米长，上面遍布尖刀形叶片，开的花很多，花有时呈粉色或紫色，但主要呈类似长春花的蓝色。[13] 如今常见的品种是人工养殖的亚麻，它的祖先可能是浅色亚麻。野生的浅色亚麻最初生长于地中海沿岸、伊朗和伊拉克，这些地区的人自然也是最早开始使用并种植亚麻的。祖祖阿那的编织者们使用的也是这种野生亚麻。山洞穴居者们需要外出采集才能得到它们，但即使采集到足够多的植物，工作也才刚刚开始：亚麻要经过一系列加工（每个步骤都有古老的术语）最终才能被制成线。[14]

大麻、黄麻、苎麻和亚麻上都有韧皮纤维[15]，这些纤维由细长的细胞组成，这些细胞首尾紧密相连，组成线，就像是穿

起来的管状珠子。这些纤维细胞在亚麻中是一束一束的，从根部一直到顶端。一条茎能够包含 15—35 束纤维细胞，每一束则最多可包含 40 个单个的纤维细胞。这些纤维相当长（45—100 厘米之间），非常细（直径大概为 0.0002 厘米），且十分柔韧。它们摸起来不平整，但是很滑，有珍珠般的光泽。它们是保护植物、能让植物从根向上吸收营养的管道，因此必须坚韧。它们被包裹在亚麻植物的木质部核心里面，由果胶、蜡质和其他一些物质粘在一起。这些包裹层使得纤维束很难被从茎上分离下来。首先，亚麻不能切断，而是要在适当的生长阶段连根拔起。当茎秆还是嫩绿色，没有生出种子时，纤维是最精致的，适宜用来生产精良的面料。当茎秆变黄之后，韧皮就会变粗、变韧，此时的纤维更适合生产工装服。而成熟时期的结实纤维可以用于制造绳索。[16]

　　被拔出来的亚麻茎要按照尺寸分类，削掉叶子和花，这一过程称为"削麻"*。然后，麻茎要晾晒或沤湿——把它们放在屋顶上慢慢晾晒，或是放到专门的池塘或河水里沤起来——到轻微腐烂或发酵的程度。这一过程可以使纤维外面的木质部软化萎缩，暴露出韧皮部，使其易于分离。变得足够软后，亚麻会被晒干，然后进行打麻和梳麻流程，移去所有不需要的麻茎部分。这样，留下的就是长而具有细微光泽的亚麻纤维，可以用

---

* 此处描述的亚麻加工过程与国内常见的"剥麻""泡麻""刮麻"的步骤有所不同，因此没有现成的中文术语对应英文中的"rippling"，译者将其译为"削麻"。

于纺纱、编织了。[17]

　　几乎所有已知的人类早期使用的纤维都来自亚麻，而不是羊毛。（即使只能找到显微镜级别的证据，两者的区别还是很明显。羊毛纤维表面有一片片的突起，不像亚麻那样光滑；羊毛更具延展性，更卷曲而非平直。）考古学家们对此疑惑不解，因为这与直觉相反。绵羊——即使是远古品种的绵羊，毛不如现在这样蓬松丰富——身上厚厚的毛那么显眼，而羊毛又很容易纺成线。羊毛的优势还在于易于制成毛毡。（顺带说一下，是毛毡先出现还是毛织物先出现，现在还无法确定，但两种制品似乎都起源于中亚。）另一方面，韧皮纤维即使被发现，也很难提取和处理。当然，它们也存在优势：它们是长纤维，更轻、更透气，适于炎热气候地区的居民以及体力劳动者。[18]

祖祖阿那之外

最简单的织布机也是一架相当复杂的机械，而这样的机器竟会出现在对金属都还没有概念的人中间，这不是很难想象吗？

——雅各布·梅西科莫，1913 年

考古学对面料有极大的偏见。但实话说，这是由于缺乏远见，而非有意忽略。面料极易腐烂，几年甚至几个月后就会消失殆尽，只有极少数会留下痕迹，被千年后的探寻者发现。以男性为主的考古学家将过去的时代命名为"青铜时代""铁器时代"等，而非"陶器时代"或"亚麻时代"。这种命名方式将金属物品视为这些时代最主要的特征，因为金属是留存时间最长、最易被发现的。使用更易腐朽的材料（如木材和织物）的技术很可能在当时人们的日常生活中更为关键，但这些物品的遗迹绝大多数都被泥土分解了。

当然，也有例外。除了祖祖阿那山洞里的纤维，的确还有一些遗迹保存下来。这通常要感谢异常的天气：冰冷、潮湿、少氧的环境，或是极度干燥的环境。比如埃及的环境就很适合保存各类易腐坏的物品，因此我们关于古埃及织物的信息远远多于其他地区的。随着考古学的学科领域进一步发展、扩大，学者们开始寻找关于精致而复杂的织物的更多遗迹，并且确实有所收获，这些织物产生时间之早超出所有人的预期，它们的精美程度和复杂程度展现了关于我们祖先不同寻常的图景：他们绝不只是人们通常想象的那类挥着棒子、头脑简单的暴徒。[19]

留存下来的物品中最常见的是人们用来制造织物的工具，考古学家和人类学家们正是基于这些发现，推测存在更大规模的织物生产。大量的纺轮在很多地点被发现，纺轮是由石头或陶土做成的加重物，中间有一个洞。纺锤一端插进洞里，然后固定在上面，这样就使得拉长并捻紧纤维的过程变得更加容易，并且在纺线的过程中维持同样的捻力。此外，纺轮虽然构造简单，却能揭示它们用以加工的纤维种类，以及预期的成品质量。较重的纺轮较为适合加工结实的原材料，如亚麻这类长纤维，以生产更粗的线；如果要用棉花这类短纤维制造更精细的线，则要使用更小、更轻的纺轮。一个有经验的纺纱工能用简单的纺锤和纺轮纺出最高质量的线。印度的手工纺纱工用仅一磅重的棉花就能纺出200多英里蛛丝一般精细的线，我们的现代机械都没有如此灵巧。[20]

织布机也留下了一些遗迹。这些机器将松散的线拉紧，用于制造大面积的织物。编织有两个最基本的要素：经纱和纬纱，即，一组线（纬纱）要交织到另一组固定的线（经纱）之中。织布机的作用，就是把经纱固定好，让人的双手只需完成编织纬纱的工作。[顺带一提，编织（weave）和纬纱（weft）的词源是相同的。]如同纺锤和纺轮，织布机也有各种形态，但人们认为多数织布机由木头制成，因此不易留存。但我们知道这些织布机的存在：在上埃及的巴达里地区一座公元前4世纪初的女性的墓中，人们发现了一只盘子，上面记录了地织机（用钉在地里的桩子固定的织布机）的形态。[21]

　　另一种织布机叫重锤式织布机。这种织布机由一个高大的垂直框架构成，顶端有一根水平的横木，经纱从上面悬挂下来，下面绑着小型的重物，将线拉直。人们认为这种织布机被使用于新石器时代和青铜时代的欧洲全境和小亚细亚地区。人们推测，其中一架出现于今俄罗斯境内的鬼门洞，这是距东海30公里的一个山洞，大约6000年前曾有人居住。当这一遗址在1970年代被发掘时，人们发现在山洞正中间曾搭建过一个木质结构的物品。这个山洞是个名副其实的新石器时代宝库，里面有贝壳、骨头（人和动物的）和陶瓷碎片。人们还在洞中发现了碳化的织物，不过没有发现纺轮，因此研究者们推测这里的线是居民费尽力气用手捻出来的，然后利用重锤式织布机进行编织。更具体的遗迹被发现于特洛伊古城的一间房屋，房屋建于青铜时代早期。房屋被一场迅疾的大火吞噬，因此重物的位置排列出一条完美的直线。散落在织布机周围的是大约200颗金光闪闪的珠子，在火灾爆发前，人们应该正在有条不紊地将这些珠子织进布里。[22]

　　一些更小的物品也讲述着织物生产的故事。穿眼的缝针常由骨头制成，它们的遗址从西欧一直延伸到西伯利亚和中国北部。它们不一定是用来做衣服的，更别说是做织物面料的衣服了。（比如，它们可以用于缝制帐篷、渔网等。）但是，被发现的针确实与寒冷的地区和时代有关联，这些地区和时代更需要合身、保暖的衣服。最早的针发现于俄罗斯，历史有 35000 年之久。此外，人们还发现了小小的穿孔圆形石头片或骨头，这些东西可能曾被用作扣子。这个理论有一有力佐证：在法国旧石器时代遗址蒙塔斯特吕克的一个墓穴里，一具遗体前面从胸到大腿中部排列着一排精致的圆片。[23]

关于制作面料使用的线在历史上究竟可追溯到多久之前，人们于 1875 年发现了第一条线索。一组后来被称为"七兄弟"的俄罗斯贵族官员，当时驻扎在克里米亚一处古代土丘的附近。他们在那一带挖掘着，希望找到财宝。多数在土地上乱刨乱挖希望一夜暴富的人都一无所获，但他们真的走运了。"七兄弟"发现的史前古墓里存有金子、大理石雕塑，最令人震惊的还是已在干燥空气中风化的精美的古代织物。这些古墓是古希腊城邦潘提卡帕翁的一部分，潘提卡帕翁建于公元前 6 世纪，后被一场地震重创。显然，城邦里有着技巧高超的编织工。官员们发现了一件了不起的织物，它盖在一口石棺上面，织物上面有十几幅画面——神话的、动物的、几何的……这件织物带有花边，由浅黄、红、黑三色组成。这件作品所在的墓穴在公元前 4 世纪就已被填埋并封住了，但是这块布被精细地修补过，因此其历史可能还要更悠久。在其他墓穴里，人们还发现了用多种风格和色彩制成的织物，上面画着鸟、牡鹿和骑马的人。[24]

接下来，更多早期的面料被发现。在发现祖祖阿那之前，最早的面料遗迹可追溯到 28000 年前。（这至今仍是已知第二早的织物，与最早的隔了 4000 年，从此可看出这方面的记录是多么不连贯。）这一发现如幽灵一般，并没有现出真身。在捷克共和国下维斯特尼采的一处遗址内，人们发现的不是面料，而是一些纤维在黏土中留下的痕迹，其中既有烧制前也有烧制后的黏土。然而，这些痕迹已经足够证明此地的编织者同样拥有熟练的技巧。黏土中的痕迹显示，这里既有捻出来的两股线，也有三股线编成的绳子，还有大量经编织而成的面料。发现还在继续。19 世纪中期，一些新石器时代的带有流苏边的锦缎碎片在瑞士被发现，这些锦缎属于公元前 3000 年前的湖边居民，这个古代村落还有处于各个制作阶段的亚麻，从亚麻籽到未加工的麻茎。在 1920 年代，两位当时颇为罕见的女性考古学家——格特鲁德·卡顿-汤普森和埃莉诺·加德纳，对埃及的法尤姆进行了最早的勘察，成果包括一块粗亚麻布、一小口炖锅和一条鱼骨。[25]

1940 年 9 月 12 日，一条叫罗伯特的小狗和它的人类同伴——四个法国小孩——发现一棵被暴风雨吹倒的树，树根下面是一个洞穴。这就是拉斯科洞窟，洞窟的墙壁上画满了奔跑的牛、马、野牛和牡鹿。这一切可追溯至公元前 15000 年。这些画很出名，它们概括地展示了我们先祖对世界的了解。然而，这并非拉斯科洞窟居民从事的唯一一样创造性工作。1953年的一个夜晚，法国史前史学家阿贝·格罗里从拉斯科洞窟地上随意捡起一块他认为是碎石的东西。事实证明，这块碎石是一块凝固的黏土加方解石。令他意外的是，这块碎石在他的手上像法贝热彩蛋一样裂开了，里面是一条形状完好的旧石器时代绳索的印记。之后，留下这条印记的绳索的一段被发现，约30厘米长。这绳索是用两股植物纤维的线，以整齐的S捻捻成的。[26]

有趣的是，2013年法国东南部的一项发现引发了一种假设：智人可能不是唯一会制造线的物种。一段极短的捻过的纤维——只有0.7毫米长——在90000年前的尼安德特人遗址被发现，这远在智人来到欧洲之前。[27]

今土耳其境内的加泰土丘是联合国世界文化遗产，这里在公元前7400年至前6200年曾是繁荣的新石器时代人类的居住地。在这一时期，人们的生活方式从狩猎、采集转变为定居，并且有证据表明，这里的人们对自己的新家颇为得意。此地的房屋呈长方形，由泥砖建成，屋里有灶台，也有床体，墙壁则用赭石和朱砂涂成了深红色和鲜橙色，但人们不是从墙上的门进屋，而是从屋顶上的窗口进入。在众多令人目不暇接的考古资源面前，1961年的一次挖掘还在一间民居的角落里发现了一个昏暗的浅坑，坑里是已炭化的人体和面料的遗迹，时间可追溯至公元前6世纪之初。

如何挖掘是一个难题。"气候问题使得恢复织物的工作十分棘手。”在现场工作的考古学家汉斯·海尔拜克抱怨道，“如果想要展现这一葬坑的全貌，织物表面在炎热的天气里就会迅速风化，那么这块遗迹就会变成粉末，被风吹走。”他采取的小心措施得到了回报。散落着的七八具遗体——其中还有几个小孩——被混成一堆，其中有些烧焦了，有些还连着干枯的肌肉组织。有趣的是，残留的织物就存在于这些骨头周围。有些织物已经化成灰，有些成了几团线，但大块的织物还完好地留存着。这些遗体似乎在被肢解后，被小心地用布料包好，并且用绳子系了起来。一些大块的胳膊和腿被单独包起来，其他的和小块的骨头绑在一起。甚至还有半个下颌骨被用好几层布料精心地包了起来。[28]

在加泰土丘发现的编制技术良莠不齐。一些织物颇为粗糙，一些很精良；一些是经纱和纬纱平织的，而一些有着错落的薄厚和线距。除了捆绑用的绳子，所有的织物都是用动物纤维制成的，大概是羊毛。这些使海尔拜克赞叹不已。“这些织物，”他写道，“展现出的技术令人震惊，因为它们的年代实在太久远，至少来自 85000 年前。”

除了关心人类**何时**开始纺织的，我们也必须问一问，人类是**怎么**开始纺织的。可能一开始，人们用嫩叶和嫩茎编篮子，然后是编席子、织网和编绳索。编织技术每发展至一个阶段，原始的编织者们都距离创造出任意长度的布料更进一步。人类文明之初留下的遗迹很少，而新的考古发现提出的问题和给出的答案一样多。

早期的织物由植物纤维，或由从山羊、绵羊身上拔下的羊毛纤维编织而成，它们是我们的远祖赖以生存的工具，比武器还要重要。面料可以提供遮蔽、保暖，后来还被用以彰显地位。同时，它们还能让人类发挥自己最无法压抑的一种能力——创造力。特洛伊遭焚毁的房屋中正在被制作的闪光布料，以及祖祖阿那的纤维做出的成品，对我们而言永远遗失了。我们永远见不到它们，也无从知晓它们对当时的制作者的意义。然而，我们能确定的是，这些制作者在上面花了精力和心思，不然，他们为何使用金色的珠子，粉色、灰色、蓝绿色的染料呢？即使在织物制作初期，它们也能反映制作者们的技巧和抱负。

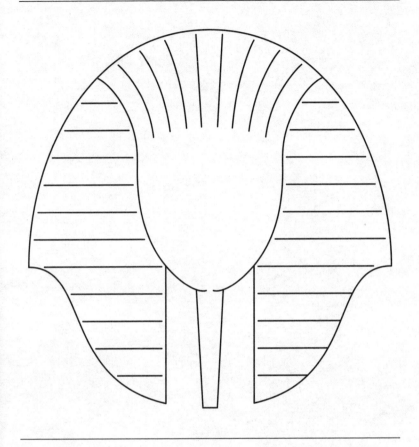

2

亡者的裹尸布

Dead Men's Shrouds

揭秘埃及木乃伊

揭秘少年法老

> 我只有一个想法。我只可能有这一个想法：我们面前是一道被封印的门，打开它，几个世纪的时间就会被抽空，我们将回到 3000 年前，与这位法老面对面。

> ——霍华德·卡特，《图坦卡蒙之墓》第一部，1923 年

1922 年 11 月 4 日，当霍华德·卡特发现一段向下通往埃及帝王谷壤土的台阶时，他无疑体会到了焦灼的兴奋、欣慰和希望。这位 48 岁的英国考古学家已经探寻了近 20 年，却从未如愿取得自己渴望的那种熠熠生辉的发现。资助人卡纳冯勋爵已经厌倦了一无所获，他告诉卡特，这次勘察将是他最后一次出资——对从小满心憧憬辉煌的埃及的卡特来说，这是个令人沮丧的消息。所以，卡特一看见这段台阶，就立刻给卡纳冯勋爵发了电报，让他马上到埃及来，因为他很可能刚刚发现了通往法老陵墓的隐蔽通道。11 月 26 日，即三周后的星期天，这两个人站在了台阶下面的陵墓门口。卡特在门的左上角打了一个洞，将一根蜡烛伸进去。蜡烛的火焰立刻变得闪烁不定，受热的空气从墓穴里涌出。"里面有东西吗？"卡纳冯问。"有。"卡

特看着烛光映照在墓穴深处的金子上，喘着气说，"有了不起的东西。"[1]

这类挖掘工作是很费工夫的。古埃及人为自己的统治者和祭司建造的这些墓穴，从王国建立之初（约公元前3100年）就开始动工了，并且在墓穴中有意添加了防止盗墓的设置。墓穴里有很多假门，像迷宫一样，还有用砖石封起来的秘道和入口。[2]西方人逐渐放弃了早期那种乱砸乱抢的挖掘风格，转而使用更为专业的探测手段。到了1920年代，考古学家们在探索新墓穴时，需要系统地规划路线，逐个房间查看，给每样物品拍照、标记、编目、记录，将每样东西都弄清楚后再进入下一个房间。在图坦卡蒙的墓穴里，这项工作格外艰难。这里在古时已被掠夺过，掠夺者们匆忙地把剩下的物品堆成一团，塞回箱子和棺材中，然后将墓穴重新封闭。[3]连当时负责下葬这位少年法老的人似乎也很慌乱匆忙，墓中的装饰和陪葬物显得不够精美，与法老的尊贵地位不匹配。图坦卡蒙去世时只有18岁，可能建造墓穴的人本以为自己有更多的打磨时间。[4]

在卡特的烛光照进被凿破的墓穴入口的三年后，他的团队终于成功解开紧裹着图坦卡蒙身体的亚麻布。1925年10月28日，墓穴最里面的棺材被打开，露出被"整齐地包裹着的年轻法老的木乃伊，他脸上戴着金色的面具，表情平静而忧伤"。这项拆解工程花了整整8天时间——从11月11日到11月19日，其中第7天是休息日。卡特后来写道："最外层是一张很大的亚麻布单，被三纵（中间一条，两侧各一条）四横的亚麻带子固定住。"这里描述的，是 16 层亚麻布的第一层。多层的亚麻布经过几千年的时间，部分已变质，呈现为煤灰般的颜色和质地。[5]

卡特记录了他所见的绷带和布料的细节。比如，他写道：木乃伊两只脚上的绷带都有磨损，应该是在被装进好几层棺材再送往墓穴这一漫长的过程中磨坏的。还有，为了使木乃伊接近人体的形象，古埃及人"下了很多功夫"。他形容，包裹遗体的亚麻布"很精良，像是细棉布"，并哀叹布料太过脆弱，很难进行研究。[6]

虽然他们花了很大力气处理布料，但很明显，图坦卡蒙墓中的织物对卡特来说只是不起眼的绿叶。卡特记录道：石棺打开后，他们看到的第一眼景象"有点令人失望"，因为里面的东西"被精致的亚麻裹尸布包着"。在这次发掘的早些时候，他打开了一个箱子，以为里面装的都是纸莎草卷，结果发现是亚麻布。（他提到这也"自然是令人失望的"。）[7]在一些情况下，亚麻布竟然被视为障碍物，就像要被扯开扔掉的蜘蛛网。有一大张亚麻棺盖布本应是深棕色或红色的，并缀饰着金属做的春白菊，结果这张布被卷起来，放在了墓穴外面的自然环境中。在埃及官员和考古学家争执的过程中，这块布就这样解体了。曾被仔仔细细缠在木乃伊身上的裹尸布、衬垫和绷带似乎同样在拆解过程中被损坏了，工作人员把溶解的石蜡洒在外层的绷带上，卡特说这是为了令"合为一层的布料更容易被大面积取下"。[8]

对于卡特和他的很多前辈与后来者而言，层层布料中包着的饰品和护身符，以及布料下那奇特的防腐躯体，都比布料本身重要得多。这很不幸，因为这一观点对古埃及人来说是要遭诅咒的。对他们而言，亚麻布充满力量，甚至有魔力：正是亚麻布使木乃伊变得神圣。

蓝色细线

亚麻生长在不朽的土地中，它结出能食用的果实，提供
洁净廉价的服装原料；亚麻衣服穿在身上不觉沉重，适合各
个季节。而且据说，这种材料是不会令人长虱子的。

——普鲁塔克，《伊希斯与俄塞里斯》，约公元45—120年

埃及的气候十分干旱，这非常有利于保存当地人民生活留
下的各种遗迹，甚至包括布料。在其他地区，事物能保存几个
世纪就算很长久了，而在埃及，历史记录可延伸至新石器时代。
保存下来的织物特点不一。其中有些是染色的——图坦卡蒙的
墓中，几层内棺由两块红色的布裹着——其他的布则被漂成乳
白色。布料的材质和重量也有所不同。纽约大都会博物馆1940
年研究的一块布料样本异常精致，每1平方英尺上有100×100
根线。另一块织物来自哈特诺佛的墓穴，哈特诺佛是古埃及
十八王朝的一位女性。这块织物有5米长、1.6米宽，但是非常
精细，因此只有140克重。其他一些样本，也来自同样尊贵的
皇室成员的墓穴，但更为粗糙。[9]
　　大多数留存下来的织物都是在墓中发现的，因此我们不太

了解日用的亚麻布，却更了解裹尸布、绷带和华丽的礼服。此外，三角洲地区的气候不如内陆地区适宜保存考古学证据。另一个限制是，我们对当时种植亚麻和制造亚麻布的方法知之甚少。不过我们拥有的线索已经颇能引发好奇心。对保存下来的织物的了解相同，我们对于亚麻种植和亚麻布制造的了解也是通过留存的工具拼凑起来的，例如通过纺锤、纺轮、微型模型和墓穴墙上画的说明图案。顺便说明，正是通过这些图案，我们得知古埃及亚麻田开满花时的色彩：古王国时期（公元前2649—前2150年）的绘者们用细细的蓝线来描绘亚麻花田。[10]

赛伊思曾是一个重要的城邦，虽然从现存的证据很难看出来。尼罗河流经这里的广阔三角洲地区而进入地中海。希罗多德曾写道：赛伊思每年某一天的晚上都要举行庆典，城邦的居民分别站在自己家的门口，举着茶碟样式的灯，里面的灯芯浮在盐和油制成的燃料上，灯彻夜燃烧直到黎明。这是崇拜涅伊特的重要仪式，她是好战的创造女神，头戴红色皇冠。她还是鳄鱼神索贝克的母亲，索贝克则掌管生育和尼罗河。赛伊思处于三角洲，因此气候潮湿，这也使得这里能够制造出全埃及最精良的亚麻布。[11]

在这一地区，尼罗河的季节变化决定了亚麻作物的生长情况。人们在10月或11月将种子撒进肥沃的洪积层土地，这类土地是河水中夹带的石块等受河岸的阻挡堆积形成的。如果要制作精致的亚麻布，需要在来年3月将仍是绿色的一米高的亚麻茎连根拔起。[12]人们种植亚麻，不仅因为它是非常好的布料原材料，还因为它的种子亚麻籽可以煮着吃、烤着吃，还可以榨成油。然而，农民需要努力耕作才能获得丰收。亚麻对环境很挑剔：它的根比较脆弱，因此土地需要充分耕耘好；它会很快将土壤中的养分吸干，因此要经常松土。若要收获亚麻籽，需要松散地播撒种子；但若要收获亚麻茎，种子则需要密集播撒，这样可以使植物长得更高，产出更长的韧部纤维。[13]

在传统非商业化的亚麻生产中，亚麻一旦被拔出，就要放到田地里干燥几天，然后进行处理：击打、梳理或摇晃，去掉谷穗。下一步是沤麻，也就是将坚硬的外皮破坏，露出里面的韧皮纤维。接下来是晒干、打麻、去掉外皮。最后是梳麻，去掉残留的木质结构。虽然我们不确定在古埃及这些步骤具体是怎么操作的，但认为他们按这一顺序进行处理的猜测是合理的。墓穴墙上的画面展现了类似沤麻的场景，并且我们知道第十八王朝（约公元前1550—前1292年）的人们使用过梳麻板。如今我们收获的纤维直径在15微米到30微米之间，而古埃及纤维的平均直径是15微米。凭借某种方法，古埃及人处理韧部纤维的水平和当今最先进的技术一样好。[14]

卫星拍摄的埃及图像看起来就像是一块不规整的方形面料，而尼罗河就像一条深色的丑陋开线，从北边三角洲的翠绿色开口一直延伸到南边的墨色裂缝。实际情况是，这条河和其中的河水将国家和人民紧紧缝在一起。在一首于公元前2100年写给尼罗河的赞美诗中，作者对它说："你是大地的庄严饰物。"4000年后，因对国家政治精英表达辛辣蔑视而出名的诗人艾哈迈德·福阿德·奈格姆则哀叹道："尼罗河渴望爱，渴望回到过去。"[15]

梅克特拉是古埃及中王国时期两位法老治下的首席财务官，他于公元前 1981 年至前 1975 年之间被下葬。他的墓和古埃及很多的历史遗址与现代城市一样，坐落在河岸。这一遗址是底比斯古城的一部分，正对着如今正在扩张的城市卢克索。这一墓穴于 1920 年被发现，但在这之前它早已遭到洗劫。然而，仍有一个房间保存完好。这一墓穴的建造者巧妙地将其隐藏于通往主墓室的走廊下方，那里正是没有盗墓者会长时间停留的地点，因此不会被注意到。房间里面有 24 座木质人偶，呈现的是人们正在制作梅克特拉死后可能需要的各种东西：面包、啤酒，当然还有亚麻布。[16]

在梅克特拉的这些人偶之中，女人们堆起浅金色的亚麻纤维，然后用大腿和手将它们捻成松散的长条粗纱。这个将纤维捻到一起的过程与身体密切相关：捻线者的双手和大腿会因为与亚麻纤维不停摩擦而起茧，而利用茧子捻线会更容易。纤维黏合的诀窍似乎在于将每根纤维的两端沾上水，这样一来纤维素就能起到黏合剂的作用。粗纱被缠成线团以防打结，再放在装有一点水的罐子里，利用湿润保持其柔韧度。然后，纺纱工将线从罐子里抽出，两手各执一个纺锤，一条腿抬起，分别在两条大腿上转动纺锤来加捻。这样能使亚麻纤维更加精致，我们已经看到，这正是它迷人的特点；同时，纤维也会变得更加强韧。

几乎所有的埃及亚麻纤维都使用 S 捻（逆时针），可能是因为亚麻在风干时自然卷向这个方向。有趣的是，虽然很多文明中的人都使用卷线杆缠线，防止其打结，但古埃及人直到罗马时代才知道这一工具的存在。在那之前，线都是直接缠在纺锤上或缠成线球。[17]

纺好的线此刻可以用来织布了。梅克特拉墓里面的木制小人偶使用的是地织机：两根横木固定在钉在地里面的桩子上，将经纱拉直。这种水平的织布机据信是公元前 1500 年前古埃及人使用的唯一一种机器，后来垂直织布机才被发明。然而，古埃及人的垂直织布机和他们的古希腊表亲使用的并不相同——可能是对地织机念念不忘，古希腊的经纱是用第二条横木而非重锤吊着的。这可能使编织的工作更加困难，却也更适合社交：编织监督者内费龙佩特的墓穴墙上有一幅画，展示了两位女性共同操作大型垂直织布机的场面。画中最常见的是普通的平纹织法——最基本的一根线压一根线的织法；虽然也在其中看到了一些方平纹织，这种编法能制作更结实耐用的布。[18]

亚麻生活

你的脸被这白色的亚麻布照亮。你的身体在绿色的亚麻布中焕发出光彩。你与你的亚麻皇冠一起战胜了敌人。你适时地拿着红色的亚麻布……伊希斯和奈芙蒂斯织成的这些布正适合你，它们包裹你的身体，将敌人从你的身边驱走。

——埃德夫神庙的献祭铭文，公元前1世纪

亚麻在古埃及的社会和文化中占有特殊的地位。从基本层面讲，亚麻对国家的经济至关重要。一座古王国时期的墓穴墙上标注着古埃及人引以为豪的亚麻收获产量：20000捆，62000捆，78000捆。亚麻被普通民众当作财富，因为亚麻不仅保值，还可以作为货币来交换其他商品或服务。编于约公元前110年的《温阿蒙历险记》记载，亚麻布、绳索、垫子、金子和银子被用来从比布鲁斯国王那里交换杉木。在第十八代王朝，阿拉西亚国王就曾收到黑檀木、金子和亚麻布，对方想以此和他换取黄铜。腓尼基人通过和古埃及人交易亚麻布发了财。并且，据希罗多德记载——虽然他不见得是最可靠的证人——波斯王薛西斯一世为攻打希腊而在赫勒斯滂海峡上造桥时，就使用了古埃及亚麻制作的绳索。事实上，埃及直到19世纪都是生产亚麻布最多的国家，然而那时一名法国植物学家发现了一个适宜尼罗河三角洲潮湿气候的棉花品种，于是这一入侵品种才成了埃及的主要纤维作物。[19]

虽然其他种类的织物也曾在古希腊地区被发现，但它们显然是不被重视的少数。举例来说，阿玛纳工匠村遗址中被复原的几千种织物碎片中，85%都是亚麻制品。原因并不明确。关于绵羊和山羊的遗迹在古埃及有所发现，而且可追溯至新石器时代，这些羊毛当然是可以纺成毛线的：在阿玛纳也确实发现了48份羊毛样本。部分原因可能在日常生活中。在《伊希斯与俄塞里斯》中，古罗马作家普鲁塔克赞美了亚麻布的价格和肤感。确实，亚麻布导热性很强，穿在身上很凉爽，因此它常与夏季和温暖的气候联系在一起。同时，它又是最坚固的植物纤维，强度是棉纤维的两倍。并且，它可以长期保存，穿过、洗过后会变得更加柔软。[20]

古埃及人穿的衣服很简单，从外观很容易看出来其和织布机及亚麻田的联系。很多衣服就是简单地把方形布料披在身上，用绳子绑住。即使有用到缝纫的地方，缝纫也只起了很简单的作用：将方形的亚麻布对折后，用线把两侧缝起来，在腋下留出十厘米的空隙以让胳膊伸出来，再在折叠处切一个洞好让脑袋伸出来。古埃及人似乎能够掌握不同亚麻织物之间材质、颜色、重量和织法的微小区别。虽然墓穴壁画里的女性穿的都是薄到将肤色透出来的亚麻布，但结实的粗布同样有价值，也可以在最为尊贵的亡者的墓中找到。[21]

除了实际用处外，在文化上，亚麻布似乎被与洁净联系在一起。当然，这一观念使外人很惊讶。希罗多德写道：祭司常常要穿刚洗涤过的亚麻衣服来"从事敬神仪式"，而其他纤维被认为是不洁的。这一说法在普鲁塔克的著作中也可看到。公元170年，阿普列乌斯在书中将亚麻称为田地中最洁净、最好的作物。亚麻可以染色，但有趣的是，多数人都用泡碱——制作木乃伊也是用这种物质——和阳光将其漂白至乳白色。或许，这一对白色的偏好也是为了洁净：在语言学里，白色也与纯洁相关。将亚麻与白色联系起来并不牵强，因此这种纤维无论在社会中还是在宗教中都很重要，也就不足为奇了。[22]

2011年1月，开罗的埃及博物馆周围形成了一道人体锁链。这座大型淡粉色建筑位于解放广场，围绕着它的人们在努力保护其中的财富。他们的努力是徒劳的：大概有50件文物被抢走了。人们之后在博物馆附近发现，一尊厚嘴唇的奥克亨那坦法老雕像被丢弃在垃圾堆中，这位法老是图坦卡蒙的父亲。另一件被发现的文物是一座镀金的木质雕像，雕刻的是一位女神举着图坦卡蒙。现在这件雕像和其他在动乱中被破坏的物品一样，已经修复好，重新供大众观赏。很多人认为掠夺博物馆是不敬之举。不过若是换个角度来看，在最初制造并崇拜这些雕像的人眼中，它们早已被剥夺了价值——就在包裹它们的布料被打开的那一瞬间。[23]

卡特在图坦卡蒙墓中发现的所有雕像和很多其他物品都被大费周章地用亚麻布包裹着。比如，在第一座神龛中发现的一捆法杖，就是用深棕色的编织亚麻包着的。盖在卫兵雕像脸上的则是乳白色亚麻布，并且，按照卡特的描述，这些亚麻如同薄雾。虽然这是亚麻包裹物品的行为第一次以本来面目被看到，但人们之前从流传下来的仪式和绘画中对其已有所了解。这些物品证明了用亚麻布包裹雕像是敬奉神祇的一部分。这些雕像被保存在神庙深处专门的神龛中，每天由祭司用新亚麻布再重新包至少一次。在古埃及宗教中，保密的、隐蔽的、仪式性的隐藏行为具有重要意义，而这一行为离不开亚麻布的包裹。在《揭秘古埃及》中，克里斯提娜·里格斯认为，用织物将神圣的意象和物品包起来不仅是其神圣性的一部分，并且包裹仪式会再一次加强这种神圣性。也就是说，亚麻布不仅是保护层，其本身就是目的的一部分。"用亚麻布包裹身体或雕像，具有一种力量，将本来庸常、甚至不洁的事物变得纯洁而神圣。"[24]

亚麻布填充的心

保存在身体里的是心——塞内布提斯的心，她是第十二王朝的一位女性。这颗心有幸及时地停止了跳动，然而承载这颗心的身体残骸，却不得不在多个世纪之后被陈列，供西方的野蛮人观看。

——《第十二王朝的一位女性》，《莲花》杂志，1912年1月

塞内布提斯[25]是一位苗条的女性，去世时约50岁，去世时间是公元前1800年左右。她的木乃伊被发现于利斯特金字塔的墓穴中，通过这具木乃伊，我们可以看出将她下葬的人十分用心。她躺在三口棺材中，这三口棺材像俄罗斯套娃一样一个嵌在另一个之中。最里面的棺材用十几条带流苏的披肩盖着，每一条都叠得很整齐。此外，她的裹尸布里夹有很多财宝，包括一个刻有98朵小玫瑰花的饰环，以及一条金子、红玛瑙和绿宝石做的项链。她的身体本来是平躺的，但是在棺材移动的过程中变换了方位，因此成了左侧卧。她的四肢是分别被包裹起来的，胳膊平放在身体上面，双手在大腿处紧握在一起。祭司将其整个身体用亚麻布包起来，一层层的绷带和大块布单交替使

用。阿瑟·梅斯和赫伯特·温洛克在挖掘报告中称，这"几层薄厚不同的布"在 1907 年被发现时已经腐烂得很厉害了。但他们仍然得以看到最里面一层的布料是格外精致的，这层紧贴着塞内布提斯皮肤的布料每平方厘米就有大概 50×30 根线。她的身体中是更多的布：她的体腔里塞满了布。最后他们还发现，在木乃伊制作过程的某个阶段，她的心被取下来了，心房和心室里被塞满亚麻布，然后被小心地放回体内。[26]

考虑到亚麻布在埃及人生活中的重要性，那么它在"死"这件事上同样是个重要角色，似乎是理所当然的。织物很具价值，它们是一个人财富的重要部分，要装在特殊的箱子里，盖上精心打造的盖子。并且，虽然有时候入葬使用的布是专门制作的，但通常这些布是用一生乃至更久的时间收集来的。有的布料已经被穿旧了，带有补丁；有的上面带有名字或题词，标明它来自亡者的亲属。比如，在图坦卡蒙墓中发现的一件束腰外衣披在一座胡狼雕像上，衣服上面带有奥克亨那坦王的名字，人们认为他是图坦卡蒙的父亲。织物的出处显然非常重要。用来重新包裹拉美西斯三世的亚麻布上面题有文字，声明这是由阿蒙的高级祭司皮安奇的女儿织成的。[27]

在古埃及，下葬的仪式并不总是一样的。在新石器时代，人们只是把遗体放进浅浅的坟坑里，身上披着动物皮毛或是粗糙的折叠亚麻布。直到早王朝时期，有权势的、忠诚的富人才被葬进专门建造的更深的墓穴，并且全身包裹着亚麻布。"包装"随后愈发精致。四肢被分别包裹逐渐成为标准做法。一位

19世纪的评论者惊叹道:"每条胳膊或腿,不,每根手指或脚趾,都被用绷带贴着皮肤缠起来。"而包裹图坦卡蒙的,有16层不同的包裹布、三口木棺、一口石棺。有些人称他们发现了1000码(1码约等于0.91米)长的埃及法老裹尸布,这些布太长了,因此在法老身上裹了40层。阿狄米多娜是一位死于1世纪末2世纪初的女性,她被葬于麦尔,身上缠了太多亚麻布,因此,她的木乃伊高达2米,比她本人高了1/3。她脚上的裹尸布被仔细地缠长了,因此两只脚都有一米长。完成的木乃伊看起来就像躺着的"L"。[28]

《神牛防腐仪式》是现存关于古埃及木乃伊制作的最完整的文本之一。但是很遗憾,这部书是关于公牛崇拜的,因此上面指导防腐用的香料需要从角开始,一直涂到尾巴:这些复杂的步骤在给人类涂抹防腐用香料时是用不上的。关于木乃伊的信息还有其他来源,包括木乃伊自身和希罗多德的记录。(虽然他明显津津乐道于血腥的部分:"首先,他们用一个带钩子的铁具把大脑从鼻孔处拽出来……"其实大脑不一定总要被取出来。)由于气候炎热,无论用什么防腐手法,速度都是最重要的。尸体先要被洗干净,然后切开腹部,把内脏取出;如果要取出大脑,则是从鼻腔后部的骨头处割开口子。之后,将泡碱、盐、油和树脂涂满尸体,经过70天的干化后再次清洗尸体。[29]

裹尸的过程是精致、秘密、高度仪式化的。干净与纯洁是最为重要的。整个过程在专门的房间中进行,地板上铺着几米厚的取自沙漠的沙子,沙子上铺着纸莎草垫子和亚麻床单。此外还需要大量材料，例如药膏、绷带等。裹尸开始前，所有参与这项工作的人都要自我清洁，剃须、洗浴、穿上新的亚麻衣服。实际执行缠绷带工作的祭司被尊称为"秘密大师"，他们通常要确保裹尸布的层数或缠绕的圈数要是三或四的倍数，因为三和四有特殊的意义。在一层层的布料中裹入护身符和其他有象征意义的物品，并且有时包裹的布料上还写有关于仪式的知识。1837年4月，托马斯·佩蒂格鲁在伦敦解开了一具托勒密王朝的木乃伊，并由此得到了50米长的带有文字的绷带。多种多样的织物——绷带、床单和垫子——一层压着一层，而最里面及最外面一层要用最精致的亚麻布。至于制作神牛木乃伊，光是包裹的过程就要花16天。[30]

尸蜡蜡烛

> 我仍能愉悦地回忆起，木乃伊第一次被解剖时，它在100多位科学家和新闻工作者当中激起的轰动——在六周的时间内，他们不断地到我家来看解剖，这是对我工作的表彰。

> ——奥古斯都·博齐·格兰维尔，
> 《谈埃及木乃伊》，1825 年

几世纪以来，木乃伊占据了西方想象力中特别的龛位。木乃伊（mummy）一词源于波斯语中的沥青（mumiya），沥青一度被当作很有效的药品。虽然我们现在已经知道并非所有的木乃伊都包含沥青，但它们很快就被挖掘、交易、制成粉末，用来做牙膏甚至治疗癫痫。之后，沥青又被用作颜料，并且得到了很多别名，包括埃及棕和"caput mortum"——拉丁语，意为"亡者之首"。

人们对木乃伊的兴趣逐渐转到科学层面，1652 年，托斯卡纳大公的宫廷医师乔瓦尼·纳迪出版了一本书，书里带有版画，画的是去掉包裹的木乃伊的一部分，供好奇的西方读者了解。[31]到了 19 世纪中期，拆解木乃伊在伦敦和欧洲其他地区成为流行的奇观，托马斯·"木乃伊"·佩蒂格鲁的拆解工作变得非常有名，报纸就像报道戏剧作品一样对此进行报道。法国小说家皮埃尔·洛蒂于1909年描述了一次拆解操作，说当时的观众情绪太激动，以至于最后整件事以闹剧收尾。洛蒂回忆道：王室的木乃伊"用精致绝伦的裹尸布包了一千遍……这布比印度的平纹细布还要精致"。这块布有400多码长，拆下来整整用了两个小时。到这时，气氛已经高度紧张，"当最后一次翻转将高贵的人体显露出来时，观众的情绪再也无法控制，他们像一群牛一样四处跑跳，撞翻了法老"。[32]

除了图坦卡蒙，历史上另一个有名的木乃伊并非以自己的名字为人所知，而是以其拆解者闻名。奥古斯都·博齐·格兰维尔的一生值得记录。他是位外科医生，生于意大利，经历拿破仑战争、疟疾、希腊和土耳其的黑死病后仍然幸存，在英国海军服役一段时间后，他安居下来，从事医疗工作。显然，他是一个精力充沛的人，有广泛的兴趣：在伦敦时，他对埃及古物学产生了兴趣。1825年，他给英国皇家学会送去一份报告，写的是他前一段时间公开拆解的一具木乃伊——人们后来将其称为格兰维尔。这具木乃伊是阿奇博尔德·埃德蒙斯通爵士1821年送给格兰维尔的。（木乃伊是爵士本人1819年在一次去底比斯的旅行中花四英镑买来的。）[33]

在报告中，格兰维尔描述了对木乃伊化的人体进行尸检的过程——这被公认为史上第一次木乃伊尸检，其研究手法为当时的此类研究定下了标准。格兰维尔仔细地记下了全过程，标明了每一根骨头的尺寸、角度和状态等信息，同时他还附上了很具体的插图。这具尸体被缠了太多的布，看起来就像是被拉长的椭圆，而非人形。格兰维尔向皇家学会说明，绷带是用"非常细密但又具弹性的亚麻布"做的，"织法非常精巧，并且其整齐和精密的程度，即使让现在手最巧的外科医生来模仿，他们也会无从下手"。格兰维尔花了一个小时拆解下来的亚麻布总共重达 28 磅。作为外科医生，他看到了一些自己熟悉的包扎方法，包括"环形包扎、螺旋包扎、交叉包扎、固定包扎、排出包扎、单层包扎"。[34]

格兰维尔在伦敦的家中进行了为期六周的尸检，其间有一批又一批的来访者观看。他的报告内容从直率的专业内容逐渐转为病态的私人记录。他手上的遗体来自一位 50 岁左右的女性，头发已被剃光了，而他用手抚摸她的头皮，试着寻找发茬。这具木乃伊制作的成本较低，因为所有的内脏都还在身体里，但格兰维尔因此得以拓宽了自己的医学知识。他仔细地描述了她的乳房，认为"它们在她活着时一定很大，因为它们一直垂到第七条肋骨"。他还提到了她肚子上深深的纹路："身体的这一部分想必尺寸不小"。他认为，这位女性的死因是大块的卵巢囊肿，但是近期的检测认为罪魁祸首是结核或疟疾。[35]

格兰维尔在皇家学会取得了巨大的成功，于是他进一步在皇家学会举办演讲，谈论自己的发现。为增加戏剧张力，他在房间里点起了蜡烛，蜡烛是他用木乃伊周围大量苍白易碎的"类似树脂或沥青"的物质制成的，他认为那是蜂蜡。但是，格兰维尔在这一点上也错了。随着人体解体，脂肪和软组织会分解、再变为一种灰色的物质，这就是尸蜡。格兰维尔自己都不知道，他向听众讲解的房间，可能是由人体蜡烛照亮的。[36]

　　语言学上有则趣事流传很久：因纽特人有几十个关于雪的单词，从 matsaaruti（用来滑雪橇的半融雪）到 pukka（结晶的蓬松雪花）。如果一件事物的相关词汇量可以用来大致衡量其在文化中的重要性，那么值得一提的是，古埃及有很多关于织物和木乃伊制作的词。例如，在《神牛防腐仪式》中，用来描述将织物穿在身上的动作有三个不同的词：wety 指缠绕，djem 或 tjam 指覆盖，tjestjes 指系紧打结。制作木乃伊用的方形大块织物叫 hebes，窄条绷带叫 pir，开口的长条绷带叫 nebty。祭司使用的绷带还有 seben、geba、seher，而布料有 sewah、benet、kheret。从大概公元前 1500 年起，一具尸体被称为 khat，经过防腐处理的尸体叫 djet——"永恒"的同义词。而一个被包裹的戴有神圣面具的尸体有另一个称呼：sah。[37]

　　对木乃伊制作最常见的解释是，这一操作可以将死者的身体保存在相对完整的状态，甚至仍然像是活着。这种视角颇具温情，就好像木乃伊是一幅来自早期绘画大师的画作，要在拍卖后仔细包成一团才能运往新家。然而，这种思考模式有其弊病。最核心的问题是，在这种逻辑中，被包裹的身体地位明显高于制作木乃伊过程中使用的织物和绷带。换句话说，亚麻布被贬低为仅是内在核心的外包装。

这种想法其来有自：希罗多德在公元5世纪写道，木乃伊化使死者免于"在墓地中变成虫子的食物"。与其相似，格兰维尔认为绷带的作用是将"木乃伊的表面与外部空气"隔离。即使经验丰富的法国考古学家加斯顿·马斯佩罗也落入这种思维的窠臼。马斯佩罗曾是在古埃及挖掘和撰史的总指挥，他曾将霍华德·卡特介绍给其资助人卡纳冯勋爵。他于1886年6月1日上午9时开始了拆解拉美西斯二世的木乃伊的工作。在拆开了一系列绷带和裹尸布后，他看到"一块精美的布料从头盖到脚"……丢掉最后一块遮罩后，他写道："拉美西斯二世现身了。"他的门徒对包裹和被包裹者的关系有类似的看法——卡特打开图坦卡蒙的石棺后，失望地看到"里面的对象完全被精致的亚麻裹尸布包着"。直到"少年法老的金色塑像"出现在裹尸布下，而后遗体本身出现了，他才终于满意。[38]

被制成木乃伊的尸体，其价值在于可以进行非常细致的检查。在19世纪末20世纪初，这些检查非常关注人种的因素。当马斯佩罗终于和拉美西斯二世面对面时，他注意到法老那"长而窄的鼻子，像波旁王室的鼻子那样弯曲着"，以及那"厚而多肉的嘴唇"。格兰维尔仔细查看了木乃伊的骨盆，将其与美第奇的维纳斯和"一个成年黑人女孩"的骨盆进行对比，得出结论，"在女性骨骼中，骨盆最能体现不同人种之间的差异"。而现在，木乃伊化的尸体也反映出当代人的关注点。1980年代末，在大英博物馆储藏室的箱子中发现了格兰维尔木乃伊的部分躯体后，人们立刻进行了新一轮的尸检，这引发了 2008 年一大批论文的发表，这些论文试图解释木乃伊死去的真正病因。[39]

然而，我们总是全神贯注于亚麻布里面包裹着的尸体和财宝，忽略了亚麻布本身的价值和意义。即使是制作相对简单的木乃伊，人们都要花费大量力气、使用大量亚麻布。格兰维尔对多种包裹手法的观察是正确的：插画和留存下来的样本展示，为了用布条制造视觉效果，包裹者使用了惊人的复杂手法。当代观点对织物极为重视，不仅使用了众多词汇来形容它们，并且非常尊重"秘密大师"——那些被授权使用织物的祭司。包裹尸体确实有助于尸体保存得更长久，但这似乎并非其主要目的。灵体（sah）这一特殊的木乃伊形式戴着神圣的头巾和面具，在古埃及艺术中被与神联系在一起。人类被塑造成这一形式，获得了神性和崇高的地位，用的材料就是亚麻布。当尸体经防腐处理、被包裹起来时，它也正在被转化为值得崇拜之物。[40]

在《图坦卡蒙之墓》一书的前言中，霍华德·卡特着力强调了自己任务的庄严和重要。他写道："我们第一次发现了一座几乎完好的墓穴，这座墓穴没有受到古代盗墓者掠夺的太大破坏。"至于他的工作，毫无疑问，绝非盗墓。在他完成工作后，"国王的遗体……会被虔诚地重新包裹起来，并放回石棺内"。可能他本来打算如此，但一些别的因素阻碍了卡特执行这种关照——可能是法老诅咒的传言，也可能是图坦卡蒙木乃伊身上藏匿的多件宝物。当石棺在1968年被重新打开时，这位埃及领袖的尸体状况极为恶劣。"木乃伊不是完整的，"研究者们后来写道，"头和颈与身体分离，四肢与躯干分离了……进一步的调查证明四肢上有多处断裂。"[41] 这些破坏是卡特和他的团队造成的，他们用最粗暴的手段来接触尸体，取出绷带里的护身符和珠宝；他们将加热后的剪刀插进金色的面具中，然后将面具从被切断的头骨上撬下来。少年法老被再次放置到墓穴中，但已破碎不堪，而非3360年前秘密大师用亚麻布塑造的神圣灵体。图坦卡蒙未经包裹就被再次下葬了。[42]

3

礼物和马匹

Gifts and Horses

古代中国的丝绸

织出来的文字

心璇诗梦君伤思，钦多曜容君中嗟，

嗟中君容曜多钦，思伤君梦诗璇心。

——苏惠，《璇玑图》中的文字，公元 4 世纪

该版本来自大卫·辛顿

在公元 4 世纪，苏惠用心中的痛苦编织出了一件杰作。她挚爱的丈夫是一位朝廷官员，被革职发配到沙州，一个距家好多天行程的地方。更糟的是，丈夫虽自称深爱苏惠，却几乎一到沙州就娶了一位妾，这使苏惠悲愤交加。悲伤和受辱混合在一起的情绪似乎提供不了什么创造力，但苏惠却成功地将这些情绪转化为一幅《璇玑图》，这是一首绣在绸缎上的诗，其结构复杂精妙，之后 500 年无人能出其右。[1]

这件作品的形式是横、竖排各 29 字的网状文字，以精心选择的不同颜色绣到一块锦缎上。《璇玑图》用了中文诗歌中的一种特殊形式——回文，并将这一形式发挥至极致。回文诗的原理在于中文与西方语言的不同点：中文可以从不同的方向阅读。从回文诗的名字就可看出，它既可以从右上角开始向下顺着读，

也可以反过来。不过苏惠的《璇玑图》更进一步，它独特的结构使读者能够在文字中任意徘徊，竖着读、横着读、斜着读都能发现不同的诗句。这一作品总共有 3000 种读法。*

苏惠完成的《璇玑图》无疑是一件视觉上令人相当震撼的物品：这是一块丝绸织成的爱恋颂歌。其中一句写道："梦想劳形，宁自感思，孜孜伤情。"《璇玑图》原品早已遗失，但我们知道这是一件方形的作品，上面有用五种颜色绣成的文字，颜色代表不同的区域，每一区域规则各异。作品的名称取自浑天仪，这是用来观察星象的仪器，它由一组同心的圆环构成，每一环对应着某条经线。可能是浑天仪的结构给了苏惠创作的灵感，《璇玑图》最基础的部分是七字短句，这些短句在视觉上构成了网格，就像浑天仪的圆环。这些句子可以从任何方向来读，读者读到短句的交界处时，可以沿着任意方向继续读。（仅是这些短句就有 2848 种读法。）[2]

使这件作品更为伟大的是当时的时代背景，那是一个动荡的时期。百年以后，中国的历史学家将公元 304 年至 439 年称为"十六国"时期，因为彼时短命的王朝不断交替，让人眼花缭乱。其中，很多王朝的领袖是外邦人，例如北方草原的游牧民族匈奴，这些外邦人带来的不仅是异域的习俗、文化，还有更多的混乱，因为他们都渴望战胜自己的对手，建立统一的大国。显然，这不是一个女性地位显要的时代，因此苏惠通晓文

---

* 实际上，现在普遍认为《璇玑图》有 7958 种读法。

字已经很了不起，更不用提据说她写出了几千篇的诗作。在所有这些作品里，《璇玑图》是唯一留存下来的。（我们对此应心存感激，毕竟有几个世纪里这部作品被排除在诗选之外，并且曾一度遗失。）[3]

这部作品得以被重新发现和流传可能要归功于其本质，即这是一首描写失去爱情的作品。苏惠的故事成了民间传说，不断被人们改成戏剧、故事和诗。不过，在一个最受欢迎的演绎版本里，苏惠创作《璇玑图》是为了让犯错的丈夫回到自己的身边，她绣完整首诗后将其寄给丈夫，丈夫意识到自己的妻子是无可取代的，于是抛弃了他的妾，一对佳偶重新团圆。

虽然这个故事最符合传统上对女性忠贞的颂扬，但似乎《璇玑图》本身的特点与这种说法矛盾。这首诗最大的特点是晦涩难懂。这是苏惠有意为之的，她称自己的诗为"诗句章节徘徊宛转"。在一个保守的社会里，聪明的女人似乎不会用这种方式求自己不忠的丈夫回心转意。如果这真是她的目的，那么这首诗带有不小的恶意：即使满心悲伤，苏惠作诗的水准不仅高于丈夫爱上的另一个女人，还高于她的丈夫。[4]

叶上雨声

蚕月条桑，取彼斧斨。以伐远扬，猗彼女桑。

——《诗经》，公元前 11 世纪—前 6 世纪

据说，蚕丝制作始于一件最具中国特点的事物：茶。具体来说，是黄帝年轻的妻子西陵氏嫘祖手中的茶。[5]传说西陵氏坐在皇宫花园中的一棵桑树下，只听轻轻的"扑通"一声，热茶溅起了水花，原来是一颗茧从树枝上直接落入了这位皇后的茶杯中。很自然，西陵氏的第一反应是把这东西捞出来，但她惊讶地发现，茧在茶中溶解了，原来坚硬的淡黄色硬块变成了一团又一团连续不断的丝线。西陵氏把这些线在花园中展开，它们看起来就像闪闪发光的薄雾。

中国还有许多其他围绕制丝展开的传说。中国盛产家蚕及其主要食物来源桑树，尤其是在长江、黄河流域，也是在这里，这种虫子开始被人工养殖。人工养殖的蚕蛾几乎不会飞，而且基本不太会动，它们的生命周期也被加速了。在野生环境中，蚕蛾的生命循环时间是一年一次，热带地区可能会到达三次；然而现在，商业化养蚕可以在同样的时间里培养出八批蚕来。[6]

家蚕成长有四个阶段：卵，幼虫，蚕蛹，然后最终变成蛾，整个过程要40—60天。成年的蛾是灰白色的，多毛，翅膀力量很弱，因此飞不起来。刚从蛹里孵出的母蛾腹中就已经有卵了，它们会散发出信息素吸引公蛾来交配。（在家养环境中，这一过程只需几分钟。）这之后，母蛾很快就可产下500颗卵。健康的卵呈灰青色的椭圆形，比英国十分硬币上的字母O还小，大约十天后，卵就会长成幼虫，小得肉眼几乎不可见。[7]

在野生环境中，蛾会将卵产在桑树的树叶上，而家养的蚕被饲养在通风良好、层层叠起的竹匾里，它们就在里面懒洋洋地吃着人类为它们准备好的大量桑树叶。（这种进食几近疯狂，人们即使在几米外也能听到蚕棚里的咀嚼声，声音大得像森林中的暴风雨。）蚕通过暴食来获得能量，以实现惊人的体型改变。它们的身体会增重十倍，为了适应自己迅速膨胀的体型会蜕皮四次。等准备好进入下一个生命阶段时，蚕会变成象牙般的乳白色，有时有灰褐色的环型斑纹，其长度和宽度类似一位女性的小指。[8]

即将化蛹的蚕会动个不停，直到找到最适合作茧的地方。缠一个茧需要三天之久，这期间蚕宝宝会不断地来回晃脑袋，用口器下面的两对吐丝器吐丝。制丝的蛋白质由腺体分泌，在蚕的身体中呈液态，只在从吐丝器中吐出后才变成固体。虽然蚕只有几厘米长，但它产生的连续不断的线却能达到1000米。蚕丝的宽度是30微米，是人类头发直径的一半。蚕在吐丝时将其外部裹上一层丝胶——生丝，也被称为"脱胶后的真丝"——正是丝胶使茧变得坚硬。（被西陵氏皇后的热茶溶解的也正是这种物质。）茧的形态虽然各有不同，但总体上是椭圆形的，大概和鹌鹑蛋一般大小，其颜色从乳白色到橘黄色不一。如果不加干扰，当茧完成后，其中的蚕虫将化成蛹，大约 15 天过后，就将以蛾的形态冲破两层壳飞出来。[9]

虽然在皇后和茶的传说中，制丝听起来只是一个午后的简单消遣，但事实远非如此。家蚕在每个生命阶段都非常脆弱、难养。母蛾产下的许多卵都不会孵化成虫，这些卵常是灰黑色的。而成为幼虫后，蚕非常贪食。它们唯一的食物——桑叶——需要每三四个小时就添一次，日夜不停。如果你自己储藏的桑叶用完了，必须寻找新的桑树或和邻人协商，以保证供给不断。这绝非易事：12000 只蚕虫每天可以吃光大约 20 麻袋桑叶。有人估算过，要生产 1 千克的蚕丝，就需要消耗 220 千克的桑叶。（事实上，在古代，对桑叶的需求实在太大了，因此春天蚕虫生长时，砍伐桑树是被禁止的。）桑叶必须干净、干燥、凉爽。在气温较高时采摘的桑叶必须要在阴凉处降温，否则蚕虫吃了可能会死掉。

此外，蚕虫容易生病。败血病在它们蜕皮后立刻就能看出：蚕虫的身体会出现淡红色，随后它们会很快死亡。另一种疾病会使蚕虫在死前变黑、发出臭味。更令人毛骨悚然的是，若患上了脓病，它们的皮肤会随着肿胀的头部伸长，黄色的液体会从口器中流出。[10]

不过，要是你喂饱了蚕，并使其免于疾病的摧残，你就将收获一大堆圆圆的茧。一小部分茧会自然孵化，以产生下一代的蚕虫，但绝大多数会被收来制丝。制丝的第一步就是去掉最外面的杂丝，这些杂丝的拉伸强度很低，因此被用来填充冬天的衣服。然后，茧被蒸、烤或浸泡在盐溶液中，这是为了杀死蛹，防止蛹破茧成蛾破坏自己的丝质棺材。再之后，茧被浸入热水中，去掉丝胶。完成这一步后，蚕丝的重量就会减少20%—30%，从水中捞出的丝线被卷成线轴，拉直，避免打结。一束束丝线常常被捻到一起并染色，形成可以编织用的更粗的线。几千年来，这些丝束一直是独特的、极具生产力的原材料。[11]

五千年的垄断

男耕女织。

——中国谚语

12 世纪的皇帝宋徽宗是一位失败的统治者，却是位技艺高超的艺术家，他临摹的《捣练图》显然散发着才华的光芒。这幅画是在丝制的长卷轴上用墨水、颜料和金子绘成的，上面展示了处于织物加工不同阶段的三组女性。最右边的四位女性在用木杵捣练；在中间，坐在翠绿色地毡上的两位女性在缝纫；最左边，另一组女性在拉开一长块面料。这些女子很可能是皇帝的妃子。她们穿着带有图案的高腰长衣，衣服的颜色和谐，有天蓝色、绿色、杏黄色和粉红色。她们的头发被梳成精致的形状，并用梳子固定。对外行人而言，这个场景极为端庄高雅，然而事实上，这三个处理绸缎的步骤都是色情的比喻。例如，捣练常常被用于委婉表达女性的情欲。皇帝用锦缎作画，是在暗示这些穿着绸缎的光彩照人的女性，为排解渴望帝王而不得的遗憾，只好制作更多的丝绸。[12]

和其他自然纤维一样，丝线几乎没留下什么遗迹可供考古学家挖掘，因此要确定其准确的起始时间很难，就像蒙着眼睛捕捉飞蛾一样。养蚕业可能始于六七千年前，并且催生了一幅人人掌握不同技能的多样的社会图景。在新石器时代的遗址西阴村发现了一颗茧，这颗茧在公元前2200年至公元前1700年间被整齐地切成了两半。在中国南部的钱山漾遗址发现了一块平纹织物，这块织物制于公元前2750年。另一个新石器时代的人类居住地，河南中部的贾湖遗址，提供了更早的制丝证据。贾湖遗址以拥有丰富的文化遗迹闻名：人们在那里发现了最早的乐器骨笛，以及残留的用大米、蜂蜜和水果酿造的饮料。考古学家还在约有8500年历史的一组墓穴中发现了丝蛋白的痕迹，虽然物品本身早已分解。看来，即使那个时候，丝线仍是很特别的东西，人们死后也要带走。[13]

值得一提的是，在5000年的时间内，中国都是唯一通过饲养家蚕制丝的国家。虽然当时制造的物品本身早已腐烂分散，但其他与制丝相关的人工制品留了下来：缝针、织布机、用来缠线的梭形工具。在新石器时代遗址河姆渡，发现了一个约4900年前制造的象牙水盆，上面装饰着一对蚕虫。在商朝，人们发明了甲骨文，这是东亚最早的书写文字。甲骨往往是由牛或羊的肩胛骨制成，偶尔用的是龟壳，上面刻着占卜文字。如今，约1000段甲骨文被翻译出来，而其中1/10包含着与丝相关的词："桑树""蚕虫""蚕神"。[14]

中国蚕丝的多种应用最初是从商朝开始的。与很多的情况类似，被保留的最好的丝制品，就是应用于丧葬场合的丝制品。墓穴中的各种用品，如翡翠、青铜酒杯和斧头都用丝绸包裹着，正如古埃及文明用亚麻布来包裹这些东西。在长沙的马王堆遗址发现了一系列装饰精巧、多层嵌套的棺材。在一号墓，最外面那个棺材的内部涂成了红色，外部涂成了黑色——这种颜色搭配在丧事仪式中非常典型，棺材的表面画着云彩和怪物。最里面一层的棺材配色相同，但被包裹在一层带有几何图案的羽毛一般的绸缎之中。在马王堆的另一个墓穴中还找到了描述丧服系统的图表和帛书，这些东西也被精心地包着。几个世纪后的公元前316年，楚国大夫邵陀被葬于今湖北省，他的墓中含有77块不同的织物，其中有15块丝制的裹尸布。有时，坟墓中的清单列表的记录要超出墓中实际包含的物品数量。公元548年封口的一个墓中有一个文件，上面列出了1000块锦缎、10000块花缎、一段超过30千米的纱线，上面还快活地写道：这段纱线是用来让死者"爬向天堂"的。[15]

丝线也被应用在其他宗教仪式中。西汉历史学家司马迁对封禅这一祭祀仪式表达了赞许。封禅是几代君主执行的传统，君主要在仪式中献上三种丝绸、羊、大雁和野鸡。据司马迁记载，禹的后人因为没有执行这一仪式，结果导致了自己的垮台："神渎，二龙去之。"后来，佛教经文和佛像也被包在丝绸里。7世纪的一位中国香客制作了一件袈裟，献给印度北部菩提寺里的佛像。这件袈裟完全符合佛像的尺寸，整件衣服是用山东信徒捐赠的丝绸制成的。帝王和高官也经常将丝绸作为对宗教人士的回礼。密宗祖师不空于公元720年来到中国，据说他收到的丝绸之多，堆起来就像个土丘，人可以爬上去。[16]

从孔子的时代或更早时起，制丝就被认为是女性的正当职业。早在夏朝，人们就认为女性应该待在家中专心纺织。公元前4世纪的一段文字清晰地描述了这一点。"女性清晨起床，深夜睡觉，不断纺线编织……这就是她们的工作。"而在商朝，蚕神这一形象的出现进一步加强了女性和制丝之间的关系。（人们常奉黄帝的妻子西陵氏为蚕神，正是她神奇的茶杯开创了制丝业。）对蚕神的崇拜不断变换形式，这一崇拜直到19世纪在上海的丝厂中还能看到。

这位女神得以一直被人崇拜，这可能要归功于在一些女性为主的环境中对传统文化标准的某种反抗。在儒家价值体系下，很难出现知名的女性文化形象，但蚕神就像苏惠一样，战胜了传统。在蚕孵化的季节，人们会举行一年一度的蚕神供奉仪式——常以挂版画的形式来执行，这成了一个重要的文化节日。在明朝，嘉靖皇帝下令建造了纪念西陵氏的先蚕坛，如今的先蚕坛则在北海公园内。12月12日，人们则会纪念蚕神的生日。[17]

丝绸最常见的用途之一是标志阶级地位，我们今天仍能理解这一用法。据说由孔子编写的《礼记》中表明："君里棺用朱绿，用杂金簪；大夫里棺用玄绿，用牛骨簪；士不绿。"商周朝间，翡翠和丝绸是最受上层阶级珍视的礼物。正如翡翠上会刻上象征符号，人们也会通过编织、刺绣给丝绸加上有意义的图案。黄河下游区域产出的面料有着诱人的名字："吉祥纹""四合云""镜花纹""水波纹"等。为满足需求，编织者们创作了更为精致的新图案，图案设计会不断变化。例如，在唐朝，鲜艳的颜色很受欢迎，而宋朝人更喜欢平淡的色调。在宋朝，杭州的纺织者为特定的场合制造了特定的丝绸，"挂春幡""戴灯球""赛龙舟"是最为独特的三种。丝绸之路给中国带来了外来的文明，这体现在丝绸上。来自古希腊、印度和波斯的元素都在中国的面料上出现了。[18]

帝王们尤其在意奢华的丝绸象征的威望。明黄色的渐变丝绸是需要大量工作才能制作出来的，从7世纪开始，法律就规定这种绸缎仅限于帝王使用。皇宫中就有染丝、织丝的设备，由皇后主管。当宋光宗于1190年登基时，他雇用了1200名织工来制造带有至尊图案的花缎。

禁奢法令限制，某些丝制面料只能供某个阶层使用。例如，用先染色后编制的丝绸制作的衣服，不是一般官员能穿的。在帝制的中国社会，蟒袍是使用最受限定的丝质衣着。帝王通常将这些圆领、侧面系带的蟒袍当成礼物赐赠，深受大臣喜爱。蟒袍的图案极富象征意义。在清朝，中级的官员穿着有八条蟒的袍子，而更高一级的官员的官袍上会多一条蟒，这条蟒通常藏在系带处的表层下面。在宫中，这些袍子由专门负责宫廷衣橱的总管独家保管。[19]

为这些多样化的需求提供丝绸需要大量的劳作和创新。至少在7000年前就出现了背带织布机，这是一种非常原始的织布技术，织工用自己的身体制造拉紧经纱的张力。增长的需求促使人们发明、使用更多、更专业的织布机。为保障稳定的供应量，产丝工作有着严苛的组织，产出额度和成本质量都有精细的规定。周朝还设立了专门的衙门来管理全国的养蚕业。

几百年来，总体来说大致有三种产丝模式。首先是农家的女性，她们制丝以支付每年的赋税。（虽然每个人生产的规模很小，但这种生产总体上占据了中国制丝量的很大一部分：例如，1118年，以赋税形式上缴的丝线多达390万卷。）其次是专门编织丝绸的人家，这些家庭以高超的技术制造时尚的丝绸，靠贩卖这些面料为生。最后还有国家管理的宫廷作坊，这里专为帝王和大臣制造绸缎袍子，生产规模很大。武则天在位期间，皇家管理的作坊雇用了5029名员工，包括27名看货员，17名记录员，3名会计。仅是宫中的作坊就雇用了83名花缎工人和42名手艺高超的匠人。很久以后，明朝的皇帝颁布圣旨，在南方设立了官方产丝中心。这一产丝中心有300台织布机，每年可产出5000卷丝线。[20]

丝绸具有很深的文化意涵，《捣练图》便展示了其三重角色：基础的、本身的、比喻的。此外，丝绸还是财富的重要来源。到1578年时，国家财政收入的10%被花在了中央政府的制丝业上。但早在此之前，制丝就有着重要的经济意义。秦朝的法规规定，任何偷桑叶的人都要被罚做30天的苦工，"即使被偷的东西不值一文"。国家之间的争斗可能因为制丝业而突然加剧。从公元前589年楚国入侵鲁国后的谈判条件，就可以看出国家对丝的重视：要谈和，一个不可缺少的条件就是鲁国得承诺送 100 位木工、针线工和织工到楚国去工作。[21]

　　丝绸常常被直接用来替代货币。一座周朝的三足青铜鼎上刻写的铭文记录着一场交易：一匹马和几捆丝绸换了五个奴隶。王莽在位期间，一捆最普通的丝绸能换 60 千克的米，而更精致的丝绸可以换到 80 千克米。此外，虽然绝大多数丝制品都在国内交易，但如果因此认为中国完全没有与外国进行交易，那就大错特错了。奥里尔·斯坦因曾在 20 世纪初到过戈壁沙漠，这里有一个重要的贸易驿站。斯坦因在沙漠边缘的瞭望塔遗址发现了丝绸碎片。一块碎片上有意想不到的颇具价值的文字："任城国亢父缴一匹，幅广二尺二寸，长四丈，重二十五两，直钱六百十八。"*1127 年北宋灭亡后，新的作坊被建立起来，专织奢华的花缎，这些花缎常被用于与西藏部落交换马匹。后来，一条横穿中亚的贸易路线以丝得名："丝绸之路"。这些交易大多数是出于商业考虑，但其中也有一部分是为了自保。[22]

---

*　见王国维《流沙坠简考释》。

给敌人的礼物

匈奴处沙漠之中，生不食之地，天所贱而弃之。

——《盐铁论》，公元前 81 年

对于公元元年前后百年的中国北方住民而言，匈奴大概是最大的威胁。这一统治着蒙古草原的游牧民族以其强悍、善战、凶残闻名。更令人不安的是他们的游牧生活，这在汉朝人看来是离经叛道的。《史记》将匈奴人称为"山戎"，几乎将他们描述成了野蛮人。

毋城郭常处耕田之业……毋文书，以言语为约束。儿能骑羊，引弓射鸟鼠；少长则射狐兔……士力能毋弓，尽为甲骑。[23]

匈奴人的骁勇好战使他们成为令汉朝人惧怕的邻居，几个世纪以来双方不断发生冲突，为同一块土地不断上演拉锯战。这一时期，游牧民族对南边的邻国发动了一场又一场的突袭，他们偷窃牲畜、把人抢回去做奴隶，而汉朝集合部队发动反击之前，他们又遁回草原中。中原王朝缺乏战斗力，然而他们靠计谋扳回一城。为了战胜匈奴，他们制定了旷日持久的计划，他们确信有一样秘密武器可以保证自己的胜利。这一秘密武器就是丝绸。

这一计策的本质是外交。第一步是和匈奴达成协议。这一协议被称为"朝贡制度"，有四条务实的原则。第一条是汉朝的公主要和匈奴的领袖单于通婚。第二条是将长城作为双方的界限，未经对方同意跨过长城即是破坏协议。第三条是协议双方为平等的"兄弟"国，没有一方从属于另一方。（后来匈奴不再是平等国家，而是不得已成为屈从的进贡国，但其余三条协议仍然有效。）第四条就和丝绸有关了，协议鼓励两个民族间的合法贸易，在长城边上建立专门集市，集市上满是游牧民族出于渴望曾经偷窃的货品。更进一步的是，匈奴和汉朝的领袖每年要互换礼物，以巩固友谊。名义上这是"兄弟"领袖之间互换礼物，但事实上，这似乎不过是在收取保护费。[24]

这类协议首次达成是在公元前198年，此后协议不断被破坏，又重新修订。例如在公元135年，草原骑兵就集结了一支由1000辆牛车组成的队伍，更令人激愤的是，这支队伍似乎盯上了一个大型的边境集市，而这些集市的设立本来是为了引导匈奴人放弃他们掠夺式的生活，转而与中原王朝进行合法的、有利可图的交易。更早之前，在公元前177年，匈奴人侵略了汉朝的几个盟国。三年后，和平关系恢复，匈奴派使者向汉文帝致歉，但使者又对匈奴军队的力量吹嘘了一番，讲述了近来许多次战斗的胜利。皇帝听出了弦外之音，他送出了10捆绣花布、30捆锦缎、40捆红绿相间的绸缎，还有一些自己的服装。他回信写道："使者言单于自将伐国有功，甚苦兵事。服绣袷绮衣、绣袷长襦、锦袷袍各一。"[25]

久而久之，匈奴要求的礼物越来越多。在公元前51年，他们收到了6000斤丝线和8000块丝制品；到了公元33年，这两个数字分别上升至16000和18000。对部落的领袖而言，丝绸是重要的身份象征，并且，和中原王朝一样，匈奴上层社会的人常常将丝绸与自己一起葬于墓中。在蒙古北部挖掘出了大量此类面料，例如，由200多个匈奴贵族古坟组成的诺彦乌拉墓地就充满了来自中原王朝的商品，其中包括珍贵的锦缎，这些很可能就是朝贡制度的礼物。[26]

考虑到朝贡制度的代价日益增长，两国协议频繁地被破坏，中原王朝仍坚持该制度的做法似乎令人费解。这一部分是权宜之计：公元135年匈奴突袭后，双方试图求同存异，而匈奴提出的外交要求包括汉朝向其赠送礼物，为其开放专门市场，这对他们而言十分重要。汉朝人则希望这些协议即使无法完全阻止侵略，也能将其尽量减少。而更为隐蔽的原因则是，他们认为这些交易将削弱敌人的财力。比起游牧部落，中原王朝制造了更多令人渴求的奢华商品，因此交易的天平总容易向他们倾斜。匈奴人拥有的交换物是成群的骆驼、驴和马。这些动物对匈奴的军事胜利至关重要，因此对中原王朝而言，越多动物进人自己手中越好。公元前 81 年，汉朝一位官员写道：

> 夫中国一端之缦，得匈奴累金之物，而损敌国之用。
> 是以骡驴馲驼，衔尾入塞，驒騱騵马，尽为我畜。[27]

　　然而，汉朝忍受朝贡制度的高昂支出，背后还有更进一步的、长期而狡猾的动机。他们认为，通过提供精致的织物、食物和其他来自中原王朝的诱惑，他们能削弱匈奴人的军力。汉朝希望，匈奴的经济和文化变得高度依靠中国的奢侈品，这样一来，他们就能靠精明的外交和耐心获得靠战争无法取得的胜利。贾谊很早就论述过这一计谋，他生动地将其称为"五饵"策略。据他所说，收下了盛服车乘、盛食珍味、音乐妇人、高堂邃宇等等的匈奴人，就像剪了头发的参孙。

　　匈奴人自己也意识到了礼物中蕴含的危险。一位变节的汉朝官员坦白地告诉匈奴人，他们被当成了傻瓜：

> 匈奴……所以强者，以衣食异，无仰于汉也。……
> 其得汉缯絮，以驰草棘中，衣袴皆裂敝，以示不如旃裘之完善也。[28]

*

　　丝绸将悲伤的苏惠、虚荣的宋徽宗和与匈奴角力的历任帝王联系在一起。他们每个人都用丝绸表达着自己的诉求。对生活在女性地位低下时代的苏惠来说，丝绸给了她表达的途径。在儒家思想中，制丝是女性专属的工作。女性不仅通过制丝对社会做出贡献，而且可以在纺织和刺绣方面取得卓越的成就。《绣谱》的作者丁佩在19世纪告诉读者们要"以针为笔"，将刺绣明确描述为一种有价值的艺术形式。她写道，刺绣时要"穿挥有情"，这样就可以"试于寸缘之申，作叠阁层楼，而不见其溢"。苏惠用自己的头脑和针线技术完成了绣在丝绸上的文字，这件作品要么以其才华横溢使她的丈夫回心转意，要么吓得他只好投降，看你愿意相信哪种说法。[29]

宋徽宗使用另一种丝制的画布表达爱情。他发挥了自己的才能，画出一幅他深受女子眷恋的画面。并且，画中那些大概是妃子的女性，是当时最有权势和影响力的女性。她们华丽的衣服增添了自己的吸引力，也侧面体现了他的雄风。可以说，宋徽宗用丝绸这一人所共知的文化价值和意义将自己塑造为被人渴望、崇敬的神话般的男人，不管与他同时代的人对此怎么想。

对匈奴的引诱更为隐蔽。汉朝人相信自己的面料有力量使游牧民族无心恋战。毕竟，丝绸对牧民来说有特别的价值，因为它材质精良又轻盈，比别的布料更适合带在马上。匈奴人，尤其是上层阶级，开始用丝绸做衣服、床品，并将其融入自己的葬礼仪式中。正如在中国，拥有珍贵的丝制品是尊贵的体现，这对单于巩固自己的地位起了重要作用。同样，中国的禁奢法令规定了不同的阶级要使用不同颜色和质量的丝绸。丝绸就是权力。

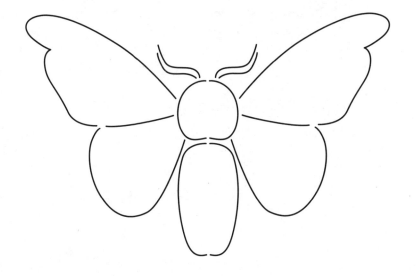

丝绸建造的城市

4

Cities that Silk Built

丝绸之路

洞窟图书馆

海内存知己，天涯若比邻。

无为在歧路，儿女共沾巾。

——王勃，《送杜少府之任蜀州》

对他的朋友而言，奥里尔·斯坦因爵士一直是个谜，不过他们总是很喜欢他带来的充满异域风情的礼物。斯坦因爵士于1862年11月26日出生在布达佩斯，父母是犹太人。到21岁时，他已掌握了德语、匈牙利语、希腊语、拉丁语、法语、英语、梵语和波斯语。虽然他身高只有1.65米，但他有精瘦的体格和坚毅的个性，在那些更为孔武的人老去之后，他的精神却得以保留。60多岁时，他曾徒步游历印度西北部的山区，而年轻的当地向导严重低估了这位雇主的体力。"斯坦因老爷就像是超自然生物，"向导写信向自己的指挥官抱怨，"他让我在山里把腿都走断了，我跟不上他的步子。请不要再派我陪伴他了，先生。"（这位向导也可能期待着更高的小费。）而几十年前，斯坦因曾将自己的才能和精力集中在别处——在戈壁沙漠挖掘那些被时间和几百年的风沙埋藏的宝物。[1]

戈壁沙漠在现在不算是热门的旅游景点，而在 20 世纪初期更是令人生畏。斯坦因一次又一次回到那里，对自己的旅行精打细算。当晚上气温陡降时，他就睡在一层层的兽皮之下，用自己的皮大衣盖住脑袋，透过袖子呼吸以防面部冻伤。在白天，他那匹小马的蹄子会陷进沙子里——在这里行进最好骑骆驼——他的狗"冲冲"也一样。他的狗穿着定做的羊绒毛衣以免冻僵，不过它最后还是向寒冷屈服了，躲进了骆驼驮着的篮子里，通过盖子上的一个洞呼吸。

1900 年 12 月 18 日，斯坦因发现了于 8 世纪末被遗弃的丹丹乌里克遗址，唯一显示这里曾有人居住的证据是几棵树梢已被太阳晒白的枯死的果树——这里曾是果园。七年后，他看到了更多令人惊叹的线索，指向这条曾把沙漠联结起来的贸易路线。然而这一次，真正取得实质性发现的另有其人。[2]

当斯坦因在沙漠中四处搜寻珍奇的文物时，道士王圆箓一人看管着数个极具价值的佛洞——莫高窟，也称千佛洞。莫高窟在中国西北部的敦煌，这里是戈壁沙漠边上的一片绿洲。第一批洞窟是公元 4 世纪开凿的，到 7 世纪，这里已经有超过 1000 个洞窟。洞窟瑰丽宏伟，在鼎盛时期曾吸引过数千位拥有财富和权势的信徒前来。[3]

在此后几个世纪里，丝绸之路渐渐被弃用，洞窟也多被人们遗忘，只有王道士孤独地看守着这里。就在斯坦因从喀什噶尔和莎车开始旅程，最终到达丹丹乌里克的那一年，王道士坐在一个大洞窟里吸烟，这时他发现了一件怪事。他烟斗里飘出的烟没有像一般情况下那样回旋地向上飘，也没有被风吹向洞口，而是朝他身后的一堵黑墙飘去，并且飘进了一幅壁画，像鬼魂般消失了。王道士疑惑不解，仔细察看后发现，原来他一直认为是一堵石墙的其实是伪装的抹灰墙。他小心地在墙上凿了一个洞，向里面窥视。在11世纪建造的墙后是一个房间，里面装满了尘封的手稿和书卷，这些物品在架子上高高堆起，顶端消失在黑暗中。他将情况汇报给当地官员，希望他们批准他保护这些新发现的文物，但官员不以为意，让他"把墙重新封上"。[4]

虽然官员们表面上不在意，但他们一定仍对此怀着相当的兴趣，并且在闲聊中提起这件事。关于隐藏洞穴的消息就像脱釉陶罐中的水一样泄露了。奥里尔·斯坦因在1907年组织了一支远征队，向敦煌进发。"我承认，"他之后写道，"让我保持心绪高涨的，是我对另一种更有价值的事物暗中怀有希望。"大概两个月前，他听到"有传言说，存在着一大批隐藏的古代书稿"，而他迫切地想去一探究竟。事实没有让他失望。在克服了王道士的阻碍后，他得以进入并参观了道士发现的房间。"在道士小小的油灯昏暗的灯光下，一捆又一捆的书稿杂乱无章地叠了一层又一层，堆成了一大堆，高度有3米，体积经后来测量约有14立方米。"[5]

那间屋子里的物品是20世纪最伟大的考古发现之一。这个藏经洞后来被人们敬畏地称为"图书馆"，藏有17种语言、24种手写体的文件，其中很多语言文字已经失传了。这些文件中包含一卷《金刚经》，这是已知最早的印刷品。里面还有数不清的艺术作品和丝织物。斯坦因拆开一个包裹，发现里面"装满了精美的画作，画布是丝绸或棉布做的，还有作为贡品的各种绫罗绸缎"。他仅仅花了 130 英镑，就给大英博物馆"买"回了近一万件文稿和艺术作品！通过这一伟大的发现——尤其是在 2013 年，分散的文献被数字化、以模拟方式拼凑完整之后——全世界的学者找到了一扇窗户，得以看见许多个世纪前，丝绸之路沿途交易的物品和人们的生活。[6]

贸易和苦难

这些人遵从穆罕默德的律法。城里都是勤勉的商人，他们用丝线和金线做出不同款式的袍子，还自己种植大量的棉花。

——马可·波罗，《论波斯人》，
摘自《马可·波罗行纪》，约 1298 年

在斯坦因发现的物品中，最引人想象的是一块木版画，这是给佛祖的贡品，上面通过几幅场景展现了一个为人津津乐道的传说：制丝工艺作为长久以来被保守着的机密，是如何从中国流出，从而结束了一段 5000 年的真正的垄断的。[7]

虽然这个故事有很多版本，但其核心都与一位楼兰公主有关。在她从少女长成女人之时，她的父母承诺邻近国家于阗的国王，将女儿嫁给他。因为公主家掌握了高超的养蚕技术，因此她从生下来就一直穿着各种丝绸的袍子。然而，在她未婚夫的国土中丝制品无处可寻。想到没有丝绸的生活，公主陷入了绝望，于是做出了叛逆的事：她从宫中的蚕匾上拿走了几只白白软软的蚕虫，塞进自己造型精致的头发中，试图把它们带到

自己的新家。

　　这个故事加深了关于丝绸之路的一个长久以来的看法：丝绸之路的商品都是从今为中国的地域流出的，货物有时是非法出境，基本都流向西方。但事实要复杂得多：丝绸之路（The Silk Roads）这个词是 19 世纪的德国地理学家费迪南·冯·李希霍芬男爵提出的。[8] 其中的"路"（Roads）是复数，这有着重要的意义，实际上它指的是一个不断变换的道路网络，由常有人迹的路线组成，像植物的根一样不断蔓延，遍布中亚。

　　从东到西的干道从长安开始，途经甘肃走廊，穿过塔里木盆地和帕米尔高原，经过土耳其斯坦——通常要路过撒马尔罕——然后穿过今日的伊朗、伊拉克、叙利亚，最终到达地中海沿岸。然而，若以为绝大多数商品都是从一端运出，一路不回地被送往另一端，那就大错特错了。公元前 2 世纪，汉武帝决定以更为全面的开放姿态与中亚和西亚的国家开展贸易时，这些国家之间的贸易网已经存在了。同时，中印之间的贸易也已有长久而繁荣的传统，证据见于古印度论述治国策略的著作《政事论》，这本书写于公元前 4 世纪，彼时中国尚未成为统一的国家。当时，丝绸只是这条路上交易物品的一小部分，但它无疑是重要的一部分。《政事论》中就有一个词叫 cinapatta，意思是"成捆的中国丝线"。丝绸之路上很多的交易应该是人们在当地进行的，并且在这些路线沿线居住的多数人应该是游牧民或农民，他们在多数情况下不参与贸易，只是偶尔用毛皮、水果或马匹交换一些在其他地方生产或收集到的工具、物品、材料等。[9]

丝绸之路上也有更积极的生意人。商车的轨迹在整个区域纵横交错，商人带着各种商品在各地来来回回。除了贸易外，商人们也传播着思想、艺术风格、宗教甚至疾病，即使他们并没有意识到。[10]消息和信件也得以沿着这些渠道传递：历史上第一个东西方都有资料记录的事件是希腊-巴克特里亚王国的灭亡，这一事件发生在公元前130年。丝绸之路并不是恒常不变的：它随着其覆盖地带的兴衰而起起落落，断断续续。粗略来说，在公元前2世纪之后，丝绸之路打开了西方东进中国的通道，并在以下几段时间，贸易最为鼎盛，也最具影响力：约公元前100年至公元1世纪左右，公元2世纪至3世纪，7世纪至8世纪（即中国唐朝的部分时期，这同时也是伊斯兰教兴起之时），以及13世纪至14世纪——那时蒙古帝国统治了欧亚大陆的一长块，使得贸易繁荣起来。[11]

即使在12世纪，沿丝绸之路行进也并非易事。人们在途中要经过许多艰苦的环境，其中包括戈壁沙漠，这里有极端的温差和令人窒息的沙暴。双峰驼极适合在这些艰难的环境中行走，因此价值很高。这些骆驼远比其他驮畜吃苦耐劳，也更适应沙漠地形，它们还可以感知即将到来的沙暴，旅行者若对沙尘暴毫无准备，可能会丧命。有人写过，在人类能够察觉任何异样之前，双峰驼就会"一齐站立鸣叫"，收到暗示的旅人则会"用毛毡制品包上口鼻"。

然而，即使是有经验的商队也可能遭受灾祸。一份来自公元 670 年的宫廷文件揭露了一桩案件：一位住在中国的伊朗人请求朝廷帮助他要回属于他兄弟的 273 捆丝绸。[12] 他的兄弟将丝绸借给一位中国伙伴后，那位伙伴带着两匹骆驼、四头奶牛、一匹驴子向沙漠进发去做生意。然而，这一行队之后便杳无音信。如此多的货物和人引来了强盗。丝绸之路上的一个城市报告说，被偷走的东西包括"七串珍珠、一面镜子、一件彩绸制作的袍子、一副耳环"。虽然最后抓到了盗贼，他也认了罪，但这之前他有足够的时间来将赃物卖掉、将赃款花掉，因此受害者还是无法追回被盗的财物。[13]

一些愿意面对如此的危险上路的人往往能得到充足的报酬。亚美尼亚人是成功的长途商人，他们用 20 克朗购买一捆 18 磅重的丝绸，然后以 30 克朗的价格卖出。一匹马可以运输约 30 捆丝绸，而耐劳的骆驼可以运输 55 捆，因此他们每走一次都能获得可观的利润。粟特人也是长途贸易专家，他们来自中亚地区今撒马尔罕城附近。在千佛洞附近一处瞭望塔的废墟里，奥里尔·斯坦因发现了一沓信件，这些信似乎是居住在中国的粟特人写的。其中有几封充满了关于饥荒和动乱的不安描述，还有匈奴人毁坏丝绸之路上重要城市的内容。然而，信件同样揭示了流散的粟特人在这一区域的贸易网络，他们建立的信用制度，以及他们如何用信用制度做生意。[14]

不知疲倦的长途商人还包括维京人和罗斯人——后者是中世纪的民族，他们家园的名字后来演化为俄罗斯和白罗斯。他们的交易物有蜡、琥珀、蜂蜜，最重要的是沿丝绸之路一路收集来的丝绸。不过罗斯人走的不是陆路，而是水路：奥得河、涅瓦河、伏尔加河、克尼佩尔河……他们乘坐的是经改装的大艇，若是到了两条河流或湖泊之间，便可以搬起大艇上岸。虽然近来的研究在相当程度上将维京人好战的形象转化为更商人化的形象，但关于罗斯人的记录却显示了从前的印象并非空穴来风。当时一位慷慨的伊斯兰商人指出他们有"强大的毅力"，其他人则指责他们聚众淫乱、背叛同伙，只要有半点机会就会抢劫和谋杀自己人。"他们从不会单独去解手，"另一位观察者记录道，"总是要带上三位拿剑的同伴保护自己，因为他们彼此之间几乎没有信任。"拜占庭人尤为提防他们。在他们于公元860年突袭君士坦丁堡后，这个城市就限制他们进入了。一次进入拜占庭的罗斯人不得超过50个，并且只能从专门的门进入，还要登记名字，在城内期间也要接受严密的监管。[15]

丝绸之路和在其上流通的商车、商人、货物和货币对沿途国家产生了肉眼可见的影响。在繁华的贸易站点和贸易区，财富堆积如山：叙利亚沙漠边上的巴尔米拉就是这样一个地方。希腊、波斯、罗马和伊斯兰的文化在这座城市的纪念碑上留下了可见的锈迹，这里一度被称为"沙漠中的威尼斯"。

此类城市给来访者留下了深刻印象。马可·波罗在讲述自己在13世纪游历丝绸之路的经历时，毫不吝啬地对这些地方给予赞美。我们从中看到，中东的科莫斯港口聚集了来自印度的船，上面载着"各种香料、奇异的石头、珍珠、丝线、金子制作的衣服、象牙，以及许多其他物品"。而更东方的太原府和平阳府，不仅是"中国唯一产酒的地方"，也出产大量"蚕丝，树上饲养了大批蚕虫"。[16]

在丝绸之路繁荣之时，沿途的国家受其影响会变得格外活跃开放，因此伊斯兰教、拜火教、基督教等多种信仰可以在同一地区先后出现，甚至共存。在巴尔米拉，这些具有影响的文化内容被有意地镌刻在石头上，但受到影响的还有更多地方。美索不达米亚的犹太人是丝绸之路贸易的一分子。犹太教阐述《圣经》的经卷《米德拉什》包含着类似寓言的故事，讲的是一个人在另一个人提出要买珍贵的绸缎后，就把这绸缎专门收好的故事。虽然买家很久没有来拿钱买货，但卖家仍信守承诺。当他的顾客终于出现时，卖家说："你的话在我眼中比金钱更为重要。"[17]

佛教在中国的部分地区兴起，原因之一就是贸易线路使得思想更容易传播，佛教逐渐成为中国的三大宗教之一。丝绸在这一宗教的仪式中有重大作用。丝绸被用于包裹重要的宝物和经卷，这一操作后来也被基督教等其他宗教应用。（英国威尔茅斯和贾罗的修道院院长本笃·波斯哥在7世纪中期五次前往罗马，他回到自己在诺森布里亚*的修道院时，带着书籍、圣物，和包裹这些物品用的大量丝绸。）至少有一座佛寺曾经规定，若

---

* 盎格鲁人建立的盎格鲁-撒克逊王国，最初由两个在公元500年左右时建立的独立小王国组成：一个是伯尼西亚，领土包括今天的英格兰北部和苏格兰东南部；另一个是德伊勒，领土包括今天的英格兰约克郡北部和东部地区。

僧侣犯了戒规，就要罚以一定数量的丝绸。有佛教宝物从佛祖的出生地和佛教的发源地印度流入中国，洞窟图书馆所在的千佛洞，只是这一宗教繁荣的一个片段。丹丹乌里克城也带有佛教的印记。1900 年 12 月 11 日，斯坦因发现了这座城市，其后的两周里，他发现并挖掘了超过 12 处建筑，包括寺庙和住宅。他发现的艺术作品多带有印度风格，而他发现的佛经文字是用梵语写就的。[18]

佛教僧侣、朝圣者和商人一样，也在走丝绸之路。他们被打劫和攻击的机会更少，并且，由于招待他们这一行为本身就被认为是虔诚的，因此商人们也很希望有僧人的陪伴。七位于阗王子的旅程就是如此，他们的经历在洞窟图书馆的文件中有记录：这些王子和三位僧人一起出发，当这队人马受到敦煌当地官员不敬的对待后，据说一位使者训斥了官员，命他道歉。据称，这位官员说："我是怎样伤害了这些僧人，并侮辱了自己的名声啊。"当时最有名的朝圣者便是中国的玄奘，他在 7 世纪初游历了这一地区。这一形象是很多道士心中的英雄，因此奥里尔·斯坦因正是靠这个名字感动并说服了千佛洞的守护人王圆箓，让他同意自己进入洞窟图书馆，并在之后骗走了其中的藏品。[19]

丝绸生意

> 过了这一地带，在最北部的角落，在看不见的大海尽头，有一片广阔的内陆地带，叫 Thina（即 China，中国），那里的丝线、纱线和布料通过陆路从大夏运往巴利加萨，又途经恒河到达利米里克。
>
> ——《厄立特里亚航海记》，约公元 40—70 年

丝绸虽然不是商人们交易的唯一商品，却是摇摇晃晃地穿过沙漠的骆驼商车上最常见、最有价值、最易携带的商品。这些丝绸绝大多数来自中国，那里也是家蚕及其食物来源——桑树的自然生长地，自然，那里也是养蚕业的发源地。[20]

几千年来，中国人一直在精进养蚕技术，种植大量用以喂蚕的桑树林，并制造专门的织布机生产复杂而精致的面料。中国的丝绸直到汉朝才首次正式出口至别的国家，在这以前，任何人若是被抓到走私蚕——无论是以卵还是茧的形态——甚至只是桑树籽或树苗，都可能被斩首。丝绸到了别的国家，便是价值连城的东西。公元前 1 世纪，古埃及人就见过来自中国的丝绸了。按卢钦的描述，"艳后"克利奥佩特拉穿着"来自西顿

的"袍子，并且他色情地描述这袍子如何露出了她的胸部，这袍子的材质听上去显然是极薄的丝绸。这些袍子是由"赛里斯人*制成的，尼罗河旁的针线工人则通过拉长纬纱将经纱变得更松散"。[21]

对进口丝绸这样重新加工并不鲜见。在西亚有这样的传统：购买中国的纯色丝绸，然后在上面刺绣，或是将其拆散后重新织成特别的花缎和用金线点缀的面料。然而很快，养蚕的知识和实践也在那里生了根。据说，拜占庭帝国的国王查士丁尼一世曾鼓励两位旅行去东方的僧人走私蚕虫回来。二人知道这项罪责有多重，于是聪明地将违法的货物藏在中空的手杖中。无论这则生动的故事有多少真实性，我们知道的是，当波斯人掌握制丝技术后，他们证明自己也是个中好手。波斯国内生长着一种黑色的桑树品种，蚕虫能够以此为食，这对丝业的发展有所帮助，虽然这种食物似乎使得最后产出的丝没有那么精致。不过，这一地区的产丝量后来也达到了年产一万"祖"（一祖等于两捆两磅重的布）。波斯人擅长制作繁复的面料，上面嵌有珍贵的金属，或装饰着精美的人物、动物或植物图案。[22]

丝绸不仅是一种珍贵的面料，而且可以再次加工利用，因此它便成了极好的礼物。公元997年，一位穆斯林领袖在赢得一场战事后，奖励自己的手下2285块刺绣丝绸、2条龙涎香熏过的袍子、11块深红色的布、7条织锦地毯，以及各种其他织

---

* 赛里斯人（Seres），古希腊人对中国人的称呼。

物。而两个世纪前，丝绸也在中国著名游僧玄奘身边充当过类似角色：他在中亚的高昌国停歇时，那里的国王是一位虔诚的教徒，于是赏赐了玄奘大量的丝绸和其他礼物，要 30 匹马和 25 位随从才搬得动。高昌国王还为玄奘写了 24 封介绍信，给他在旅途中将要经过的各国的国王。每封信都用一捆花缎包起来，而给最强大和令人惧怕的西突厥叶护可汗的文书，则有意加上了 500 捆花缎和手绘绸缎，以及两车水果。[23]

丝绸之路使各种思想和文化得以密切交融，这在当时生产和交易的丝绸样式上得以体现。狮子、大象、孔雀、天马甚至骆驼——这些并非中国本土生长，也不受中国人崇敬的动物，开始悄悄成为丝绸刺绣的主题。亚历山大大帝于公元前 334 年左右攻进中亚后，古希腊的太阳神赫利俄斯在当地赢得尊崇，他的形象也开始出现在丝绸上。与此相似的是，佛教在中国逐渐发展后，佛教符号也被应用到丝制品制作中。于公元 224 年至 651 年统治着中亚地区的萨珊王朝与中国的贸易日益密切，中国便开始制作符合萨珊人品味的复杂而色彩斑斓的锦缎。在公元 455 年后，锦缎在波斯变得十分普遍，于是有了自己的名字——波斯锦。"锦"这个词不断出现在中国文学中，深受文人名士喜爱。[24]

外来织品在中国很受欢迎，抑或正因如此，中国针对这些泛滥的入侵产品发起了一波又一波的禁令。例如，公元 771 年，唐代宗禁止在中国生产这类织品。半个世纪后，在这一措施大概悲惨地失败之后，唐文宗重新颁布政策：这一次，为了确保政策得以执行，他下令将制作当时极受欢迎的缭绫用的织布机全部焚毁。当然，到这时一切都晚了：外来的影响早已深深融入中国的丝绸生产，无法将其剔除了。一块东汉时期的丝绸碎片可以证明这一点：位于图案中间的赫利俄斯，以典型的印度盘腿坐姿，坐在莲花座上。赫利俄斯周围的联珠纹展现出萨珊王朝的影响，但其中又有本地的元素，如龙头横幅，并且编制方法也显然是中式的。[25]

无论丝绸来到哪里，或是用怎样的织法和图案加以装饰，它总是地位的象征、值钱的商品，任何能够生产丝绸的国家都可以将其作为潜在的收入来源。1237 年的一篇关于"黑鞑鞘"的记录写道："蒙古人的袍子在右边系带，领子方正。这些袍子本来是毛毡和羊皮制成的，但现在由混有金线的缎子制成。"忽必烈建立了元朝。他对丝绸似乎格外迷恋。一位作者曾描述过忽必烈的宴会，虽然他为了效果无疑对故事作了相当的艺术加工：在他的笔下，宴会上有 4 万名嘉宾，而服务嘉宾的侍者口鼻处"盖着一长条精致的金线混纺的丝绸餐巾，好让食物和饮品不受其呼吸和口沫的污染"。[26]

几世纪后，英国的国王詹姆斯一世也同样为了丝绸苦恼。他对此如此渴求，于是协调许多人进行了一场注定失败的尝试：在自己的王国组织制丝业。他资助了一万棵桑树给自己的臣民，好让蚕虫有食可吃，并且雇用了一对夫妇在伦敦的东南部生产"格林威治丝"，年薪 60 英镑。他还任命了专门的商会总督，职责包括"无论国王陛下走到哪里"，总督都要带着两个蠕动的蚕虫在身边。国王将蚕虫和桑树树苗运输到"新世界"中以他命名的地区——弗吉尼亚州的詹姆斯敦，希望能在英国殖民地建立制丝工业。这一尝试持续了多年，但收获甚微。从1731年到1755年，弗吉尼亚收获的丝线只有可怜的113千克。虽然英国还是做出了一些自己的丝绸——丹麦的安妮女王在詹姆斯一世的一次生日宴会上就穿着英国制的塔夫绸，不过，这一尝试最终还是悄悄搁浅了。[27]

丝绸还到达了中世纪早期的斯堪的纳维亚。考古学家在瑞典、丹麦、芬兰和挪威的墓穴里都发现了中国丝绸，在维京人的墓穴里还找到了产自拜占庭和波斯的面料。然而，斯堪的纳维亚地区最为尊贵的丝绸，是在"奥赛贝格号"上发现的。这艘船是两位女性的坟墓的一部分，她们死于公元834年，当人们于1904年发掘这处墓地时，在船上发现了超过100块丝绸碎片。[28]

这些丝绸碎片大多数是锦绣碎片，这是用金线和银线混纺的奢华面料，它们被割成窄条，然后缝到衣服的边上作为装饰。此外，人们还发现了十几块似乎是用进口丝线制作的刺绣作品，以及一些当地生产的羊毛和丝制织物。绝大多数织物采用了一种复杂的技术，要用中亚特有的织布机才能制作。不止一块织物上面展现了"王之鸟"的主题——这是一种形似老鹰的生物，它嘴中叼着珍珠的王冠，在波斯神话中代表皇室的祝福。此外，还有一些其他符号，如看起来骇人的三叶草纹斧头，以及取自十二宫图的拜火教符号。"奥赛贝格号"是挪威已知最早的维京时代的丝绸藏地，最开始发现它们时，人们认为这些丝绸是斯堪的纳维亚人从英国或爱尔兰掠夺而来的。但在此之后，越来越多类似时代的丝绸被发现，说明这些面料更可能是在贸易中直接被运到了斯堪的纳维亚。[29]

奢华的服装

这些身体柔弱、装腔作势的娘娘腔，顶着飘逸的头发，穿着一套又一套丝制的服装，那些服装的名称总是变了又变；这些水性杨花的女人，还有好色不忠的男人，他们在处处都很受欢迎。

——佩特洛尼乌斯，《萨蒂利卡》，公元1世纪

公元1世纪末，罗马社会的奢靡人尽皆知。正是在这一时期，尼禄皇帝的朝臣佩特洛尼乌斯写下了《萨蒂利卡》，这是一部愤怒的讽刺作品，其主要内容就是描绘粗俗、奢靡的晚宴。特里马乔本是奴隶，后来成了一个挥霍无度的暴发户，他试图用一件又一件炫目的奢侈品来给自己的贵族客人留下好印象，然而却是徒劳。[30] 特里马乔的仆人不说话，而是歌唱；他们端上桌的是撒了罂粟籽的蜂蜜冬眠鼠肉、代表十二宫符号的十二道菜，以及填塞了活鸟的烤猪。客人洗手用的是红酒，不小心掉在地上的银质盘子被随意丢弃。最终，特里马乔带领家中的所有人，对他的葬礼进行了排练，所有人都穿着华丽的丝绸。[31]

在《萨蒂利卡》写成之时，古罗马人正从被自己征服的国

家运回大量财富。财富最主要来自古埃及，彼时，克利奥佩特拉在公元前31年的阿克提姆海战中战败。进口商品税率从12%降到4%，这意味着最普通的公民也能够充分满足自己对外国商品的需求。虽然《萨蒂利卡》里充满了下流的段子，但它对当时罗马公民突然着迷其中的浮夸风尚的记录却近乎人类学之作。在作者看来，其中一样浮华风气的代表，就是丝绸。

丝绸是在丝绸之路的交易中来到罗马帝国的。埃及人用它们交换粮食，西班牙人用它们交换黄金，红海地区的人用它们交换黄玉，以及珊瑚、玻璃、葡萄酒和羊毛。丝绸来到罗马的确切时间不得而知。卡西乌斯·狄奥认为，古罗马人首次看到高质量的丝绸是在公元前53年的卡莱战役中，当时帕提亚人展开了自己耀眼的横幅。（如果事实如此，那么这次照面似乎并不光彩，因为古罗马人立即被击败了。）在古罗马人的观念中，中国是与这一产品紧密相关的：拉丁语中表示中国的词是Serica，而丝绸是sericum。然而，因为与中国距离太远，他们听说的关于养蚕业的传言都经过了遥远的距离，因此罗马人最初对蚕丝生产的理解十分怪异就不足为奇了。老普林尼的《自然史》提到，在中国某一地区的森林中，树上会长出"羊毛类材料"。但在关于昆虫的章节中，他似乎掌握了更准确的知识。他写道："（蚕）像蜘蛛一样吐丝织网，而它们的网被用于制造贵重而奢华的女性服装。"[32]

使用丝绸的不仅有普通公民。织物还被用来装饰公共建筑以增加其戏剧性和色彩。盖乌斯·尤利乌斯·恺撒斥资制作了丝绸遮阳篷，并将其在罗马境内挂满，让民众可以在阴凉处观看他获胜的部队。人们认为，这不仅充分展示了恺撒的财富，更是展现了他对权力的渴望。据说尼禄皇帝曾将夜空般闪闪发亮的蓝色篷布挂在圆形剧场上方，还派人专门将一种织物——似乎也是丝绸——染成紫色，上面有他自己站在二轮战车上的形象。这就像是如今让人画一幅自己开着跑车的画像。[33]

赫库兰尼姆和庞贝的壁画，尤其是"神秘别墅"中血红房间里的那些知名壁画展现了贵族女性穿着半透明衣服的画面，这种面料看上去非常像是宽松编织的丝绸。这种面料甚至传到了不列颠尼亚。在哈德良长城附近，有一段纪念一位巴尔米拉商人的题词，这位商人似乎为驻扎在附近的罗马军队提供了丝绸横幅。[34]

虽然丝绸到达了如此广泛的地区，但它仍然魅力不减，再加上高昂的价格，这就给了财大气粗的罗马充分的炫耀机会，一如佩特洛尼乌斯在《萨蒂利卡》中一针见血指出的那样。讽刺诗人马提亚尔曾在送人金发簪时作诗道："用发簪支撑你卷起的头发，这样沾湿的发髻就不会弄脏你明亮的丝绸了。"[35]

对此有反对的浪潮，再自然不过。当时的人们哀叹大量的钱被用于购买这种外国面料。根据老普林尼的记录，国王们每年要花大约1亿塞斯特斯（相当于2.8吨黄金）从东方购买丝绸。这个数目相当巨大，约等于国家每年10%的预算。他还批评道，这样做的不仅有皇帝，还有普通民众和——这个说辞格外恶毒——虚荣的女人。花了这么多钱，只为了"让（古）罗马淑女在公众场合闪闪发亮"。在他看来，这些款项若用于购买更值得的，最好是罗马产的商品，则要好得多。老普林尼显然忽略了一件事实：贸易是双向的。[36]

丝绸也被视为颓废之物。诗人贺拉斯于公元前 8 世纪逝世，当时丝绸还算是新鲜事物，而据他描述，妓女是最早穿上这类面料的人。（"透过科斯岛 * 的丝绸，你能轻易看到她们是否裸体，她们的腿或脚是否难看。你可以用肉眼端详她们的腰线。"）若事实如此，那么这或许能解释当其他古罗马女人穿上丝绸时，为何比较保守的评论者会大惊小怪。塞涅卡怒斥道："我看到丝质的衣服，但这怎么能叫衣服？它完全起不到保护身体的作用，也全无端庄之处……我们进口丝绸，好让有夫之妇在街上向陌生人尽情展示身体，就像在卧房中向情人展示身体一样。"[37]

女人穿着丝绸已经被视为不端了，男人这么做则要背负格外多的骂名。法令规定男人不可穿着丝绸——"男人不能用女性化的丝绸来使自己受辱"。除此之外，还有一大堆反对有损男子气概的夸耀性消费的政策，比如在私人晚宴上使用金盘子也是被禁止的。据苏维托尼乌斯说（虽然他承认这是恶意的谣传），卡利古拉国王喜欢在公众场合佩戴手镯，穿丝制外衣，外衣上面有一层珍珠，"并且不时穿着女式的矮帮鞋"。

保守的古罗马人担心，如此奢华的衣服会削弱战斗精神，他们的帝国和财富本是由这种精神赢得的。这种恐惧在老普林

---

* 科斯岛（Coan），希腊岛屿。

尼作品的一段中体现得淋漓尽致：

> 在夏天，现在连男人都贪图轻便穿着丝绸，且不
> 觉羞耻。我们曾经穿带皮革的战甲，但我们的风尚已
> 变得光怪陆离，连托加袍都嫌厚重。不过我们仍然仅
> 限女人穿亚述人的丝绸裙——目前为止。[38]

古罗马人不是唯一在遍布丝绸之路的奢华之中嗅到毁灭气息的。1900年，奥里尔·斯坦因在戈壁沙滩中搜寻逝去的丹丹乌里克城时，一个当地人劝他不要这样做。城市还在那里，这位男人告诉斯坦因，里面也确实满是财宝——被沙子磨光的石头中埋着许多金银。但问题是，这些东西都被诅咒了。几世纪以来，许多人带着货车跋涉至此，希望运走财富。他们一个接一个地将尽可能多的东西装上车，骡子和骆驼在巨大的拉力下呻吟不止，但他们试图出发时，发现自己寸步难行。每辆试图向沙漠前进的货车最后都绕回到了丹丹乌里克那片了无生机的果园和坍颓的墙边，最终人畜都精疲力竭。据说唯一能躲开诅咒的办法，就是把所有的宝石和金银都卸下，像来时一样两手空空地离开。[39]

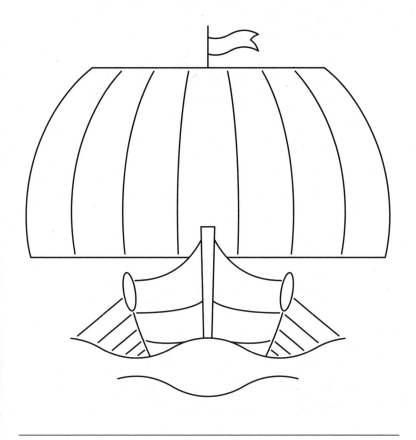

5 海上火龙

Surf Dragons

维京人的毛织船帆

国王的坟冢

我母亲曾经告诉我，

她会给我买艘长船，

船有一副结实的桨，

可在维京人旁航行；

可以站在船的尾端，

引领一艘精良战舰，

然后掉头来到海湾，

将敌人们斩于斧下。

——《埃吉尔萨迦》[1]

1879 年秋季的某一天，两个男孩终于向诱惑屈服。男孩们从生下来就一直住在父亲位于桑德尔福德的农场上，桑德尔福德是一座宁静的海滨城市，位于挪威奥斯陆南边 100 公里处。他们对这里的每一寸土地都了如指掌。但是，农场中有一块地方一直让他们非常好奇。那是国王的坟冢，当地人称之为 "Kongshaugen"，这里的土地堆成土包，直径约有 45 米，被发现时有 5 米高。（几个世纪的耕作应该降低了其原有的高度。）据传说国王的坟冢里藏着财宝——至少曾经有过财宝。这两个男孩找到几把铲子，挖了起来。[2]

他们很快发现，这一坟冢里面的确有财宝，但和他们预想的不太一样。在一层层肥沃的土壤下面，埋藏着厚厚的橡木板，这些木板源自一艘巨大的年代极为久远的船。这一消息传到奥斯陆大学后，古文物研究者立刻赶来接手了这片挖掘现场。他们辛苦地刷掉船表面覆盖的泥土之后，发现眼前是一艘巨大的维京长船的残迹，保存得相当完好。

这艘"科克斯塔德号"建造于公元850年左右，在海上航行了10—15年后被拖上岸，在一场豪华的葬礼中发挥了重要作用。船里面建造了一间墓室，墓室外面用桦树皮覆盖着。墓室中躺着的尸体生前应该是一位高个子、身体强壮的中年男子，他受过关节炎或痛风的折磨，并且似乎是因为在战斗中经历了暴力而死亡。他的一些骨头和身边堆着的很多财宝已经被盗墓者洗劫（这些盗贼似乎非常清楚自己的目标：他们在坟冢的侧面钻了一个通道，直接进入墓室）。盗贼们留下了尸体旁边的一些骨头，这些骨头来自12匹马、6条狗和1只孔雀。[3]

通常情况下，船体在几百年前就应该腐蚀、瓦解了。"科克斯塔德号"长存的秘密在于其表面覆盖的材料。当王室成员的遗体和陪葬物被葬入其中后，船的外面就被抹上了一层厚厚的蓝色陶土，陶土就像水果蛋糕外面的杏仁蛋白糖霜，起到了很强的防腐作用。这艘船现于奥斯陆的维京海盗船博物馆展出，船长超过23米，宽5.23米，从船中间的船舷到船底的高度接近

2 米。[4]

这艘船被称为人类建造的最美的船，这话确有道理：船体流线优雅，几乎如雕塑一般。在地下的几百年间，木板纹路的颜色逐渐变深，因此现在看来几乎是炭黑色的。此外，这些木板薄得惊人，使整艘船轻盈、有弹性——通常这对船来说不是好的特性，但在这艘船上，这显然是有意为之。整个船体只有7 吨重。船的两侧各有 16 个划桨的洞，这说明船上有 32 个劳力，此外还有一根粗壮的松木桅杆推着船乘风破浪。在"科克斯塔德号"里，还发现了红白色的双层布碎片：这是毛织船帆的残迹。[5]

船是维京人生活中不可分割的一部分，这从它们在死亡仪式中的作用就能看出来。有很多船被用来陪葬，大概是因为人们相信它们可以载着亡者驶向来生。波尔是奥斯陆峡湾西边的一座城市，在这里仍可看到海面，现在这一地带有七座坟冢和一座石冢，从前还有更多。还有些船被用作葬礼中的火葬柴堆。11 世纪的旅行家伊本·法德兰对伏尔加河上的维京人很着迷，称他们为"完美的人体样本，和海枣树一样高，头发金黄，面色红润"。法德兰在记录自己漫游的文字中留下了一段关于火葬仪式的描述：死者的遗体被单独放在船体中后，一个女奴被召唤过来，依照一种法德兰完全无法理解的可怕仪式，她被死者的侍从强奸后捅死，然后放置在她主人的身旁。这些步骤完成后，整艘染血的船就被放火点燃。"火在柴堆上燃烧，先是烧到船身，接着是船篷、死者和女奴，最后整艘船都燃烧起来。"[6]

船在冰岛的传说中也占据首要地位。它们被赋予引人遐想的猛兽般的外号：带桨战马、海上火龙、峡湾麋鹿、越洋野牛、鳌虾马……有一小支船队有时会被称为水獭世界。船是自豪和权力的象征。据说，公元998年，有一艘叫"长毒蛇"的巨舰为奥拉夫王所建造，这艘船可以载200个带武装的男性，再加上34对划桨手。其他的史诗中提到过桅杆长达70米的船。在大概100年前，人们对这样的故事嗤之以鼻，而现在，考古学家们发现了船首到船尾长度接近40米的船，这一说法似乎就没那么荒谬了。[7]

然而，从来不存在一艘维京船的王者。根据挪威神话，斯基德普拉特尼神船是由矮人为丰饶之神弗雷打造的。这艘船拥有魔力：它大到能够装下挪威全部众神和他们的全部武器，并且这艘船锻造的工艺极其巧妙，不用时，弗雷可以把它像一块精致的布料一样折叠起来，装进口袋里。然而，斯基德普拉特尼神船最大的特点在于船帆。不管这艘船何时停在何处，只要它张起帆，就会有强风出现，把这艘船精准地带到它想去的任何地方。艺术来源于生活：维京长船虽然有很多地方使其狂热爱好者倾倒，但它们的力量往往来源于船帆。[8]

在维京人的故事里，常有的主题就是他们对毫无防御的城镇和修道院进行鲁莽暴力的突袭。他们确实利用了水手的智谋和出其不意的战术。维京人的长船高出水面很多，它们不需要港口，可以在任何地方靠岸，所以可以攻打更多的地方。不过，维京人也是商人，他们驶着长船慢慢逆水而行，到达欧洲和黑海的许多重要贸易港口，在丝绸之路的西端扮演着活跃的角色。在各个贸易港口间往来穿梭时，他们的船满载着海象牙、琥珀、猎鹰、奴隶或北方的动物毛皮——貂皮、海狸皮毛和冬天的松鼠皮在欧洲大陆相当值钱。在斯堪的纳维亚人的墓穴中发现了大量的丝绸织物，产地是遥远的中国和波斯。事实上，有证据显示，阿拉伯的图案和文字——甚或明显带有伊斯兰渊源的设计——常常很受欢迎的地位象征。[9]

挪威人在船上装满可以长期保存的食物，如腌制鲱鱼、驯鹿粪便熏制的羊肉和发酵的三文鱼，以实现长距离的航行。这些船并非都是靠帆行驶的。古代的斯堪的纳维亚人曾用过独木舟和皮艇，盎格鲁人在5世纪则是用带桨的战船到达英格兰的。不过，帆船使维京人能以更快的速度到达更远的地方，发现世界上更多无人到达过的地方。因其掌握了造船和航行的高超技术，水域对他们而言并非阻碍，反而是一种道路。他们在新的土地上定居，他们带去的新的艺术形式和生活习俗丰富了当地的文化。维京人给冰岛和格陵兰岛带来了人口，因为一船又一船的人前来寻求更好的生活。因此，冰岛的人口在60多年间从零跃升至7万。他们征服了诺曼底和意大利的部分地区，并且到达了爱尔兰、英格兰、费尔岛、设得兰群岛、黑海，甚至美洲。[10]

考古学家们以擅长使用刷子、泥刀、桶等工具闻名，而莎拉·帕卡克的军械库中有一样相当不同寻常的装备：卫星。她通过距离地球表面383英里的镜头拍摄下来的画面，来寻找土壤和植物生长的不规则现象：这很可能表明那里曾有某种建筑。她凭借这一技术成功地定位了此前未被发现的文化遗址，这些遗址分别位于埃及、秘鲁、古罗马帝国。她甚至识别出罗马附近一处灯塔的遗址。2016年，她将卫星的镜头转向离家更近的地方。

我们对维京人到北美洲的旅程及其在那里生活的了解绝大多数来自冰岛的传说，但这不能算是理想的历史资料。这些故事倾向于强调北欧人勇敢无畏的一面，不管他们是故事里的角色还是讲故事的人。诸多文字都在描述战斗和英勇的死亡，女性的工作在其中完全隐形了。有两则传说提到了文兰，这是格陵兰岛西边的一个绝佳的狩猎之地，有着足够造船的木材、水量充足的河流，还长满了多汁的葡萄——文兰这个名字便取自于此。*然而，这个天堂有一条"毒蛇"，那就是维京人称为"丑人"（skraelings）的原住民。原住民们痛恨外来者的入侵，用弓箭攻击他们。因为他们的猛烈攻击，北欧人只好在几年后彻底放弃这一新殖民地，根据传说，他们"打道回府"了。

文兰实际上就是美洲的这一观点，其实在19世纪就很普遍了。1893年，一位造船专家打造了一艘刚刚出土的"科克斯塔德号"的复制品，并将其命名为"维京号"，就是为了以亲身实

---

* 文兰的原文为vinland，而葡萄藤为vine。

践证明，是可以乘坐长船从挪威到美洲的。4月30日，"维京号"船长马格努斯·安德森带着12名水手、30吨货物和1000瓶啤酒，从卑尔根市出发向西行驶。他们于5月27日到达了纽芬兰。6月14日，他们到了新伦敦，当地人颇感兴趣地赶来围观，并用潘趣酒向他们致意。这趟旅程风雨不断、令人恐惧，但也证明了人们长期以来关于维京人坐长船到达美洲的猜想是可行的。安德森后来写道："当强烈的顶头浪袭来，船的龙骨上下晃动的幅度可达0.75英寸，奇怪的是，船里没有进一点水。"[11]

之后，人们发现了维京人确曾到过美洲的更确凿的证据。1960年，一对考古学家在纽芬兰的兰塞奥兹牧草地发现了一处维京人居住地的遗迹，该处遗迹可追溯至公元1000年。在美国缅因州发现的一枚铜币，则是在1065年至1080年间奥拉夫三世治下的斯堪的纳维亚地区打造的。

莎拉·帕卡克用自己的卫星技术在世界各地寻找其他潜在的维京人驻扎地。一个颇具希望的地点是加拿大的露水海角，这是从纽芬兰岛延伸到圣劳伦斯湾的一座半岛，位于兰塞奥兹牧草地西南方向400英里处。岛上终日刮风，颇不宜居。帕卡克聚焦在这一地点，因为卫星图像显示这里有一块变色的奇怪区域，似乎显示出此前未被注意的人造建筑结构的轮廓。当她和她的团队于2016年开展挖掘工作时，她的预感得到了证实。他们立刻发现了疑似炉灶的东西，虽然那东西看上去不过是一块变黑的石头，但之后的进一步挖掘表明，这个炉灶曾用于炼铁：在附近的坑中，人们又发现了 28 磅重的炉渣。[12]

露水海角不一定是维京人在北美的居住地——研究仍在继续，目前没有得出确切结论。但有一件事已经毫无疑问，那就是维京人在造船和航行方面的技术让他们早于哥伦布 500 年就到达了美洲。

船型

在恶劣的环境中，峡湾中的疾风撕碎了船帆。

——吟唱诗人席格瓦特，11世纪

18世纪中期，詹姆斯·库克船长环游全球，拜访了西方世界此前一无所知的太平洋岛屿国家。库克这次旅程能成功，在很大程度上是因为一位他半路遇到的波利尼西亚人。"树齣"是来自赖阿特阿岛的领袖，他加入库克船长的队伍，并很快成为队伍中不可或缺的一员，在来自西方的水手和他们遇到的本地岛民之间充当调停人。他最了不起的事迹，就是仅靠记忆画出了一幅地图，上面有他认知内的全部地理区域。虽然这幅地图远称不上完美——帮他绘制地图的英国官员也帮了倒忙，一直弄错塔希提语里的南和北——但"树齣"的地图仍然列出了波利尼西亚和斐济几乎所有主要的岛屿群。事实上，这幅地图展示的范围达到了2600英里，远超美国的东西跨度，并且包含航海需要的丰富信息：洋流、天气、海浪和海风。更令人难以置信的是，"树齣"描绘的地图远远超出当时他的民族能到达的航海范围。事实上，"树齣"的地图不是来自他自己，而是汇集了许多代人知识的精华。在他之前，先辈们通过数不清的危险的长途航行获得了这些知识。

历史中许多不可思议的旅程得以实现，都要归功于人们用大块面料制作了船帆，使船可以在其下颠簸前行。在过去的 5 万年中，人类靠它们成功到达了如遗珠般散落在世界各地的岛屿。那些最遥远的岛屿变成了殖民地，则仅仅是近一千年的事。[13]

然而，这一过程究竟是如何发生的，最初船员们使用的是怎样的筏子，这些问题没有确切的答案。在缺少实证的情况下，人们试着重现这些壮举。最著名的例子是"康提基号"远征的故事。1947 年 4 月 27 日，挪威作家、探险家索尔·海尔达尔乘坐一艘用轻木制造的粗糙木筏扬帆起航，从利马出发，向法属波利尼西亚驶去。他的目标是要验证一个理论：波利尼西亚群岛的定居者并非来自亚洲，而是南美洲。虽然他成功完成了旅途——总共花了 101 天，其间靠捕鲨鱼打发时间——并且筏子经受住了考验，但他的理论后来还是基本被证伪了。[14]

还有人利用语言学的线索来推测这些早期旅行的情况。当库克船长来到太平洋时，他推测自己登上的许多波利尼西亚岛屿都是同一拨人的殖民地，因为他们的语言颇有相似之处。更有趣的是，表示"桅杆""船帆""舷外支架"的词语似乎是与世隔绝的菲律宾和印度尼西亚群岛上使用的南岛语系中最早出现的词汇，这进一步证明了是航行技术将人类带到地球最为遥远的角落。[15]

我们今天熟悉的船只和船帆都不是一蹴而就的，而是千年来的智慧和经验不断慢慢累积的产物，正如珊瑚礁的形成，或"树鼩"的地图。最早的船大概是用捆起来的芦苇做成的，船帆则是将张开的兽皮绑在树枝或空心的木头搭建的框架上。已知最早的大船是庞斯的三米长的独木舟，这艘船被认为是一万年前在今为荷兰的地方用欧洲赤松的树干削成的。然而，如此简单的木筏无法应对海上的恶劣条件。要进行更长、更艰苦的海上旅行，需要更精良稳固的船，这样的船在遇到风浪冲击时才不会散架。[16]

船帆的创新则是另一个故事。帆的功能是利用风来推动船在水上航行。但这样一个简单的原理可以生发出一万种可能性。事实上，历史上出现过的船帆样式太多了，如果要一一描述，几乎需要创造一门新的语言。它们的形状和大小千变万化——如爪型帆、四方帆和三角帆——还有些帆是某些特定类型的船独有的，如印度尼西亚的皮尼西帆船和最新型的蛾级帆船。

现代的帆通常是用达可纶、尼龙、凯夫拉等合成面料制作的。然而，在轮船于19世纪被发明之前，那些近乎奇迹的航行所使用的都是亚麻、棉布、汉麻布、羊毛等自然纤维制造的船帆。若没有可以制造船帆的面料，许多大胆的航行就无法实现：比如郑和在15世纪远征东南亚，还有罗尔德·阿蒙森征服西北航道 *。

---

* 西北航道（North-West Passage），指由格陵兰岛经加拿大北部北极群岛到阿拉斯加北岸的航道，这是大西洋和太平洋之间最短的航道。

在很长一段时间内，古埃及看起来是最有可能诞生船帆的地方。古埃及文明聚集于尼罗河一带，尼罗河由南向北流，风的方向则常年与此相反。这意味着，沿着尼罗河漂流一段后若要回程，利用帆行驶是有利于航行的。人们猜测，利用方形亚麻布航行的主意来自过去在船中央举起盾牌的仪式，这一行为在文物上可见。这些盾应该曾在风的作用下推动船向逆流的方向行进。支持这一理论的证据以象形文字的形式出现。一个表示"扬帆逆流行驶"的字画的是船和帆，表示"顺流而行"的字画的是一只有舵桨但没有帆的船。[17]

然而，更新的发现给这个似乎颇合理的理论蒙上了一层阴影。来自公元前第六与第五个千禧年的美索不达米亚的陶制品在许多考古遗址出土，这些遗址分别位于今沙特阿拉伯东部、巴林、卡塔尔，通常都是海岸地区。多年来，考古学家将其视为航海旅行的迹象，引人遐想，但找不到直接的证据。终于，科威特欧贝德文化遗址提供了新的线索，这里过去是一处隐蔽的海湾，人们在此发现了大约是一艘挂满了藤壶的芦苇船的碎片、一座相似船只的陶瓷雕塑，以及一个带有绘画的瓷碟。碟子直径为七厘米，上面画着一艘有人字桅的大船，而这是已知最早的关于使用桅杆和船帆的记录。[18]

虽然一般想象中的典型长船总是带有帆，但船帆其实是在相当晚的时期才成为斯堪的纳维亚航船的附加设备。生活于公元1世纪的塔西佗在《日耳曼尼亚志》中记载了不同寻常的挪威船只。"他们的船的构造与我们的大相径庭，两边都是船头，这样便可以无须掉头，随时划向两边；*他们的船上没有帆，两侧也没有划桨手坐的长椅，划桨手在船的各处辛勤工作。*"（斜体为本书作者加。）直到几百年后，维京人才开始使用船帆，可能是因为帆有助于驱动更重的货物和更多的人从一个港口运至另一个。作为商人或入侵者，还有殖民者，维京人在生活中越来越发现这种动力的重要性。于瑞典哥特兰岛发现的画石展现了6世纪的划艇，以及7世纪的带有桅杆和方帆的简单木筏。帆上通常有条纹或方格图案，这些图案可能是装饰性的，但也有人猜测这样编织的帆更加牢固。更精致的大船直到11世纪才有画作记载。[19]

正如许多较晚期采用新技术的人，挪威人也证明了自己积极接受改变的人，这是再自然不过了：船帆在很大程度上拓展了他们的视野，让他们能到达更远的地区，带上更多的货物，面对竞争者时有格外的优势。11世纪上半叶，卡纽特王的北海帝国舰队——从最庞大的战舰到最微小的渔船——所需帆布总面积约100万平方英里。其中大多数应该都是毛织面料制成的。[20]

从羊群到舰队

然后，沿着桅杆

一件海的衣服——船帆！——借着绳子

快速升起；海上的木杆低吼着，风

没有阻止那载浮载沉的筏子

在海浪上前行的旅程。

——《贝奥武甫》

1989 年的深秋，挪威的多伦德纳斯教堂终于重新整修了。这座教堂位于挪威北部一座破旧小岛上的小教区，而这一整修工程早就该进行了。教堂建在紧邻水边的地方，墙是白色的，上面是红色的斜顶。这是挪威最北的中世纪石头教堂。当工人翻修屋顶时，他们发现屋顶的木板之间以及石缝中间塞着奇怪的团状物和垫子。原来，这些是团起来的织物，只不过这些面料太老、太脏，以致变得坚硬，看起来就像一条条皮革。进一步查看后，人们发现这些用来填充房顶缝隙的碎片是瓦德麦尔呢，一种粗纺的毛织物，它曾经有非常不同的用途。几百年前，这种面料被用作挪威船舰上的帆，用来捕捉风的力量。

羊毛作为制作船帆的材料似乎并不显得理所当然。一直以来，它因其天然的取暖功能而被人们珍视，但这一功能在制帆上派不上用场。事实上，羊毛能够取暖，是由于其每根纤维都是卷曲的，当羊毛变成织物后，纤维之间就可以储存隔热的小团空气。然而，卷曲的纤维也意味着毛织面料上有很多小洞，空气可以从这些洞中透过，若要利用风力，这种材质并不理想。并且，任何洗过毛衣的人都可以做证，羊毛会吸很多水，变得非常重，还要花很长时间晾干。考虑到这些弊端，竟然有人会考虑使用毛织物做船帆，这似乎不可思议。然而，这样的帆不但是长船的标准配备，而且维京人在欧洲境内穿梭、进行贸易时，使用的也是这种帆，甚至进行来往美洲的长途旅行时很可能也用了它们。

　　多伦德纳斯教堂的面料碎片得以留存供人研究，这算得上是奇迹。毛织船帆用旧后就被丢弃，因此若没有多伦德纳斯教堂的发现，维京人船帆的考古记录很可能无从得到。虽然这些碎片现在看来不算起眼，它们却给大批的研究者提供了关于挪威船舰的丰富知识。我们可以了解这些羊毛取自什么品种的羊，其加工过程如何，用了怎样的编织缝制手法。甚至这些帆在使用中表现如何，在它们下面航行是一种怎样的感官体验，我们都了解得非常清楚。将塞在教堂房顶的一块面料展开后，还可以看到上面有一个保存完好的孔眼，这应该就是从前绳索穿过的地方，这个孔眼是在 1280 年至 1420 年间精心制作出来的。

和所有与羊毛相关的故事一样，关于维京人制造船帆的故事也要从绵羊讲起。几百年来，挪威、苏格兰、冰岛中间的岛群以绵羊和人民高超的针织水平著称。例如，费尔岛的居民从1600年起就用毛衣和过路的水手交换物品，甚至在1902年为一支南极探险队完成了织100件毛衣的特殊订单。[21]

　　如今，大多购买费尔岛毛衣的人并不知情，但如此盛产毛衣的地区所养殖的绵羊是不同寻常的。"原始"的绵羊体型更小，提供的毛（和肉）远远不如其如今结实的对手罗姆尼羊和美利奴羊丰富，后者如今为绝大多数的衣服和家纺提供了羊毛。然而，这些北大西洋的羊体格虽弱小，却以其耐寒和顽强的适应性扳回不止一城。在大多数情况下，它们都能照顾好自己，不像它们现在的近亲那样需要精心照料。它们在恶劣的饮食条件下也能存活和繁衍。奥克尼群岛最北部的北罗纳德赛岛上的羊群已经适应了几乎只有海藻的生存条件，它们小心择路，穿过海边光滑的岩石找吃的，对更为茂盛的绿草视而不见。[22]

　　这种吃苦耐劳的羊应该深受维京人的认可，它们和古斯堪的纳维亚的短尾羊颇为相似。维京羊的体型类似于大型犬，是现代常见的羊一半大，它们的家园是长有石楠花的荒野，而非茂密的草原；它们应该是半放养的，一年只和饲养者接触一至两次。大多数羊群的规模很小，可能只有约十几只羊，由农民饲养着，他们同时也种田和捕鱼。（1657年的情景无疑是如此，因为有张税单记录了当年挪威境内所有的羊，约有329万只。）这些羊的羊毛也不同寻常。这不仅体现在它们外层的皮毛色彩缤纷——包含黑色、棕色和白色——还在于它们长着双层的羊毛，外面是一层坚硬的毛，里面覆盖着柔软的、高度隔热的绒毛。这即使在今天最为宽广的牧场中饲养的羊身上也很少见。古斯堪的纳维亚的羊还有一个奇怪的特点，就是羊毛中羊毛脂含量很高，这样的羊毛更防水，这是制造船帆的绝佳特质。[23]

由于羊群规模很小，要想有足够数量的羊毛制作一艘大船的船帆，就需要好几个家庭持续不断的合作。在晚春和夏季，随着气温升高，长着双层羊毛的羊会自然脱毛。在仲夏，人们将羊群集中起来，用手将松散的毛从它们身上拔下。这是很费力气的工作。挪威里萨市的佛森民众高等学校仍在教授这一传统技艺，在那里，拔光一只羊身上所有的松羊毛需要四五个人劳动十分钟左右。虽然拔羊毛比剪羊毛费时间，但自有优势。拔下来的羊毛更防水，且不需要梳理——对于剪下来的羊毛，要做这样的工作，以去掉刚长出来的羊毛纤维。收集羊毛时，人们就已经将其分好类了。最精细的毛来自羊的颈部，因此这部分毛被留着专门用于制作奢华的围巾，大腿上的毛则用来制作耐磨的手套和袜子。最有价值的毛来自未经交配的三岁的羊，据说这种羊的毛格外粗而结实。一旦完成了拔羊毛和分羊毛的工作，人们就将羊毛团成团，用鱼油进行护理，放进兽皮制成的包中，一直放到当年的晚些时候。[24]

加工羊毛这样的重要工作其实是在秋天和冬天进行的，这时白天变短，人们更愿意待在家里躲避寒冷。首先，一家人可能会聚在一起，将较长的外层羊毛从柔软的绒毛中梳理出来。

（这对制造船帆来说尤其重要。）然后，将鱼油洒到软毛上，将其放到一边，让油有时间充分渗入纤维当中，使得羊毛软上加软。

接下来的一系列工作主要是由女性完成的：纺线、编织和加工。粗糙的长纤维会被梳理出来，并使用手纺锤沿顺时针方向紧紧地缠成坚固的线。这种线具备防水、耐拉扯、耐风吹的特点，因此被用作经纱。绒毛则经过更为精细的处理，沿逆时针方向松散地拧成线。这种更柔软、更松的线被作为纬纱使用，因为当这些纤维经过摩擦处理后，它们会形成紧密的一簇，于是柔软的纤维可以形成更紧密、更防风的平面。制造这两种毛线需要技术和大量时间。技艺高超的人可以使用纺锤和卷线杆在一个小时内制造出 30—50 米长的线。即使如此，在今天想制造面积在 90 平方米左右的大型船帆，仍然需要两天半的时间。[25]

至于编织的方法，不同地区有很大差别。在维京时期，人们使用的织布机大概都是简单的重锤织布机，而帆布大多是不同种类的斜纹布，这种面料看起来是由对角方向的线织成的，冰岛的制帆者喜爱"二上二下"的斜纹织法，而瑞典和丹麦的制帆者使用被称为 tuskept 的"二上一下"的斜纹织法。[26]

帆布的重量随要制作的帆尺寸不同而不同。如果要制造一面约 100 平方米的帆，人们会织一块沉重的布；较小的船则需要轻得多的材料。[27] 这是一项费时的工作：一米长的船帆就需要24 小时的编织时间。织好的布经缩绒处理后尺寸会固定下来，这对将要在潮湿、大风的环境中使用的布料十分重要。缩绒过程有时是用特殊的缩绒板完成的，在其他情况下，布料则简单地被置于涨潮点上，上面用石头压住，让涨落的潮水完成工作。缩绒后的布料再被拉伸、晾干。织布机织出来的布通常比船帆需要的尺寸小得多，因此要将几片这样的布料缝到一起，这样才会形成标志性的方形帆。（不过，这里也存在地区上的差异：法罗群岛的织布机能织出五米宽的布，足够制作法罗群岛使用的方形帆了。）[28]

帆完成前的最后两步加工过程被称作"上油"。首先，面料需要刷上水、马油或鱼油、赭石（一种天然的红色矿物）的混合物。这层物质晾干后，再在船帆上包覆一层加热过的液体牛油或冷杉油。这些油脂弱化了各块网布表面间的差异，使得空气可以在布料连接处不受阻碍地流动；而赭石的粉末填充了羊毛纤维之间的缝隙。现代研究者严格按照维京人的标准制作了帆布并进行了测试，结果证明，缩过绒但没有上油的面料比未经缩绒的面料透风度下降了30%，而经过上油的布料透风度接近于0，这大大地增加了其作为船帆的效力。这些船帆制作十分精良，若保养得当，使用时间可达40—50年。

制作织物，尤其是制作极考验技术的船帆，比制造船体本身要花费更多功夫。制造一艘长船大概需要两位颇具技术的造船工人两周时间，而制作一面船帆需要两位同样技艺高超的女性工作一整年，甚至更久，视帆船具体的尺寸而定。[29]

虽然我们无法确定，多伦德纳斯教堂的建造者们为什么在填充屋顶时选择使用旧的毛织船帆，但我们一开始就知道毛织船帆为什么会在那里。制作船帆是一件公共事务，保存船帆同样如此。1309年，挪威国王哈康五世通过法律，规定不同的地区各自负责维护、装备一艘备战的船只。根据这条法律，"为了遵从古老的传统，保护国家所用的船只和其他装备将被保存在教堂中"。这条法律令人脑中浮现的画面，是一个小型社区共同努力为战船和本地水手提供装备和用品。这也解释了为什么船帆会有如此大的地区差异，并且或许能解释为什么其制作如此精良：那些女人们冬天夜晚在家中制作的衣服和船帆，将来是要给她们的兄弟、儿子、丈夫和父亲使用的。[30]

最近，实验考古学者尝试依照从多伦德纳斯教堂碎片里采集的线索，制造维京规格的船，并借此了解依靠羊毛航行究竟是种怎样的体验，最终他们给出了令人着迷的洞见。比如，过去人们认为维京长船使用的方形帆功效不佳，只能让船顺风而行，然而事实并非如此。按维京船忠实还原的船可以与风成50度角前行，如今的帆船能够航行的角度只比此多出大约5度。[31]

扬帆远航

主啊，请引领我们逃离挪威人的狂怒。

——欧洲祈祷词，9—10 世纪

公元 793 年 7 月，英格兰东北部诺森伯兰一座著名的教堂遭遇劫难。"他们前往林地斯法恩教堂，"一位记录者后来写道，"进行了令人痛心的劫掠，损毁了那里的一切。肮脏的足迹踩遍祭坛，他们拿走了神圣的教堂中所有的财物。"甚至神职人员也没有幸免于难，他们有的被当场杀害，有的被溺死在大海里，有的被铐上枷锁押走，走向被奴役的人生。这段故事中的恶人，不出意外，便是维京抢匪。他们对林地斯法恩的袭击震动了整个基督教世界。英国学者约克郡的阿尔昆义愤填膺，给所有自己可以想到的权势人物写了信。他在给国王埃塞尔雷德的信函中咆哮道："不列颠国土上从没有过这样骇人的事件，现在我们却遭受异教族的欺侮。"[32]

在接下来的几年里，基督教欧洲国家还遭受了更多此类侵略，很快，恐慌便蔓延开来。使这些攻击更加令人烦恼的，是直到那个时候，人们一直把海当作屏障而非交通途径。阿尔昆在给埃塞尔雷德的信中点明了这一点:"而且,没人想到会有这种来自大海的入侵。"这一信念如此根深蒂固,以至于许多教堂都像林地斯法恩教堂一样,建在三面环海的偏僻半岛上。从另一个角度看,这对维京抢匪来说是绝佳的地点,他们的长船不需要到深水港口就能靠岸,若战斗对他们不利(虽然这种情况大概很少见),他们也可以快速逃脱。

更多的攻击接踵而至。第二年,可敬的圣比德曾居住过的维尔茅斯和贾罗的修道院遭到洗劫。在接下来的那一年,爱奥那岛上的修道院遭到突袭,然后在802年和806年又有两次袭击,致使那里几乎被完全摧毁。在苏格兰的波特马霍默克——现在这里是一个小渔村,然而当时是一个兴旺的教区——人们在挖掘遗址时发现了另一起暴力攻击的线索。除了一层煤灰和雕像的碎片,被发现的还有一块头骨,上面有一道像是被剑劈开的裂缝。虽然无法确定,但人们猜测挥动这把剑的应该是一个古代挪威人。[33]

考虑到维京人凶猛好战的形象,人们似乎很难想象,柔软的毛线会在他们的生活中起到至关重要的作用。事实上,若没有它们,维京人的历史将被改写。直到今天,诗歌赞颂的都是船只和水手战士的浪漫故事,然而毛织面料和制造面料的人是其胜利的基础。20世纪前,挪威水手若要进行三个月的航行,都要带上三套换洗内衣、一件衬衫、五副海用手套、两副普通手套,还有相似数量的紧身裤与长袜。这些衣物大多是用被称作"nålebinding"的钩针编织方法织成的。若财力允许，水手可以格外幸运地拥有一条被称作"sjørya"的精良的水手用厚毯子，每制作一条这样的毯子需要 17 只羊的羊毛。所有上述衣物传统上都是羊毛制成的，需要经常织补修复。

关于维京人为何大爆炸般地离开家乡探索其他地区，很多人提出不同的解释。一些观点认为，制铁量的增长使得他们得以制作更好的工具。另一些观点将原因指向增长的人口、国际贸易的繁荣，甚至全球变暖时期带来的庄稼丰收。还有一种理论聚焦于羊毛本身。随着维京人的旅行和贸易逐渐增多，他们对羊毛的需求也相应变大。更多的船就意味着需要更多的帆和水手服装，也就是更多的织物、更多的绵羊和更多牧场。事实上，织物历史学家利兹·班德·乔根森就认为，对土地、绵羊和羊毛螺旋上升的需求是维京人侵略性地扩张至诺曼底、格陵兰和美洲这些新土地的原因之一。[34]

为一艘常规的维京货船及其船员提供装备，包括船帆、水手的衣物和床品，大概需要超过 200 千克的羊毛和 10 年的劳动。对配有约 70 名水手的大型战船而言，数字则大得吓人，它需要 1.5 吨的羊毛和长达 60 年的劳动。如此巨大的面料生产数量意味着需要大量人力投入工作，其中主要是女性。考虑到一只古斯堪的纳维亚绵羊一年的羊毛产量只有 1—2.5 千克，其中又大概只有 500 克适合制作船帆，因此需要的绵羊数量显然也是惊人的。据估计，制作维京时期挪威舰队的船帆所需的绵羊数量，可能达到 200 万之多。[35]

6

国王的赎金

A King's Ransom

中世纪英格兰的羊毛

林肯绿的衣服

如果我今天死去，那真是可怕的不幸；

因为我不像神父，能背出完整的祷文，

我只会念关于罗宾汉的打油诗。

——威廉·兰格伦，《农夫皮尔斯》，1367—1386 年

关于罗宾汉，我们知道或认为自己知道的一切，都是像被子一样是拼起来的，一片一片地来自叙事歌谣、文学故事，还有其他各种各样的文献，最早的材料可追溯到 14 世纪。他的形象是矛盾的。在一首歌谣中，他是衣衫褴褛的绅士，愿意把自己的收入送给穷人；而在另一首歌谣里，他又将这些财物据为己有。在这一处，他是圣母玛利亚的忠实追随者；在那一处，他又倾心于玛丽安小姐。有时，他在树林中遇到的是国王爱德华，又有时是国王理查。两个相对不变的特点，是他对腐败的僧侣和官员的憎恶，以及他穿着一身林肯绿的服装。

在今天，林肯绿只是一种颜色，但这个名词对中世纪的群众有更重要的意义。林肯是羊毛贸易的中心，以其财富和产出布料的质量著称。伊丽莎白时代的诗人迈克尔·德雷顿曾写过

一首 1.5 万行的诗作《多福之国》描写英格兰和威尔士，其中写道："在从前的英格兰，在林肯染的绿布是最好的。"

在阶级界线异常分明的时期，服装定义了人的身份、职业和社会地位。虽然罗宾汉生活在树林中，但他似乎总有充足的上等面料给有需要的人做新衣服，以此换得赞赏和伪装。《罗宾汉的事迹》是现存最早的歌谣之一，写于 15 世纪晚期，其中小约翰被描写为一个布商，而罗宾汉是最有钱的"英国商人"。这一作品的戏剧性高潮是罗宾汉遇到了意料之外的皇室客人"英俊的国王爱德华"，他请求罗宾汉卖给他 33 码长的"绿色布料"。当罗宾汉答应后，国王和扈从"穿着林肯绿的衣服"骑马进入诺丁汉，镇上的人一开始误认为他们是不法之徒，被吓得够呛。[1]

羊毛和羊毛贸易常常出现于罗宾汉的故事中，正如其出现于这些故事的讲述者和聆听者自身生活的世界一样。一些面料不合理的高价，加上禁奢法令的限制，使得人们只需瞥一眼他人衣着的材质和颜色就能推断出他的阶级、地位，甚至性格。例如，富有而招摇的教士会穿精良的深红色衣服，这是专属于上层阶级的面料颜色。而更为谦逊、朴实的教士可能会穿土黄色的粗布制衣物，这是牧牛人和农民的布料。但衣着不是全由个人喜好而定——1337 年，爱德华三世治下通过的一条法律规定，要限制对奢侈布料和毛皮的进口。这可能是为了刺激英国的面料生产。约 30 年后通过的另一条法律则专门明确了不同社会阶层的服装差异，以矫正"一些人不合自身身份地位的过度穿着"：仆人的衣服不得有金或银线的刺绣；骑士以下的阶层不得购买价值超过 4.5 马克（约 3 英镑）的布料；匠人或自耕农不得穿着丝绸，衣服不得带有任何刺绣。不过，这些法律似乎不起作用，14 世纪末，编年史学家亨利·奈顿仍在抱怨："地位低下的人过于膨胀……在其衣着和物品上……所以很难分辨出……平民百姓和高尚的绅士。"[2]

不管这些法律是否奏效，它们激起的反感却不断躁动着，这种躁动贯穿了罗宾汉的故事，甚至出现在 1381 年农民起义的一首重要打油诗当中："在亚当耕田、夏娃织布之初，谁为绅士，谁又是贵族？"布料可以使人致富，也标志着个人的财富，并进一步表明其在社会中的位置。

主食

> 哦羊毛，尊贵的夫人，你是商人的女神……哦多么美丽，
> 多么洁白，多么令人愉快，你浑身都是爱的刺毛与卷毛，于
> 是那些购买你的人，他们的心灵再也不能逃脱。
>
> ——约翰·高尔，《人类之镜》，约 1376—1379 年

13 世纪，法国北部阿图瓦的一位诗人有这样一句话："往
英国运羊毛。"这类似于我们说的"往纽卡斯尔运煤"*。羊毛是
当时英国最有名的商品，它价格相对便宜，穿着舒服，并且可
以染成多种不同的颜色。羊毛可以单独编成线，织成外套；也
可以和亚麻一起混织成可贴身穿着的内衣。（事实上，当时一
些装饰精美的手册明确写着穿精良的毛织物有益健康。）英国
的羊群为山坡带来了斑驳的色彩。较为贫穷的人家里堆放着各
种处理阶段的不同羊毛货物：上了油的、编成线的、织成衣

---

* 纽卡斯尔盛产煤炭，因此"往纽卡斯尔运煤"为多此一举之意。

服的……大户人家的墙上挂着色彩缤纷的挂毯。港口则满是塞满了羊毛的柔软袋子，等着被运往佛兰德斯、法国或佛罗伦萨。[3]

诺曼人（这个名字反映了其挪威血统）于1066年征服了英格兰。如他们的祖先一样，诺曼人的主要目标之一便是英国羊毛产业创造的财富，但与祖先不同的是，他们有令人佩服的组织性。他们花20年调查了英国所有的定居地，查明各地的羊毛产量，并编写了《末日审判书》。这些工夫没有白费：这些文字巨细靡遗地展现了他们新占领的这片土地的经济地图，说明了他们可从中榨取多少税收。1000年后，他们建造的许多巨大城堡仍矗立着，这些城堡是为了提醒当地百姓谁是当权者。最好的土地被诺曼的男爵和教堂瓜分了，他们立即重新整顿了羊毛的生产方式。

最富有的地主拥有数以万计的绵羊。比如，14世纪初，温彻斯特主教的庄园中有29000只羊。林肯郡伯爵亨利·莱西则拥有13400只羊。虽然有人提出，中世纪饲养绵羊的主要目的在于获得羊奶以制作奶酪，但存留下来的羊毛价目表表明，羊毛也是至关重要的。有最精良羊毛的绵羊每只价值10便士，在当时，这足够支付一个熟练的手艺人几天的工资了；羊毛粗糙一些的羊则价值6便士。

一旦羊毛从羊身上脱离，商人就以"麻布袋"与"粗布袋"计量，两者的差别容易令人混淆。前者在中世纪是重量单位，一袋约165千克；而后者是指为运输重新打包的数量，一般等于或多于一麻布袋。我们已知的一次运输共运送了 113.5 麻布袋的羊毛。当时一只羊身上能产出的羊毛重量在 0.5—1 千克之间，因此这艘船上载有 37455 只羊身上的毛。[4]

在 12—13 世纪，英国有许多地区饲养绵羊，出售羊毛。不同地区之间互争不让，都将自己的羊毛打上品质最佳的标签。一张 1343 年的价目表显示，最贵的羊毛来自威尔士边境；一个世纪后的另一张价目表则显示，此殊荣归于"莱明斯特"。这种地区专业化也延续到毛织物生产上。林肯地区以红色和绿色的织物闻名。"林肯红"颇受追捧，于是这个名字就像如今的设计师品牌一样被人们追捧：在 13 世纪的威尼斯，这是最昂贵、最受欢迎的面料之一。[5]

这一时期，英国有两个产出稳定的羊毛产区：一是南部的科茨沃尔德，另一个是北部约克、林肯和斯坦福德之间的三角地带。事实上，约克地区持续的繁荣很大程度上要归功于其地理位置，因为这里是周边地区羊毛产出的聚集地。这里的商人在农民和通过港口到国外交易羊毛的人之间做中间商，并以此致富。（这两个地区在 13 世纪都遭受了很大冲击，因为北海的海盗将攻击目标锁定在装载了"白色黄金"的船上，这导致贸易商不惜费力通过陆运将羊毛运至伦敦。）

传统上，北部生产的羊毛大多较为粗糙，但随着富有的地主——包括很多西多会的修士——从 12 世纪起在这一地区的地位有所上升，他们带来了更值钱的货物和更节约成本的技术，这使更精良的羊毛得以产出。不过，这里的羊毛质量差异也很大。最优质的约克郡羊毛在 13—14 世纪的价目表上可以排到全国第六，但最粗糙的羊毛就很不值钱了。[6]

在约克郡的奥斯河岸边，有块房屋拥挤的地区叫黄铜门。几个世纪以来，河水渗进附近的土壤中，使得土壤富含泥炭且湿润，因此，埋在其中的一些人工制品得以保存。实际上，在这种不利的气候中，人工制品通常是很容易腐烂的。在 1976 年至 1981 年间对本地的一次挖掘中，人们发现了 6 个世纪的织物制造线索，最早的可以追溯至 9 世纪。在黄铜门进行的挖掘范围为 1000 平方米，深度为 9 米，总共发现了 1107 件与织物有关的制品，这使得考古学家心潮澎湃。[7]

在黄铜门的发掘物中，虽然有少量亚麻出土，甚至也有几条丝线——可能是进口的丝绸或是纱线——但羊毛占绝大部分。其中包括 25 条未经处理的羊毛绺（羊毛会自然形成这样边界明晰的绺），同时被发现的还有来自盎格鲁-斯堪的纳维亚时期和中世纪的 120 件织物和 58 条纱线与绳子。此外，还有为处理羊毛特制的工具，以及去除羊毛上大量寄生虫的工具。这样的分类虽然略显枯燥，却让研究者们有了更清晰的概念，明白货物运到黄铜门后经过了怎样的过程。[8]

大约 2/3 的羊毛是白色的，这证明附近的农场对羊的品种进行了精心筛选。此地白色羊毛所占比例超过了其他任何地方。这一筛选是有意义的，白色羊毛更容易染色，因此更具价值。不出意外，在黄铜门的土壤中也发现了大量的染料植物：

制作黄色染料的黄木犀草、制作蓝色染料的菘蓝、制作细腻而艳丽的红色染料的茜草。在这一时期，英国以染成鲜红色的线闻名。11 世纪时，特雷沃的温里克在一首诗中把绵羊作为叙述者，来赞扬佛兰德斯的绿色布料、莱茵兰的黑色布料和索维亚的红褐色布料，然后，他歌颂了最辉煌的颜色："鲜血、太阳、火焰，都不如你那般鲜红明亮，不列颠，你是我衣服上的红宝石。"[9]

处理羊毛的第一步，就是按等级给羊毛分类。在这件事上，英国人和维京人的做法如出一辙。然而，这里的大量羊毛都是用于出口贸易的，在分类时，经济效益是考量的重要因素。诸如羊毛绺的长度和羊毛颜色都是衡量的标准，羊毛来源也是标准之一。（最差的毛叫作"死毛"，是从死羊身上拔下来的毛。）在不同地区生长的绵羊的羊毛绺长度也不一样，因此可以做不同用途。最精良的羊毛被指定供给奢侈品市场——比如供给佛罗伦萨的织布者和贸易商——稍差等级的羊毛可能会流到伦敦，或被当地的富有商人收购。[10]

面向本地市场的货物，或者商人当时就要变为织物的羊毛，在现场直接处理。首先，羊毛要洗涤，去掉羊毛纤维上面覆盖着的自然油脂和羊毛脂，因为这些物质会抑制羊毛吸收着色剂。若要染色，羊毛将被浸入相应的染缸中，然后经手工重新上油，使其软化。1683 年，一位作家在书中推荐："最好使用菜油，若没有，也可用提炼干净的鹅油或猪油。"[11]

接下来要梳理羊毛，若是短绺的毛就用钢丝刷，若是长

绺的则用梳子梳。这一过程能将打结的纤维拉直，并确保成束
的纤维之间不会过于密集，在纺成线时就更容易拉直。在黄铜
门，人们还发现了一把羊毛梳残留的部分，这把梳子或许能够
追溯至 8 世纪。这把梳子有一个木制底座，上面固定着两排铁
齿，背面则是可以装上木把手的洞，因此整个梳子看起来大概
像一件危险的扫帚。同时被发现的还有超过 230 件纺轮，也就
是楔入纺锤底部的珠子一样的重物，它既可以给纤维增加拧力，
也可以使纤维在被纺成线时平均受力，好让纺成的线不会结块。
这些纺轮中有 56 件是骨头制的，36 件是当地的石头制的。一件
令人难以置信的纺轮来自 10 世纪，它是由一块罗马时代的瓷器
打磨而成的。

羊毛纺成线之后，就可以编成织物了。同样，在决定使用
何种等级的羊毛制造何种面料时，有很多因素需要考虑。比如，
不同的织法会创造出不同的效果，使面料具有不同的保暖性和
不同的耐久性，因此适用于不同种类的服装。这需要制作者对
可能的买家要有了解和预见：若是遇到钱包鼓鼓的客人，编织
者就不应该制作粗纹面料，因为哪怕用的是精良的纯白色羊毛，
也无法使客人动心。制作不同的织物使用的线在数量和重量上
也不尽相同。粗织的面料，如褐色毛料、毯子或毛毯，要用较
粗糙的羊毛纺成的较粗的带节毛线来编织。而超级精良的面料，
比如适合朝臣穿着的，则需要大量使用极为平顺的细线。织完
后，其表面光滑得甚至使人看不出编织的痕迹。制作一段绒面
呢需要 2000—3000 根经纱毛线，每根长约 30 码，制作时间是

12 天。

重锤织布机的主要构造是一根高举的横木，用来悬挂经纱，经纱下面垂以重物，将其拉直。在黄铜门出土了 33 架陶土织布机，但是，更新更高效的织布机也正在逐渐流行，例如踏板织布机或双轴织布机。[12]

织好的布料，尤其是较为精良的品类，还要经过缩绒。这一步骤有多种作用：首先，这能够去掉编织过程中加入的油脂，因为油脂会影响染色效果。同时，这还会使编织后的纤维翻松，并使纤维更紧密，织物也会变得更厚实、不透风，编织形成的网眼也会更不明显。早在古罗马时代，人们就在进行这一操作：人们将织物放在装着尿的桶里或是河中，然后在上面踩踏。这也是最早机械化的加工步骤之一。大约从 12 世纪起，水车代替了人力。经缩绒的织物被放到大型的张布架上，边缘用钩子勾住，确保完成后的产品有正确的尺寸和形状。最后，完成的织物要用起绒机拉绒，将绒毛拉长后修剪，使得成品表面变得光滑。

虽然在这一时期，纺线和编织的工作仍然由女性在家中私下完成，但很快，职业化的作坊生产就变得很常见了。1164 年，一个叫作"约克编织工"的行业协会出现在国库卷档（官方财务记录）中。协会成员薪酬很高，并能直接将自己的织物出口至意大利和西班牙。佛罗伦萨的阿尔贝蒂氏是一户有财富和权势的家庭，他们在 1396 年将家中的三艘船专用于运输羊毛，把羊毛从英国运往托斯卡纳的比萨港口。活跃的作坊或是工厂收费承揽将未经处理的羊毛织成成品织物的部分或全部工序。甚至有这样的案例：工厂主人要求承租者必须使用其工厂。在生产的每个阶段，羊毛都是造钱机器。[13]

白色黄金

我赞颂上帝，并将永远赞颂，

因为绵羊为我赚来生计所需。

——一位羊毛商人的窗子上镌刻的格言，15 世纪

公元 796 年，神圣罗马帝国的第一位皇帝查理曼大帝写信给麦西亚的奥法国王，信的主题是英格兰北部特产的一种大件毛斗篷。"关于斗篷的长度，"他写道，"你按照以前给我们送来的尺寸定制就可以。"令人遗憾的是，奥法国王的回信没有保存下来，但查理曼大帝对高质量货物的确信和期待反映了英国羊毛的名声。这位传奇国王不是唯一一个钦羡英国羊毛品质的人，但他在信中谈论的是"制品"而非"生羊毛"，这有些少见。

事实上，在中世纪的很长一段时期内，欧洲最有名的奢侈品织物产地并非以羊毛的精良品质著称的地区。举例来说，佛兰德斯和佛罗伦萨的织物产业依赖于从勃艮第、西班牙，尤其是英国进口的羊毛。佛罗伦萨的织物产业胃口极大：据当地的编年史学家维利亚尼估算，14 世纪初，雇佣生产者约有三万人。最晚自诺曼征服以后，英国就在向佛罗伦萨运送羊

毛，到13世纪，英国已成为这座城市最依赖的优质羊毛来源。汇票这一当时新出现的金融工具鼓励了这种长途贸易。到14世纪初，佛罗伦萨的商人不再通过中间商，而是直接用汇票从南安普顿进口最优质的英国羊毛。这座本来无足轻重的岛屿借此在欧洲的经济中扮演了重要角色，确保了稳定的收入来源。[14]

羊毛贸易可以致富。13世纪，羊毛的出口量增长至33000麻布袋，麻袋里面装满了羊毛，这些毛来自700万只绵羊，占总出口产品的60%。13世纪著名的商人勒德洛的尼古拉斯声称，他在1274年的出口贸易中所拥有的份额共计1800英镑——这在当时是一笔巨款。羊毛也给赫尔港的德·拉·波尔家族带来了财富，这一家族的威廉后来当上了大法官。甚至皇室也参与其中。爱德华四世在任期间，一直对羊毛产业、商业有兴趣，他雇用了20名意大利工匠教授其英国同行最新的织物加工和染色技术。后来，他用自己的船亲自出口织物和锡。对社会下层的百姓来说，羊毛在经济层面也至关重要：小型房产的业主和租客如果手上没有太多现金，就可以用羊毛来充当部分或全部租金。[15]

通过羊毛累积的财富与权势促成了许多行会的诞生，如布商行会、绸布商行会和定制服装裁缝行会。行会积累声望的方式是监管和惩罚，惩罚如制作工艺不佳或量错织物尺寸这样的行为；行会的垄断地位得到认可后，能确保其成员在市场上不受阻碍。约克郡的羊毛商人行会在爱德华三世的皇家许可下于

1356 年成立，每年平均出口 3500 条织物，其中最常见的是曾在安特卫普的季度交易会上售卖的绒面呢。

行会在社会中有着特殊的崇高地位。行会会员在所有华丽的场合上，如皇家婚礼等，都穿着吸引眼球的服装。爱德华一世迎娶法国的玛格丽特时，600 名行会会员穿着红白相间的制服骑马前行。布商行会的条例中提到，1483 年的制服为灰紫罗兰色布做的长袍和紫灰色的兜帽，1495 年的制服则以交错的深紫红色与紫罗兰色为主色调。这使人想起罗宾汉给爱德华国王提供的林肯绿"制服"。虽然这种想法在中世纪叙事诗中被浪漫化，但并不完全是虚构的：国王确实成了行会的名誉会员。理查二世和他的王后每人慷慨地交了 20 先令，加入了定制服装裁缝行会，并相应地分别被赠予或售予——没有明确的记录——价值 8 先令的几码长的织物，还有一条价值 30 先令的格子呢。国王可以从行会得到充足的资金作为回报。例如，1462 年到 1475 年之间，爱德华四世得到了超过 35000 英镑的借款，是其上一任亨利六世从同样来源得到的款项的三倍。但是，这个数字相较于 1343 年至 1351 年间三家垄断公司借给国王的 369000 英镑，也就黯然失色了。[16]

羊毛贸易所需的金线及其信用投资（获利可达 20%），让财务之轮顺利运转，并成为贸易发展的基础，相关信贷活动不仅在英国发展，更是扩张到了海外。神职人员在羊毛贸易中一般扮演生产者的角色，但有一些——包括约克郡的主持牧师斯卡伯勒、罗伯特·格拉司铎和尼古拉斯·埃勒克司铎——也加入了投资的行列，以获取个人利润。当 1290 年犹太人遭流放时，许多过去与英国有着稳定的羊毛贸易的意大利银行家取代犹太人，做了信贷生意。佛罗伦萨的银行家如同英国的行会，给英国君主提供了大量借款，以羊毛的税收作为抵押。若有拖欠，不论对方是皇室还是普通商人，他们都会穷追不舍：1280 年，班柏里的五个经销商没能还清欠里卡迪银行家的五麻布袋羊毛，便被告上了法庭。[17]

自然，羊毛贸易以及英国臣民在其中积累起来的财富没有逃过君主的视线。当时战火不断，君主正渴求着获得丰厚的资金，于是理查一世、爱德华一世和爱德华三世不时"借用"或直接挪用其治下民众的羊毛，其他多数君主则满足于对其征税。事实上，这种行为是后来的一次宪政危机的主要原因。1297 年，创建了国会的伯爵们——国会这时仍是新事物——主张，国家对羊毛收税过高。据他们估计，羊毛税占了税收总额的一半。"整个群体都受到了羊毛税的重压。"他们写道，然后强调性地重复了一次，"这实在令人不堪重负"。[18]

他们的担心并非多余：皇室对羊毛贸易的干扰可能会带来消极的影响，而事实也的确如此。从 1270 年到 1275 年，亨利三世以一名沾沾自喜的铁腕强人的形象，不断地展现自己细腻的外交手腕，禁止英国向佛兰德斯出口羊毛，以展示后者的经济依赖于英国。在 1290 年代，爱德华一世入侵法国后，增加了国内税收，将大量资金投到国外，导致人民难以取得信贷。结果是，英国出口的羊毛连续三年只有往年的一半，价格也被压低。危机解决后，羊毛及羊毛制品的制造者比商人遭受了更大的冲击，因为出口税夺走了他们大量的利润。1294 年，对羊毛的苛捐杂税达到了每麻布袋 5 马克，这使得羊毛售价提升，而付给制造者的费用被压低。"缴税给国王的，是那些产羊毛的人，"14 世纪，莫城修道院的院长哀叹道，"而不是那些似乎同意了这种税收的商人；因为要给国王缴的税越高，生产者能卖的价格就越低。"[19]

僧侣的衣服

      "哦，兄弟，小心那些蠢人！"他说，"基督也曾提出这样的告诫，称他们为假先知：'他们披着羊皮，内里却是想抢夺人们的野狼。'"

——农夫皮尔斯的信条，14世纪晚期

    西多会于1098年在法国成立，其有两个与羊毛有关的显要特征。第一，他们的成员穿着未经染色的白布制成的服装，与其他教会穿的深色服装颇为不同，因此他们得到了"白教士"的称号。第二，他们喜欢在偏远、少人，甚至恶劣的环境下建造新的修道院。圣蒂埃里的威廉说，克莱尔沃修道院这一地点令他想起圣本笃（本笃教的创建者）居住的山洞："在茂密的树林中，四周环山的一处嶂谷里。"12世纪初建立于英国东北部的里沃兹修道院，被另一位作家形容为"一个恐怖的、孤独凄凉的地方"。这样偏远的地方，往往是饲养羊群的理想环境。而这一活动成了西多会密不可分的一部分，他们在羊毛贸易中也取得了巨大的成功，结果西多会逐渐对土地产生了贪婪的渴望，想获得更多土地以放牧他们的羊群。[20]

西多会迅速得到更多土地的一个捷径是购买那些债务缠身的人的地产，即使这意味着他们自己也要担上债务。他们把在新开发的土地上放羊所获得的收益拿来抵押，结果他们很快就还清了欠债。[21]

在14世纪，佛罗伦萨商人弗兰切斯科·巴尔杜齐·裴哥罗梯草拟了一份生产羊毛的修道院的清单，其中85%是西多会的修道院。并且，他们赚的钱也更多。一方面，这说明了他们牧羊有方——营养较好的羊产出的毛也更饱满厚实——加工处理能力也很强；但更主要的原因还是其经营规模大，巨大的羊群数量使得他们能够大批量地运送羊毛，降低成本。他们也把钱用于生产投资。莫城修道院的第八任院长迈克尔·布兰新建了一座铅皮屋顶的剪羊毛工棚，而其他房屋，根据《莫城修道院纪事》记载，则是用"不受腐蚀的橡木"建成的。在莫城，僧侣的羊毛服装是在院内用羊毛织物缝成的，织物也产自杂役僧侣之手。当然，每座修道院的运作方式和制造标准都不尽相同，但西多会似乎为了共同发展，将关于羊毛的知识和资源在各个修道院之间共享。威尔特郡的金斯伍德修道院格外成功，每年盈余为25麻布袋优质羊毛。1241年，他们从林肯郡的另一所西多会修道院购买公羊，并给斯塔福德郡的德拉克里斯修道院院长以及弗林特的巴津沃克修道院院长赠送了礼物。[22]

羊毛贸易虽然在12—13世纪给西多会带来了财富，但也让他们变得世俗。他们交易越多"白色黄金"，也就离修行上的理想越遥远。认识到这一点后，西多会全体大会*便持续努力控制教会对于羊毛贸易的参与。

早在1157年，西多会就有规定，禁止僧侣们为获利而交易羊毛，但这条规定常被打破，形同虚设。1262年，林肯郡的贸易商们向国王请愿，他们指责西多会进行违法的羊毛贸易，并称这将导致"国王治下的林肯郡陷于贫穷"。他们在请愿书中精明地指出这对国王自己财富的不利之处：国家对僧侣的羊毛贸易不像对俗世商人那样要收取关税。请愿奏效了，至少，国王站在了贸易商这一边。然而，西多会仍然无事般地继续着贸易。1314年，国王又发起了对英国杂役僧侣通过违法贸易获利的调查。[23]

提前售卖羊毛产品这种投机行为也可能导致难堪的结果。1181年，西多会全体大会颁布规定："如有需要，可提前售卖羊毛，但最多只能提前一整年。"1277年，大会试图进一步强化这一规定，却在一年之后被迫让步。羊毛可以提前不止一年连续出售，但要"保证收的钱款只是一年羊毛的价格"。莫城修道院的第十任院长罗伯特·德·斯克雷纳则是一则活生生的教训。他以修道院的羊毛做抵押大量借款，而他卸职之后，他的下一任院长背上了3678英镑3先令11便士的债务。[24]

---

* 西多会所有修道院院长每年的集会。

渴求羊毛的"狮心"

你要自己留心，因魔鬼已经释放。

——法兰西国王菲利普二世
给理查一世之弟约翰亲王的信

罗宾汉的故事常常与另一位和他同时期的英国英雄交织在一起："狮心王"理查。在经典版本中，故事进入尾声的标志是远游的国王从圣地归来，及时阻止了玛丽安小姐被处死，主持了她和罗宾汉的婚礼，并将英国从他弟弟约翰僭越的暴政中拯救出来。

当然，传说经常对不宜深究的细节轻描淡写。理查一世似乎是颇受人民爱戴的——他常被称为"明君理查"——但事实上他绝非一个好国王。比如，他将自己统治时期的多数时间用来打仗。在英国，他把大量精力都消耗在为不断的战争寻求财政资助上。在他的故乡法国阿基坦，他的绰号是没有多少魅力的"是否理查"（Richard 'Yes or No'），因为他讲话极为简洁。理查会三种语言：阿基坦的当地方言欧西坦语、在官方场合以及与外国通信时使用的拉丁语、法语。要想理解自己的英国臣民，他需要个翻译。[25]

根据德国国王亨利六世于 1192 年 12 月 28 日写给法兰西国王菲利普的信，理查的麻烦始于在威尼斯附近的一次海难。船沉后，他只能带着数人在陆地上行进，并且要穿过他敌人占领的区域。在躲过了两次捉捕后，理查国王终于被亨利的表亲，奥地利公爵利奥波德逮到，地点在"维也纳附近一间破烂不堪的屋子里"。亨利六世总结说："他现在在我们手里了。我知道这消息会令你十分高兴。"[26]

本来，理查要在奥地利整整被关押一年六星期零三天。经过漫长的协商，他终于得到同意被释放，但代价高昂得让人无法承受。1193 年 2 月 14 日，理查重获自由的条件在维尔茨堡最终决定：他要支付 10 万英镑，可以分两期付款，并且要出借 50 艘划桨帆船和 200 位骑士，为期一年。这么多钱财可谓天文数字，比皇室两年的收入还要多得多。[27]

支付这笔钱需要非常手段。理查于 1193 年 4 月给妻子埃莉诺写了一封信，恳请她和他的首席政法官们尽其所能。首先，他认为这些人应该慷慨解囊，而且他甚至建议他们去借钱帮他凑够赎金，这样"你们就能给其他臣民做榜样，让他们效仿"。可是，这些人立刻开始对可动产征收 25% 的税额，让各地教堂上缴金银制盘子，并最终盯上了理查最喜爱的宗教组织：西多会。[28]"就连西多会的僧侣，"编年史学家纽堡的威廉记录道，"这些迄今为止从未被皇室榨取过的人，这一次也背负上了前所未有的重担……因为他们不仅被征税，还被强制上缴羊毛，这可是他们主要的生计。"[29]

当理查国王被俘的消息传开后，一个全国性的大委员会派出两个西多会使者前往德国寻找离家的国王。他们成功地在离维尔茨堡不远的小镇奥森富尔特找到了他，国王"友好而欢喜"地迎接了他们，他们告知了国王他弟弟背信弃义的消息，以及法兰西国王菲利普对他的土地的觊觎。

然而，理查国王对资金的需要如此迫切，这压过了他心中一切可能存在的感激之情。刚回到英国，他就又侵占了那一年产出的羊毛。"当我们被德国君王释放后，"他对之后来拜访他的几个主要院长说，"我们一文不名地回到自己的国家，现在将我们最迫切的需求如实相告，为了救急，我们从外国商人那里拿走了你们的羊毛利润。"[30]

西多会教徒们非常生气。编年史学家、约克郡西部的莫城修道院院长默顿的托马斯称，即使在他"贡献了总值 300 马克的金钱和财物，比如羊毛、酒杯等"后，还有更多的财物"以诈骗的方式被暴力夺走，因为他们答应我们会将其归还"。希格登在他写于 14 世纪的历史作品《编年史》中简明扼要地说："白教士和其他神职人员的羊毛都被夺走了。"这确实是一件严重的事：在英格兰的教会里，西多会是最依赖羊毛的。使损失更惨重的是，这批羊毛已经预售给外国商人换钱了。买家自然不会同情他们，因此要是未能按交易提供货物，修道院很可能会背上几十年的债务。纽堡的威廉对国王的做法感到厌恶。"以这种方式,"他写道,"国王在恭维的伪装下掠夺教会人员,使最有名望的修道院陷入前所未有的贫困。"

羊毛是英国金融的发动机。它鼓励人们投机、谋求暴利,并且扩大了信用额度。它在一定程度上也转移了财富,扩大了贫富差距,加速了拥有土地的小贵族的衰落,但同时也为英国在范围更广的欧洲事务上取得了立足之地。举例来说,若没有买卖羊毛带来的财富,狮心理查很可能无法获得如此核心(或昂贵)的地位。因此,羊毛成为他的赎金也就理所当然了。生羊毛的处理、生产和贸易是很多人的主要工作,从个体佃农到行会和作坊,例如奥斯河沿岸的那些机构。羊毛无处不在,一些本来似乎毫不相干的事情都沾上了这些有故事的白色绒毛:虚构的法外之徒的衣服,意大利银行家提高西多会的信用额度,还有为了赎回国王,修道院两年生产的羊毛被充公带来的恐惧。

之后的君主,可能是念及行会和僧侣可能会扩大贷款(也可能更怕下地狱),对他们表现得更为尊敬。1364 年,国王爱德华三世发明了被称为"羊毛袋"的议长座位,这是一把大红椅,里面填充着羊毛,专给上议院的议长使用。这把椅子彰显着羊毛在英国繁荣的过程中的重要地位,至今,这个座位仍有着显要的地位。

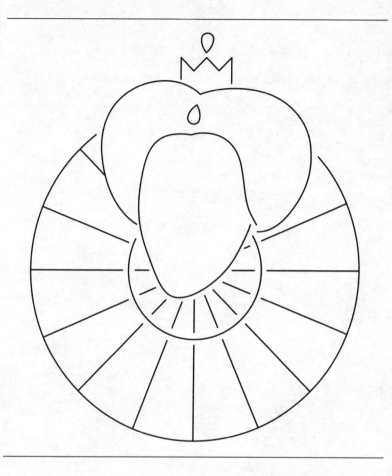

7 钻石与拉夫领

Diamonds and the Ruff

花边与奢侈品

花边女工

先生，希腊语就像是衣服上的花边，每个人都尽可能地追求它。

——詹姆斯·鲍斯威尔，

《塞缪尔·约翰逊传》，1791 年

一个女孩低头看着自己手中的活计，全神贯注。她坐在一个空旷而黯淡的房间里——事实上，周围环境中没有什么东西，看不出这到底是一个房间，还是完全一片空白，而只有她的身影打破了部分的空白。她的裙子是亮柠檬色，头发没有挡住脸，在头顶编成一条辫子，旁边还有两绺卷发。随她的视线看去，她手里拿着一组针和梭子，两者形成一个 V 字，而她正在制作一块花边。这个我们不知道名字的女孩出现在约翰内斯·维米尔晚期的画作中，这幅作品画于 1669 或 1670 年，可能是维米尔献给同属荷兰黄金时代的画家彼得·克莱兹的。这幅作品的名字简洁明了：花边女工。[1]

画作完成两年后，在法兰西国王路易十四入侵荷兰带来的金融崩溃中，画家的事业走向了毁灭。维米尔那些辉煌的画曾经人人追捧，现在却在画室里覆满灰尘，他过去那些主顾的财富都像烈日下水洼中的水一样蒸发了。1675 年，他在一次急病后死去，留下负债累累的妻子和 11 个孩子。[2]

《花边女工》完成于维米尔事业蓬勃的时期，每一个笔触中都流淌着自信。他的那些画布映衬着一个繁荣发展的国家和时代。维米尔一生中大部分时间都在代夫特度过，那是镶嵌在海牙和鹿特丹中间的一座小巧的城市。在 17 世纪，贸易热络，商人熙来攘往，到处都是代夫特陶器工厂和挂毯工坊。这幅画是维米尔尺寸最小的作品之一，只有 24 厘米高、21 厘米宽，但 1870 年在卢浮宫第一次展出时，一位 29 岁的画家被其深深打动。奥古斯特·雷诺阿向每个愿意听的人宣告，这是世界上最美的画。[3]

这幅画的用色在很大程度上符合维米尔偏爱的珍珠灰、黄色和蓝色的三位一体。（他的另一位崇拜者文森特·凡·高曾写道，这些颜色"是属于他的特色，正如黑、白、灰、粉是委拉斯凯兹的特色"。）它是维米尔 1669 年至 1672 年间创作的系列画作之一，这些画以柔和的笔触表现了投入在简单家庭事务中的女性。[4]

当时的人会将此画视为对女性美德的论述：针线活被认为是女性的正当工作，可以让她们待在家中，有事可做，远离麻烦。稍早些时候，荷兰另一位风俗画家卡斯帕·奈特斯科处理过相同的主题，他用了更多符号再三强调何为符合品德的工作。在他的画中，年轻女性再次坐着制造花边，沉浸于工作。她转身背向观众，脸略微隐藏在阴影之中。靠在墙上的扫帚暗示着家务和整洁的家庭，她脚边的蚌壳暗示了安全的环境，扔在一边的木底鞋说明她没有出门的意图——她满足于待在自己天然的范围之内。[5]

维米尔省略了这类颇具寓意的道具。他画中的对象距离观看者很近，偏离正面的角度只有 1/4，但对注视的目光浑然不知。画面中有好几层景深，而维米尔成功地将我们拉至中间。女孩前面，处于最前景右手边位置的是一张桌子，盖在桌上的毯子垂下的部分折出一长条褶子，桌面上放着一个蓝白相间的针线包，针线包打开了一个缝，里面露出纠缠的鲜红色和白色缝线。画家对这些散落的线以及金色与红色纹样的毯子进行了柔和的失焦处理，使观看者的目光落在画作极为清晰的中心：女孩熟练操作梭子的双手。维米尔对光的运用加强了这一效果：高光落在她左边肩膀处的亚麻领子上、她左边的额头上、她的鼻子上，还有沉着而精巧的手指上。

这幅画的尺寸、画中充满了有趣物品的前景以及角色对手中任务的专注，共同营造出了一种使观看者不由得探身凑近画布的氛围。

《花边女工》也可以被阐释为一则工艺沉思录，也是对创造力的思考，人类竟然以最为普通的素材编织出那么美的事物。说到底，亚麻花边的起源是撒在土地里的普通种子。然而它成了奢华装饰性面料的最佳例证：这种面料没有其他功能，只是为了彰显穿着者的地位、品位和财富。它不能保暖，并且极为精密，很容易被勾住、扯坏，穿的人若不小心，可能会被搞得很狼狈。然而，欧洲社会——不论男性还是女性——沉迷于这种浮华的面料，以至于身上不佩戴花边的人会招致议论。其流行程度和昂贵的价格导致花边制作成了获得名望的途径，并将大量劳力投入其中，以至于每当花边生产和消费出现起伏，国家之间的外交关系也可能会随之变得紧张。

空中的针脚

我认为花边是对大自然最美丽的梦幻的模仿之一……我不认为人类其他的创造物会有如此优美、纯粹的起源。

——加布里埃·香奈儿,《插画》杂志,1939 年

如果我们能够打扰一下维米尔画中勤勉的花边女工,问问她,她所掌握的工艺是什么时候发明的,为什么人们对花边这样着迷,她可能很难答得出来。花边并非凭空出现,而是逐渐演化出来的,所以要确定准确的起源时间不太可能。基于相似的原因,也很难定义花边是什么。如果像有些人那样,称之为"不使用纺织的方式,而使用针和线或使用梭子上的线编织而成的面料",就意味着针织物和编结流苏也属于花边。花边最早的雏形可能是方形网眼花边,这是一种用针或梭子织出的方形网眼。这种针法在古代就已出现,但到了 16 世纪,人们开始在上面加入刺绣,以形成需要的几何图形或明显呈花边式样的图案。花边真正的前身是刺绣(在 15 世纪,欧洲人开始越来越多地用刺绣装饰其喜爱的精良亚麻布的边缘和缝合处)、金银线穗边,以及用穗子或绳子制作的镶边。[6]

花边的演变，可以从一团杂乱无序的术语看出端倪。15 世纪时，有些人曾使用"花边"一词，但指的应该是绳边，而非真正的花边。随着"花边"这一术语的逐渐确定，也就比较难以用其他术语套用，但只通过术语来看这一过程也是不明智的。一个例子是 16 世纪英国皇室衣服的装饰：玛丽一世和爱德华三世穿戴的"金色饰边"和"饰边绸带"应该都是穗带，而 1553 年官务大臣记录中提到的"金色镂空的装饰花边"应该是真正的花边。到了 16 世纪中期，花边成为无论男女的华丽服装上不可或缺的一部分，并且这种风尚神奇地在整个欧洲蔓延开来。[7]

最初，花边一半是专业的针线工制作的，一半是掌握了技术的业余人士做来自己用的。留存下来的花边图案书最早可追溯至 1524 年，上面展示了女性可以参考的花边设计，而整开的设计指南可能更早就有出版。阿德里安·波因茨在 1591 年写道："这些工作主要由淑女们完成，是打发时间和修养品德的活动。"大多数花边女工应该系统地学习过这项手艺，至少那些大批量制作、公开售卖花边的女工肯定是如此，她们或是向家人学习，或是通过观察别人做活来学习。不过，上述的指南书在不同的花边样式和风格的传播扩散上应该起到了一定作用。例如这本书名"极具吸引力"的书《妇女装饰品及妇女的剪切缝制指南》，作者是马修·帕加诺，1542 年首次在威尼斯出版。这本书在欧洲各地重印了约 30 次。不过书中几乎没有技术方面的指导，因为似乎人们理所当然地认为，购买本书的人已经精通了缝制极其复杂的图案所需的针线功夫。

事实上，针线活是少数各个阶层的妇女都被鼓励从事的工作。苏格兰女王玛丽一世和法国王后凯瑟琳·德·美第奇都以喜爱做针线活闻名。后者的财产中包括其亲手制作的几千条带有精美刺绣的方形网眼花边，其中一些是床饰成品。[8]

这些花边使用的原材料通常是精良的亚麻线。在几乎所有16—17世纪的肖像画中，人物颈部和腕部穿戴的珍珠白的花边都是亚麻制成的。虽然也有其他材料，但亚麻花边是最容易完整留存下来的。

到了17世纪中期，用丝线而不是亚麻线制作的黑色花边变得非常时髦。白色花边追求的效果是花边与衣服其他部分的面料要有强烈的视觉反差，黑色花边则常常用于搭配同样深色的面料，只有仔细观察才能发现细微的材质差别。这种效果可以在1620年左右科内利斯·凡·德·沃特给劳伦斯·雷阿尔绘制的大幅画像中看到。画作完成于画家去世前不久，现在展于阿姆斯特丹的荷兰国立博物馆。

给劳伦斯·雷阿尔画像是科内利斯·凡·德·沃特接手的一项重要的委托案。那时，雷阿尔刚卸任为期三年的荷兰东印度公司总督一职——这是当时最具影响力的职务——回到荷兰。这幅画像是对其凯旋的精心描绘。凡·德·沃特被选中，可能是因为他擅于绘出质地豪华的衣服。雷阿尔显然精心打扮了一番。他穿戴着优雅的花边袖口和名为"á la confusion"的拉夫领，这种款式与通常呈SSS型结构的款式不同，有刻意的不规则的褶皱叠层；而他马裤膝盖处的后面有一小块金色的花边。他的马裤和上衣都是用富贵闪亮的面料做的——可能是丝线——上面装饰着带有纹理的黑色花边或饰带。黑色花边被广泛用于17世纪的衣服和室内装潢中，1624年，著名的安妮·克利福德夫人的丈夫多赛特爵士甚至在自己的遗嘱中提到了他用来装饰单人沙发的"绿色和黑色的丝制花边"。但是，黑色花边常常被现在的人忽视。部分原因在于黑色花边在画像中显得不够突出，但另一个更为朴素的原因是，留存下来供研究的黑色花边很少。将丝线染成黑色的媒染剂是酸性的，这使其在大多数环境下更易破碎，并最终完全解体。[9]

然而，16—17世纪的另一种抢手的花边就不太有易碎的问题。使用细金属丝线来制造复杂的装饰性网眼，这一想法其实由来已久——荷马在《奥德赛》中就生动地描绘过"金丝网制的面纱"——但到了某一时期，金属制的花边变得流行，因为有人希望自己身上的花边能够更引人注意。[10]

1577年，法兰西国王亨利三世想寻找可以恫吓议会的方法（议会是由其几组臣民集合形成的立法和咨询组织），他在一次会议上出现时，穿着4000码长的金制花边。女王伊丽莎白一世的衣橱也一定充满了这种坚硬的物品。她买了许多金属花边，并且大量使用：一件简单的衬裙上面也镶上了八码长的金线和银线。金线和银线制作的花边非常昂贵，因此成为皇室和最富有的贵族的最爱，而社会阶层更低的人可能只能姑且使用黄铜制造的花边。[11]

当时的"道德家"们对所有的花边都持反对意见，将其视为虚荣的象征，而他们格外痛恨的就是金属花边。菲利普·斯塔布斯于 1583 年在伦敦写下言辞激烈的《恶习流弊解剖》，在文中痛批——他的态度似乎介于厌恶和羡慕之间——拉夫领上面"塞满了金、银或丝制的花边，价格十分高昂，并且点缀着太阳、月亮、星星和许多其他造型，看起来非常奇怪"。[12]

和黑色花边一样，金属花边留下的样本很少。虽然这些贵金属很难被腐蚀，但是人们常将它们熔化重铸。在法国，这种花边曾被彻底禁止过，因为国家亟需金属来制造钱币。塞缪尔·佩皮斯事业的成功反映在他购买越来越奢侈的花边上，他在 1664 年 8 月 12 日星期五的日记中写道："去银匠斯蒂芬那里换掉一些旧的银花边。"经推测，他应该是要用花边换钱，因为他的下一站是去"买新的丝制花边，缝在衬裙上"。[13]

花边一直都是一种奢侈品，被用来彰显财富、品位和地位。其作为社会阶层符号的价值，体现在其精致、费工、昂贵的特性之中。因为花边可以非常直接地表明地位，故而其穿戴受到法律的规范，以防平民借此假扮成更高阶层的人。1579 年，英国发布了一条公告，禁止"阶层低于男爵、骑士及女王陛下宫廷人员"的人穿在英格兰之外制作或加工的拉夫领。在威尼斯，犹太人居住区的居民所能穿戴的白色针织花边、金银线花边或任何梭子织成的花边，都不得超过四根手指的宽度。[14]

亚麻作为一种植物，其种植和加工都是困难且费时的。亚麻纺线、编织需要的高超技术，若要得到质量最好的成品就更

183

是如此。奢侈品从制作到消费是一个持续性的轨道，花边也在这个轨道上运行。被用于制作花边的珠光色亚麻线有几英里长，并且无论设计还是加工都需要完美、灵巧的双手，深谋远虑的头脑，还要对数学相当敏感。在维米尔的画中，我们能看见5根梭子，但最复杂的花边制作需要用到600根之多。工人要有一丝不苟的规划，才能确保在整个的图案制作中一直有足够多的梭子可以使用。[15]

对于花边，人们渴求的特点是轻盈。孔眼使得花边下面的面料或皮肤得以被看见。最初，这是通过挖花刺绣或抽线刺绣实现的。挖花刺绣是指用锁针在亚麻布上织出一块图案，然后把图案中间的布挖掉；而抽线刺绣是指将织好的布上的纬纱去掉，然后将剩下的经纱编成图案，再用刺绣装饰。然而很快，人们开始渴求超越这两种手法的更轻盈的花边出现，于是佛兰德斯和意大利的精工巧匠们——关于起源地之争一直没有停过——开始从相反的角度思考问题。也就是说，不是通过抽出部分线或剪掉几块来去掉部分面料，而是从零开始，一针一针把图案织出来。[16]

概括起来，有两种制作花边的方法：使用梭子或是使用缝衣针。前者与制作金银饰带，即正规场合下的军服上那种装饰镶边，有很大的相似之处；后者则是直接从刺绣发展而来的。梭子编的花边通常是在一个图案上面直接制作，在这一时期，图案通常画在羊皮纸上，然后被固定在一个结实的枕头上，以保持图案在制作过程中是拉紧的。（在《花边女工》中，我们可以看到图案的印花以粉红色的粗线条勾勒，放在她双手放置的天蓝色缝纫垫上。）图案上会有一系列作为花样标记的小孔，用以说明为了编出花边针脚必须要在的位置。线被缠在一对对木制小纺锤或梭子上，依照图案被编、拧、系、织在一起。进行到一定工序后，要在小孔处扎上大头针，将针脚固定住，再开始下一组线的编织。图案完成后，再把大头针撤掉。而针绣花边，顾名思义，不是用梭子而是用针缝出来的。花边女工同样要依靠羊皮纸上的图案制作针绣花边，但花样不是用穿孔来体现，而是画出来的。针绣花边先用较粗的线勾勒出轮廓，然后在其中用一排排分离的锁针填充。一种意大利早期的针织花边叫"Punto in aria"，这个名字直译过来就是"空中的针脚"。[17]

这两种花边及其生成的多种变体对时尚和需求的各种怪念头反应十分迅速。若是上层社会为某种古怪新样式的花边着迷，欧洲的各个地区就都会去制作、完善这种样式，而结果很可能是新宠突然出现，不过如果这种样式不再流行，制造商因此遭受损失。在 16—17 世纪间，花边式样从平淡的几何图案转为颇具风情的巴洛克风格。买家还可以自己选择具特殊意义的符号或文字来制作花边。例如，1588 年制作的一张床罩上装饰有一个塞壬的形象，她正在梳头发，注视自己在镜中的影像。上面还有一行文字作为装饰：Vertu pas tout，意思是"贞洁不是一切"。这张床罩很可能属于某位高级妓女。[18]

即使不知道拥有者是谁，用如此华而不实的材料制作的袖口、内衣、家居织物无疑都标志着财富。首先要把这些花边买到手，而花边还需要保养和更换，这就意味着要有一丝不苟的用人。在那样一个时代，洁净和光鲜是只有少数拥有巨额财富的人才享受得起的美德。举例来说，乔治王朝时期的英国，体面意味着每天都有干净的亚麻衬衫，而这需要大量的劳力和雄厚的财力。在 16—17 世纪，肥皂是一件奢侈品。欧洲大陆精美昂贵的肥皂是用植物油制作的，而英国的普通肥皂是用提炼过的牛油等动物油脂做的，这也是蜡烛的原材料。所以，为了防止动物油蜡烛变得太贵，肥皂的税额被定得很高，这使保持花边的洁净变得极为困难。1753 年，一位牧师为继母和继姐妹的登门造访十分发愁，因为她们将增加大量的洗涤工作。"虽然她同意自己雇洗衣工并购买肥皂，"他写道，"然而煤块（尤其在我们这儿）也是贵重的商品……除了持续不断的大惊小怪，她们还带来了需要烘干的湿衣服。"[19]

全无用处的花边在当时饱受诟病。17 世纪的英国作家托马斯·富勒将其称为"一种完全多余的穿戴，因为它既不能遮体，也不能保暖"。不过，表达过这种观点的人自己还在继续穿戴花边。花边在马裤和在时尚的裙子上同样常见。毕竟，富勒也承认："它能起到的作用就是装饰。"[20]

拉夫领外交

让开！我们正遭受超乎寻常的紧急事件！没有开玩笑的
时间——花边危在旦夕！

伊丽莎白·盖斯凯尔，
《克兰福德镇》中波尔小姐的话，1851 年

1660 年代中期，法国财贸大臣让-巴普蒂斯特·柯尔贝尔
面临严峻的问题：他辅佐的国王及其宫廷的铺张浪费已经威胁
到国家的财务状况。如今"太阳王"路易十四已成为豪华铺张
的代名词，这并非是没有理由的：他童年时遭受政治动荡的伤
害，有过几次羞耻地从巴黎逃离的经历，而他大部分时间又完
全沉浸在母亲热烈的关爱中。可能正是这种溺爱和不时的恐惧
交杂，塑造了国王在完全掌握王权后的口味。例如，他那位相
处了十年的情妇，金发、智慧且极能生育的蒙特斯潘夫人阿泰
纳伊斯·德·罗什舒阿尔，得到了凡尔赛的一套公寓，与他的
王后在同一楼层。此外阿泰纳伊斯还得到了一座城堡。（在可笑
的开支上，她的表现也不遑多让。她曾雇佣园丁种植了 8000 朵
郁金香，只为了一次性的季节性景观。）[21]

自然，这一铺张行为也表现在对花边的购买上。路易喜欢一种被称为"拉巴领"的领子，它就像两块在下巴下面打了个结的长方形的布。穿这种领子时还要搭配相应的袖口以及"朗葛拉布"（一种非常宽大松垮的马裤，在膝盖处堆成褶）或"卡尼昂"（在膝盖周围穿戴的小花边）。国王对花边的兴趣不仅限于穿戴：一份1667年皇室物品的详细目录记载，他经常在凡尔赛宫的运河上乘坐游船，每一艘船的小亭子上都盖着半透明的花边帘子。[22]

站在柯尔贝尔的角度，问题在于这么大量的花边几乎都是从威尼斯进口的。威尼斯提花是最早脱颖而出的花边款式之一。它从巴洛克美学发展而来，特征是厚重的涡卷形图案，有时会融合东方的花纹，如石榴图案。然而，真正令其变得特别的，是一些装饰图案会使用较粗的纱线的纱心，用扣眼编织法反复缝制镶边，营造出豪华的三维效果，与其他地区生产的任何花边都大不相同。它成了17世纪中期欧洲最昂贵的花边样式，胜过了更为精致富贵的佛兰德斯花边。[23]

太阳王每一次大批购买威尼斯提花，无疑都增加了自己的时尚威望，但柯尔贝尔认为这些钱若花在法国制品上会好得多。问题是，法国确实有一些花边制造中心，尤其是北部的诺曼底附近地区，但它们没有形成一种明确的风格，因此销量不大。然而，柯尔贝尔是一个行动派，1665年8月5日，他宣布在多个法国小镇，如阿拉斯、兰斯、蒂耶里堡和阿朗松等地建立各类针线制品工厂，用针或在缝纫垫上制作威尼斯式的花边。他号召皇家设计师和画家创作原创图案，仅让法国皇家工厂制造生产。他宣布，这种新的法国花边将被称为法国提花。[24]

光是这一点已经足够惹恼威尼斯政府了，因为对他们而言，花边是重要的贸易收入，但柯尔贝尔没有止步于此。他鼓动意大利和佛兰德斯的针线工人移民法国，以保证给他们公民身份作为诱惑。他也和驻威尼斯的法国大使保持密切的联系。因为外交关系已变得非常敏感，所以他们的大多数通信是用密码写成的。然而，那些没有加密的信向我们揭示了法国如何谨慎地一点点"窃取"威尼斯花边制造业的细节信息，比如生产水平和价格等数据。换句话说，这是政府认可的商业间谍活动，而威尼斯不会对此善罢甘休。威尼斯立刻发布制裁方案，命令那些被柯尔贝尔诱惑的人不要接受他的条件，已经移民的人也得立刻回国，违者以叛国罪处死。

但是，为时已晚。几年之内，法国的花边工人已经形成了自己独特的风格，他们的产品比威尼斯提花更素雅和工整，并充满指向路易十四的符号：太阳、向日葵、百合花和王冠。柯尔贝尔宣布扶持本地花边产业七年后，一位专门交易威尼斯提花的商人的货物清单中便多了柯尔贝尔花边，并且这是他最昂贵的货物之一。这种花边很适合法国宫廷，尤其是路易十四本人的品位。仅 1666 年 7 月一个月内，路易十四就购买了价值18491 里弗的法国提花。科尔贝尔眼见国库不断充盈，一定颇为欣慰。[25]

法国和威尼斯 1660 年代末的花边战争并非唯一一桩由花边导致的国际纠纷。1662 年，一项 30 年前就已通过的法令被再次强调，这条法令规定，禁止"在英国销售或进口……用线、丝或其他任何材料制作的外国梭结花边、挖花花边、流苏、纽扣或刺绣"。查尔斯二世此时刚经历了流亡法国的贫穷窘境，因此拒绝被自己曾颁布的禁令限制，他规避的手法是特许一位商人进口令人梦寐以求的威尼斯花边。商人对君主偏爱的回报，是对他收取高昂的费用。在 1668 年 7 月 2 日的一笔花边订单中，国王就被收取了 808 先令 1 便士，其中包括每码 32 便士的"精美威尼斯提花"。[26]

　　意大利、荷兰和法国制造花边的城市和地区，竞相推出新的花边设计。这样的竞争就像一台发动机，驱动着时尚、技术和创新的不断变化，但同时也为文化、政治和民族主义思想的挥洒提供了画布。例如，17 世纪初期，佛兰德斯的小镇是欧洲最繁荣的地区之一，这要归功于 1602 年他们成立了东印度公司。佛兰德斯花边是当时最为流行的，而其中就充满了在荷兰文化中具有特殊意义的自然花卉图案，如康乃馨、水仙和郁金香等；法国的花边则更多带有关于太阳王的图案。

　　花边消费也存在明显的差异。费恩斯·摩利逊是一位来自林肯郡的绅士，他在 1590 年代游历了欧洲大部分地区。来到波兰时，他记录道：那里的女王生于奥地利，却有着"德国贵族女性的装扮"。她的新同胞们看上去则非常奇怪，因为他们"没有穿戴拉夫领或任何的亚麻领子"。而在瑞士，摩利逊观察到，因为大多数居民都是商人，因此他们的穿着较为简单，都是"素色的衣服……配以一点花边装饰"。

意大利人在拉夫领上从来不像英国人、法国人、西班牙人那样投入巨大的热情，将拉夫领越做越大，以至到了南瓜般大小。最大的拉夫领像画中的圣光一样，在整张脸的周围膨胀开来，而这是展示格外精致的花边的完美方法。为了尽可能地展现花边的优点，以及避免它们因为重量而下垂，人们制作了支撑用的金属丝框架，从而更好地展示出花边对袍子或紧身上衣的衬托效果。[27]

多层且相当厚的拉夫领引发了一个问题：因为制作它们需要极多的花边，因此只靠女士们居家制造的花边无法保证持续的供应。到了16世纪的最后十年，花边成为服饰商买卖的常见货物，货物的来源是作坊、女修道院、孤儿院，以及跨国贸易商。尼古拉·德·拉默森1695年的版画作品《亚麻商的衣服》让我们大致了解到，消费者们面临这些选择时是怎样的情况。画中的人物是一位女性，也就是标题中的亚麻商，她戴着很高的褶边帽，站在店里看着画外的观众，就像看着受青睐的顾客。然而，一个有些超现实的笔触是，她的身体完全被货物占据了，几乎无法分辨人与货物的边界在哪里。她的连衣裙上身有几个抽屉，每一个都贴着一种花边的标签：佛兰德斯花边、梅希林花边、拉巴特花边、荷兰花边。她的身体和柜子下面是一张桌子，上面有更多的花边，是勒阿弗尔产的，被塞在一堆亚麻长袜和裙子中间。

法国的花边工人要感谢柯尔贝尔使法国提花成为欧洲最时尚的花边式样。然而不幸的是，柯尔贝尔的继任者对此远远不如他那样上心。法国提花的发展毕竟比较短，没有悠久的名声支撑，因此当柯尔贝尔的诱惑和鼓励措施被阻断后，它很快便陷入困境。1685年，《枫丹白露诏令》的颁布带来了关键一击，这条诏令撤销了近100年前颁布的《南特赦令》对胡格诺派新教徒的宗教保护。胡格诺派在花边产业中起到至关重要的作用，所以当大批人离开并带走了技术时，法国的花边生产无疑遭受了致命一击。光是在诺曼底，花边工人的数量就直接减半。[28]

　　其他国家也有各自的难题。在意大利，尤其是在威尼斯，给予花边产业支持的是富有的客户和本地修道院修女精巧的手指，这些女工的薪酬相对较低，因为她们无须操持家务或照顾家人。佛兰德斯的花边工人未能逃脱经济冲击的影响。那场重创了维米尔的经济崩溃，使佛兰德斯技术最为高超的花边女工也陷入深深的困境之中。[29]

穿戴得体之道

但是，正在为阿朗松公爵和奥兰治亲王服丧的女王穿着黑天鹅绒裙子，上面有银线和珍珠做的装饰。她在礼服外披了一件银色披肩，披肩上面满是网眼，就像蛛丝薄纱一样透明。

——卢波尔德·冯·韦德尔，1585 年 12 月 27 日

1593 年，英国财政大臣约翰·福特斯克爵士接受了下议院的询问，主题是女王伊丽莎白一世的开支情况。"至于她的衣服，"他说，"是高贵而豪华的，这符合她的身份，但绝不是奢侈和过度的。"在执政时期，伊丽莎白因衣物的数目和品类之多已变得声名狼藉，但事实上，她与同时代的人如玛丽·都铎、阿拉贡的凯瑟琳和克里斯蒂娜·德·洛林是站在同一条火线上的。衣服是很关键的社交"词汇"：欧洲小国的王后处在更具权势和财富的竞争者的注视之下，因此需要扩充自己的"词汇量"。花边就像雄辩家的言辞，提供了颇具说服力的决定性的修饰。[30]

诚然，伊丽莎白一世确实拥有数量可怕的花边。在尼古拉

斯·希利亚德著名的画作《鹈鹕肖像》中，这位女王身上覆盖着蜘蛛网般的花边。她带有黑色刺绣的亚麻衣袖和上胸衣（一种抵肩或胸襟，可以盖住领口）上，镶有细细的条形金花边。金花边的边缘又有着黑色的针织花边。她的袖口和拉夫领上有精良、细致的挖花花边。希利亚德为了表现这些细节费了很多工夫：在斜射的强光下看这幅画，可以清楚地看到他处理花边时，特别强化了白颜料的厚度，营造白色微微凸起的效果，就像叶片背后的叶脉。

在画家吉拉特于 1592 年伊丽莎白女王绘制的肖像中，她穿着白色长裙和斗篷，这些衣服十分坚硬，因此她看起来不太像人类，反而像是某种苍白、怪异的乌鸦。她脖子周围的超大号挖花花边拉夫领，增添了更多非人类的效果，进一步扭曲了她的身体比例。此外，这种风尚也成了那些乐于抨击奢侈服装的英国人的目标。菲利普·斯塔布斯在《恶习流弊解剖》中写道："那些巨大而夸张的拉夫领，有些有 10 厘米高，有的甚至更高。"很多人认为，不仅拉夫领本身是不道德的，而且占用了太多时间和心思，有这些时间与心思，还不如去祷告。托马斯·汤姆金斯 * 在 1607 年抱怨道："比起给一艘船装上帆所需要的时间，一位女士打扮用的时间要长得多。"[31]

伊丽莎白一世拥有的花边当中，很大一部分是由爱丽丝·蒙塔古提供的。爱丽丝是伦敦的一个制丝女工，同时也销

---

* 托马斯·汤姆金斯（Thomas Tomkins），生于威尔士的作曲家。

售精良的亚麻布。举例来说，在 1576 年的天使报喜节 *，爱丽丝为女王提供了一份物品清单，上面列出的物品达 45 件之多，包括 10 盎司的"金银制威尼斯花边"。在接下来的六个月中，女王买了更多的金属花边。米迦勒节的购物清单则包括 6 磅 1 盎司"精美的威尼斯手工花边"、27 磅"梭结花边，与各式各样的威尼斯金银制花边"。[32]

花边还是很受欢迎的礼物。臣民和侍从会送给女王大量花边或饰有花边的衣服来讨她的欢心。例如，1578 年的新年，伊丽莎白一世收到了"上等细棉布制的靠垫套面料"，上面绣有白色的树枝图案，边上是皇冠图案的白色梭结花边。第二年，林肯伯爵夫人送给她一件长斗篷，这件斗篷是紫黑色的天鹅绒做的，"边上饰有一圈威尼斯的银制绷子刺绣花边"。或许最奢华的例子还要属女王 1584 年来到肯纳尔沃斯堡时收到的礼物，为了表达对她的尊崇，人们以惊人的手笔重新装潢了一间套房。"杯子里面插着五根彩色的羽毛，上面装饰着梭结花边，并缠绕着金银制的线；杯子外面包裹着金线、银线织成的套子；床架饰有深红色丝线，床帘则饰有条形的金银制梭结花边。"[33]

拥有这种品位的并非女王一人。她最大的对手——苏格兰的玛丽女王，在 1579 年上断头台时就穿戴着白亚麻制的梭结花边。20 年前，另一位王权的叛徒托马斯·怀特爵士被砍头时戴着"天鹅绒的漂亮帽子，上面有大片的镂空花边"。而法国

---

* 即 3 月 25 日。

时尚的引领者桑马尔斯爵士在 1642 年被斩首后，留下了超过
300 双饰有花边的靴用长袜。当时的人对于花边细节的敏感程度
可以从这件事上看出：一位年轻的贵族女性萨拉戈萨与画家迭
戈·委拉斯凯兹之间产生了争执，因为据她说，画家没能准确
地描绘出她领子上花边的品质——那应该是"极小的佛兰德斯
花边"。[34]

弗兰斯·哈尔斯的《大笑的骑士》[*]在很多方面都是一幅耐
人寻味的画。因为画中描绘的男人既不是一位骑士，也没有在
大笑。这位面色健康红润的男子 26 岁——他的年龄和画作完
成的时间 1624 年都在这幅肖像上标明了。他的胡子无法抑制
地往上翘，正好沿着他双颊饱满的线条延伸。同时，他的嘴唇
和深色的眼睛微微倾斜，好像正在回味自己刚刚讲过的一个非
常得意的笑话。这位青年满意的不仅仅是自己的智慧。他的衣
着——从他巨大的黑帽子到蓬松的拉夫领，再到满是刺绣的上
衣，衣袖有几处开叉正好展现底下精致的花边——透露出他的
财富、地位和虚荣心。但他绝不是那个时代唯一一个为自己穿
着上的派头感到骄傲的男人。事实上，虽然现在人们常将花边
与女性联系在一起，但过去穿戴花边的男性要远远多于女性。
在 16 世纪末和 17 世纪，男性习惯在脖领处和腕部穿戴花

---

[*] 画作在国内常被译作"微笑的军官"，此处为呼应下文按原名 The Laughing
Cavalier 直译。

边。这一风尚得以发展，是因为男性服装提供了更多的展示空间，尤其是在 17 世纪中叶。比如，在盔甲外穿戴花边衣领也是一段时期的风尚。用铆钉连接的闪闪发光的金属外面，包着精美的亚麻，这种效果一定非常震撼——凡·戴克在当时的一些肖像画中呈现过这种画面。当拉夫领退出时尚的舞台后，人们穿起了带有精致针绣花边的超大平翻领。花边还可能从靴子的顶端冒出来，或者从马裤、大衣、紧身上衣的缝线处冒出来，甚至在护膝流行时，花边还会作为膝部的细节装饰出现。男性对花边的热衷影响了花边描绘的主题。一块留存至今的领巾，其末端花边上包含了艺术化的军事意象，如军鼓、旗帜、大炮和两个吹着胜利号角的天使。据说这条领巾曾经属于路易十四。[35]

在海峡另一端，詹姆斯一世在缝纫上的奢华要求甚至超过了他之前那位女性君主。伊丽莎白一世在任最后四年在服装上的花费是 9535 英镑，而詹姆斯一世掌权的前五年，每年的此项支出高达 36377 英镑。其中很大一部分花在了花边上。1613 年，他把女儿伊丽莎白嫁给巴拉丁选帝侯时，给锦衣库发了一张授权书，要"698 盎司带亮片镂空梭结花边，467 盎司金银接缝花边，38 盎司金银系带花边……"这份冗长的清单总共列出了超过 1100 磅的花边。

花边时尚并不仅限于王室男人。1590 年代，柏克莱勋爵和他的裁缝展开了一场激烈而漫长的诉讼，勋爵称裁缝骗了自己，在衣服上使用的银制花边远远少于汇报的数量，并将其中的差额中饱私囊。（事实上发现问题的是一位用人，他发现账单中的花边数目要比实际的多出"80盎司"。）1632年，人们发现查尔斯一世在花边和细亚麻布上每年要花掉2099英镑：数目曝光后激起了众怒，并最终导致国会计划削减皇家服饰的开支，这使得君主闷闷不乐。（事实上他没必要发愁：计划最终并没有完成，并且这位国王很快就被砍了头。）保皇派的反对者虽然也坚决表示要简朴着装，却也难免跟风。奥利弗·克伦威尔在1658年去世前，下令说他的画像要把他身上的疣也真实地画出来，然而，他下葬时穿着的是镶有昂贵的佛兰德斯花边的衣服。[36]

花边工人

技与艺合奏一缕丝线的主旋律。

——托马斯·富勒,《英国名人史》, 1662 年

乍一看, 关于花边的故事是一个奢华的故事, 但毫无疑问, 相反的方面也值得注意。花边装饰了欧洲最有钱的人的脖子, 并且在他们的画像中熠熠生辉, 但这些花边却是由最穷困的人在烛光下一针一线缝出来的。

有时候, 针线活可以成为养家糊口的手段。1529 年 9 月 1 日, 阿姆斯特丹城下令"所有不能靠制造花边谋生的贫穷女孩, 无论年纪大小"都要在每天早上 6 点之前集合, 接受免费教育, "学习纺线和其他手工艺", 这样她们可以自己谋生, 而不用依靠教区了。[37]

在这一时期, 虽然"新世界"的发现和新贸易航道的开发将一大笔财富扫进了"旧世界"的金库中, 但是贫富差距也在进一步扩大。虽然如前文所示, 富人愿意花高价购买花边, 但这些金钱固执地拒绝流入制造者的手中。部分原因是在花边工人中, 女性占压倒性多数, 而工人没有成立公司或工会。工会

很重要，因为它能给手工艺人提供个人难以获得的地位。如果不像珠缀工或染色工那样团结在一起，花边工人就很难以同样的方式彰显自己工作的经济价值或要求更高的薪酬和地位。（然而，工会之间的矛盾也可能限制或阻碍产业发展的机会，例如，珠缀工将简陋的亚麻线视为下等，而将加工贵金属视为工会的特权，因此失去了制造花边的机会。）花边工人常常在非正式的家庭作坊中使用自己的缝衣针和梭子，太过分散，难以形成组织。[38]

性别也以其他方式成为导致花边工人地位和工资低下的原因。大量女性不可避免地学习了针线活的手艺，因此潜在的劳动力十分充足，这压低了工资。据勒阿弗尔的总督估计，1692年这一地区约有两万名花边工人。多赛特勋爵对英国全部花边工人数量的估计与此接近，虽然看上去没那么多。和科西莫·德·美第奇一起游遍英国的洛伦佐·马加洛蒂对德文郡的描述是："在这个郡或者萨默赛特郡，没有一户人家不在产出大量的白色花边；这些产出不仅满足了整个王国的需求，还大量出口到别的国家。"[39]

1589年，比利时根特市的地方行政官通过了一条法律，禁止人们放弃现有工作成为花边工人：12岁以下仍然在家居住的孩子则被允许继续制造梭结花边。1649年，法国南部城市图卢兹也通过了类似的法律。法律制定者们抱怨道，太多女性投入花边织造产业中，都找不到居家女仆了。他们还进一步抱怨道，穿戴花边如此普遍，已经不可能借此有效分别"大人物和小人物"了。[40]

　　然而，这份工作的工资虽然颇为诱人，尤其是在潮流变换突然导致花边成为风潮的地区，但这很难说是份稳定的职业。这一行业随着品味和经济环境的变化剧烈地扩张或收缩。当柯尔贝尔于 1660 年代将资源倾投于花边制造业时，忙于制造威尼斯提花的意大利人几乎在一夜之间发现自己商品的需求量大大减少了。花边工人还一直处在被孤儿院或女修道院中的大量廉价劳力取代的危险之中。

　　在花边工人的工资和哪怕是普通富裕的个人为花边所支出的金额之间，也存在着巨大的差异。英国乡绅詹姆斯·马斯特的账本上记载着，1651 年 10 月 7 日，他很高兴地花 3 英镑购买了长 1.5 米左右的佛兰德斯花边"来制作腰带和袖口"；而三天后，他付给工人理查德的季度工资却只有 1 英镑 5 先令。这之间的鸿沟在一定程度上可以解释为什么——和阿姆斯特丹城的预期相反——向女性传授制作梭结花边的技术没有改善教区穷人的生活。伊普斯维奇 1597 年的一次贫困调查结果中包含着一个绝望的条目，上面写着：伊丽莎白·格里姆斯图恩是一位需要教区救济的寡妇，她制作梭结花边，一周只能挣 9 便士。[41]

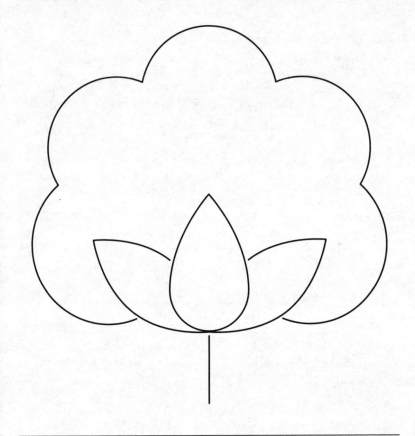

8 所罗门的外衣

Solomon's Coats

棉花、奴隶和贸易

逃走的人们

我们这个国家犯下的罪之一就是放任那些奴隶穿罪恶的服饰。我们允许他们穿的太多了。这让他们变坏了。我们会因此受到惩罚。

——一位南方女士
在加州南部一家旅店被偷听到的话，1862 年

1851 年 8 月初，所罗门逃走了。45 岁的他已经接近逃跑者平均年龄的两倍，但仍然足够强壮，可以应付跨越州境的艰辛路途：他从美国佐治亚州的空心泉逃到北边的自由州。他体格健壮，身高中等，大概在 5 英尺 8 英寸（约 1.73 米）左右，肤色不深不浅，因此不招人注意。他没有明显的特征，如缺牙或缺少脚趾，肩上和脸上也没有奴隶主通常会留下的伤疤。因此，他无须乔装打扮就可以相对完美地隐藏自己。他还拥有其他优势。作为"一等铁匠"，他应该很容易在其他地方找到工作。并且，所罗门生性沉默寡言，"除了喝醉后"很少说话，所以他不会轻易暴露自己。他还提前做好了计划，带上了自己的全部衣服：两条新的绿裤子、一件黑色牛仔布礼服大衣、一件红黑相

间的便装短上衣、一件染成胡桃色的便装短上衣、一顶黑色的劈帽，还有一双从商店买来的鞋。[1]

我们之所以了解所罗门及其衣物的情况，是因为奴隶主约翰·邓肯在 8 月 7 日的《南方旗帜报》上登了一则抓人启事，他打算悬赏 100 美元把所罗门捉回来。在 18—19 世纪，美国报纸上布满了这类抓捕逃跑者的启事，尤其在南方。这类悬赏通常有标志性的小幅图片，上面是背上拖着一个大包裹的流浪汉，或是穿白色裙子坐着的黑人女性。这些启事散落在各页之间，这些版面同时还打广告，售卖货物、服务或是寻找更多的奴隶。一开始，这类启事中出现的可能是任何潜逃的学徒、仆人或从属者。（1855 年，安娜·玛利亚的丈夫充满爱意地写道："不管是谁把她送回来，我都要打破他的头。"）但很快，大多数的信息都成了对下决心前往北部或东部的黑人男女的捕捉启事，这些奴隶有的逃回非洲，之后还有的逃到英国，希望在那里找到庇护和自由。[2]

这些启事是非常奇特的资料来源，其中的信息既私密又不近人情。非常有趣的是，启事一定要提及衣服。启事里满是对奴隶穿着的细致描述。约翰·H. 史密斯 1847 年 3 月要捉拿的普勒斯顿逃走时，穿着"灰布大衣、黑人布 * 裤子和一顶新的天鹅绒帽子"。另一个男子穿戴着"一顶非常好的帽子、白色土布裤子、后面带蓝色条纹的绿色背心"，还有一个人穿着鞋扣不一

---

* 一种粗糙耐用的布料，原来专为黑人做衣服用。

致的鞋子；又有一个人穿着一侧有一排锡镴扣子的马甲。1772年圣诞节前一周逃走的博娜是一个"新黑人"，也就是说，她是最近才从"非洲的伊博国"*到达美国的。她穿着"新鞋和新长袜"，长袜是针织的，上面有黑白色的圆点。事实上，服装在超过3/4的悬赏启事中得到了详细描述，它们是逃跑者们最常带的东西，超过了看起来更重要的工具、武器、钱，甚至食物。[3]

所罗门、博娜和普勒斯顿这些逃跑者之所以一心想着衣服，其中有非常实际的原因。奴隶主给自己的奴隶买衣服或是面料时，看重的是两点：耐久性和价格。一般来说，奴隶主总是一次性大量购买。奴隶主约翰·雷在自己的种植园手册中一丝不苟地记载着，每年给奴隶购买一次衣服。这可能是颇为典型的情况。举例来说，他在1853年花1.06美元一双的价格购买了13双"黑人鞋"。经常有广告诱惑奴隶主去购买黑人服装，以及大捆大捆"便宜的黑人布料"或"最低价的棉布裤子"，它们"价钱便宜，可用现金支付"。这导致许多奴隶，尤其是在农场工作的，穿着好认的、几乎是全部一样的浅褐色的服装。（1767年一则悬赏中的奴隶不像所罗门那样准备充分，因此上面只说逃跑者穿着"黑人劳工通常穿的衣服"。）在一般城市或自由州中，一眼就能看出穿着这样粗糙、劣质的衣服的人就是逃跑的人。[4]衣服也可以作为一种货币使用，或是换来其他衣服，或是换来金钱，有助于奴隶逃亡。[5]

---

* 今为莫桑比克的一个岛。

衣服还具有一个更微妙的功能。这是一个视觉文化非常丰富的年代——认知、看与被看是消费的关键要素。英国散文家和政治家约瑟夫·艾迪森曾写道："我们的视觉是所有感官中最完善、最令人愉悦的。"社会阶层较低的人一方面应该在视觉上与更高阶层的人有所区别，而另一方面又应该保持低调，不引人注意。绘画和印刷品同时掌握了这两点：它们之中的奴隶要么生动地散落各处，做着他们的工作，要么很明显地被描绘成次等、恭顺的角色。以爱德华·马奈的《奥林匹亚》为例，这幅作品画于19世纪中叶，1865年在巴黎首次展出。虽然这幅作品违反了一项常规风俗——描绘了一位大胆看向观看者的妓女形象——黑人用人仍然处在背景中，为了不挡住白人女士以不舒服的姿势蜷缩着，卑微地献给她一束花。大部分的文字材料也体现出这种扭曲的观念。在富有的白人写下的游记、日记和信件里，对用人和奴隶总是略过不提，而提到他们的时候通常就是他们犯错的时候。通过这些过失，他们突然变得可见了。[6]

在这个时期，部分因为奴隶贸易，棉布成了西方最主要的面料。从这时起直到1970年代合成纤维占上风之前，棉布在全球使用的面料里都占大多数。从20世纪50年代"垮掉的一代"日常穿着的T恤衫牛仔裤，到东京的奢华酒店中使用的昂贵的密织床单，棉布都是默认的面料，并且它也是最常见的媒介，可以让我们在极大程度上表达自身的地位和身份。对于被当成奴隶从非洲抓到美国的人，道理也是一样的：棉布给了他们一种弥补自尊和个体性的方式。棉花是大西洋奴隶贸易的基石之一，同时也是个体身份得以建立和确认的媒介。[7]

棉花在全非洲都是普遍的种植物。伟大的安达卢西亚旅行家阿尔–贝克利早在 1068 年就曾来到过马里，他曾记录：每家每户都用棉花和上等的棉布交换盐、小米、鱼、黄油、靛蓝染料和肉。奴隶奥拉达·艾奎亚诺在被迫劳作数年后，于 1766 年用钱赎回了自由，并成为一名作家和杰出的反奴运动家。他写下了少有的关于被抓走之前自己所穿衣服的描述。他写道：在几内亚，男女的衣服都是一长块印花棉布或平纹细布，松散地缠在身上，有些类似于苏格兰高地的格子呢。正如现在一样，当时的非洲大陆上有多种布料和不同穿法，具体由功能和习俗来决定。1930 年代，一位叫钱尼·麦克的非裔美国人回忆，她父亲自 18 岁被买来后，"经历了很多困难"才适应新生活，比如必须要穿衣服，住在房子里，还要工作。这暗示了她父亲习惯于什么也不穿。（这很可能是她自己对父亲祖国生活条件的解读，而非事实。）此外，正如一些欧洲人喜爱中国文物一样，一些非洲上层人士，尤其是住在贸易港口附近的那些，穿上了欧式的衣服来彰显地位，以表示自己对遥远的外国品位有所了解。[8]

然而，一旦成了奴隶，无论自己的偏好如何，都要被扒掉原有的衣服，被迫穿上适合他们地位的服装——按照奴隶交易者的标准。此后，奴隶的服装则由主人的财富和倾向决定。一个大型种植园会在每年十月给成年农场奴隶 7 码长的粗棉布、3 码长的方格布和 3 码长的粗呢，但奴隶要自己制作衣服。被分配做室内工作的奴隶总体来说穿得更好。少数奴隶主会购买现成的衣服，其他人只是让奴隶们自力更生。弗雷德里克·道格拉斯在逃出农场后回忆道："在最炎热的夏天和最寒冷的冬天，我都几乎没有衣服穿——没有鞋子，没有长袜，没有外套，没有裤子，只有一件能挡住膝盖的粗麻衬衫……我的脚冻僵、裂开了，伤口上都能放下我现在写字用的笔。"[9]

1735 年，南卡罗来纳州通过一项法律，规定奴隶只能穿最便宜、最下等的面料做的衣服。虽然这则法律常被忽视，但同样的面料确实常常在记录中反复出现。常被提到的"黑人布"一般指白色的威尔士粗呢，这是一种从英国进口的廉价毛料，在 19 世纪初的价格大约是 80 美分一码。其他常见的男性服装面料包括绒面呢、牛仔布和方格布。绒面呢像粗呢一样，是羊毛纺织而成的；牛仔布是斜纹棉布，因此更耐用，有标志性的斜向纹路。（令人混淆的是，我们今天说的牛仔布常常是指丹宁布，这是另一种面料。）然而，最常被提起的面料其实是手织布。顾名思义，这种布是由奴隶自己在种植园织成的，或是附近的布商提供的，这是一种毛或棉制成的平纹织物，取决于哪种材料更便宜易得。女性穿着手织布或印花棉布制作的长袍，后者同样是一种平织棉布，通常饰有小图案、条纹或格子。最常见的面料颜色是棕色和蓝色——这两种颜色的染料都是在附近就可获得的，如槐蓝属植物和胡桃。所罗门的一件衣服就以胡桃皮染色的。此外，还有白色。[10]

衣服在奴隶主家长式的叙述中也有一席之地。例如，一位特勒尔医生在1855的《南方守望报》中主张，奴隶主给奴隶提供吃住，奴隶就"必须自己攒钱来买衣服……并且还要自己负责衣物的洗涤和缝补"。这一说法巧妙地忽略了被迫穿上最差、最便宜的材料制成的制服那种非人化的效果。美国白人虽然有大篇关于简朴穿着、虚荣是罪恶的说法，却竭尽全力避开穿着这种衣服。

换句话说，衣服是另一种图景，权力的高下在其中再次被描绘。白人为黑人决定并购买的衣服是粗糙的而非光滑的，宽松的而非贴身的，阴沉的而非明亮的，扎人的而非柔软的，暗淡的而非闪光的，这在视觉上表明了黑人地位的低下。至少，这是奴隶主们本来的用意。实际上，奴隶们不仅有能力获得理论上不被允许的衣服，而且还能够仔细地、有意识地开创出完全属于自己的美学。[11]

这样做意味着要自己选择衣服，或至少在视觉上将自己与奴隶区分开来。例如，很多黑人不愿意穿白色的衣服，因为这个颜色与奴隶服装的联系太过紧密。（有洞察力的奴隶主利用了这一点，1780年代，亨利·劳伦斯牧师写道："任何表现特别好的黑人都会被给予比白色平纹布更好的面料。"）方格布制成的衬衫也遭受了相似的偏见，这是农场劳力最典型的衣服。被解放的奴隶在穿着和言辞上都陶醉在自由之中。奥拉达·艾奎亚自由后立刻开始参加和举办舞会，并且在舞会上穿"十分精良的蓝色服装"，他骄傲地写道，他在舞会上"一点也不低调"。[12]

那些仍被奴役的人花费了相当多精力来收集自己想要的衣服。一些衣服来自奴隶主，他们把不要的衣服送给或借给最得力的奴隶，让他们在特殊场合穿，或是用来将"家庭"奴隶与农场劳力区分开来。虽然从官方角度看，这样的行为是不被允许甚至是违法的，但实际上这很常见。哈里特·琼斯在结婚时穿着"我女主人的裙摆很长的裙子"，还搭配了一条红色的腰带。1847 年 3 月一则抓逃启事中出现的奴隶普勒斯顿拥有一顶"新的天鹅绒帽子"，这也很可能是一件礼物。[13]

另一些人一不做，二不休，在逃跑时，只要是能拿到的东西他们就都带走了。新奥尔良一位 11 岁的少女罗莎匆忙逃走时，拿走了主人的白色丝制帽子、一些手帕、花边披肩和"婴儿的衣服"。她应该打算将她带走的大部分东西拿去卖钱，取得逃走用的资金。在其他案例中，被奴隶拿走的衣服更有可能是他们垂涎已久的。1814 年，田纳西的奴隶西莉亚拿走了两条印花棉布连衣裙，一条是蓝色的，一条是黄色的；此外还有一条白色细棉布裙子，两条手织布裙子，一顶格子布的帽子；最有趣的是，她还拿走了一双有黄色系带和红色摩洛哥扣眼的拖鞋。巴克斯是加布里埃尔·琼斯在弗吉尼亚的种植园的贴身用人，他在 1774 年 6 月 13 日逃跑时可谓全力以赴。

（他）穿戴及拿走的东西包括两件俄国工装大衣，一件用蓝色布翻新过，一件是新的，颜色普通；还有白色花纹的金属扣子；一条蓝色的长毛绒马裤；一件精致的小花卉纹马甲；两三件夏天穿的薄外套；几双不同的白线长袜；五六件白衬衫，其中两件质量很好；一双优雅的鞋子；一个银制腰带扣；一顶精致的帽子，其剪裁和耸起的样子和马卡洛尼风格的帽子一样；一件两次缩绒的浅褐色厚大衣；以及各种其他的衣物。[14]

许多黑人男女穿着品质优良的衣服，这使得白人们惊慌失措，因为这颠覆了他们认知中社会固有的秩序。奴隶主会嘲笑那些在他们看来对外貌过于重视的奴隶们。然而，他们也烦恼不安。1744 年 11 月的《南卡罗来纳报》中一篇匿名的通讯抱怨道：“许多奴隶女性穿着的优雅程度，远超富裕阶层以下的白人女性平均水平。”[15]

种植园里有许多黑人女性，她们的职责是给自己和其他在那里工作的奴隶生产线、染料、面料和衣服。坦佩·赫顿·达勒姆曾是一名奴隶，在接受“北卡罗来纳叙述计划”采访时，她清晰地回忆起从前的工作：

梳理和纺线的工作间里全是黑人。我现在都能听到那些纺车转动的声音：哼嗯嗯，哼嗯嗯。我还能听到奴隶们纺线时唱歌的声音。蕾切尔嬷嬷待在染房里，关于染色没有她不知道的事。她认识每种根、皮、叶、果，能用它们染出红色、蓝色、绿色，或者她想要的

任何颜色……她把染好的布在阳光下挂起来时，它们
就像彩虹一样五颜六色。[16]

　　然而，在种植园工作的人引以为傲的服饰，白人却很少喜
欢。他们认为那种效果——通常是混杂的颜色和风格——不协
调，而且艳俗。在大型的社会庆典上，如舞会、礼拜和婚礼等，
这种不同显得更为强烈。人们看到黑人们随心所欲地展示着自
己喜欢的服装。1790 年代晚期，在奥尔巴尼的一场奴隶狂欢庆
典上，主持仪式的奴隶"查尔斯王"上身穿着饰有金色花边的
英国红色军装外套，下面搭配的是黄色鹿皮紧身短裤和蓝色长
筒袜。

　　奴隶主一年只给自己的奴隶提供一到两套服装，因此补丁
和缝线是不可避免的，而这也成了奴隶中的一种时尚。所罗门
的"红黑相间"的袋子之所以有两种颜色，很可能是因为它的
上面有补丁或其他修补的痕迹。将不匹配的布料加在衣服上、
将其增宽的行为太过普遍，这并非是无意为之的。例如，一则
抓逃启事上提到有一件夹克"正面的蓝色比背后多"。[17]

　　看到一套独立的不同的规则正在运作，白人十分不安。
1830 年代末，一位佐治亚种植园主的妻子芳妮·肯布尔回忆道：
他们家奴隶的厕所到了安息日就会呈现一种"不协调的滑稽组
合……彩虹中的每一种颜色，都以最浓的色彩彼此刺眼地结合
在一起"。[18]

　　在购买、获得、渴求、重塑、设计衣服时，奴隶们参与到

一种消费与展示的循环中，这与美国白人的行为可堪对照，而白人却常常无法理解。但这并不是所罗门等奴隶深入一个以种植、生产棉花为中心的全球产业的唯一方式。

植物界的羊毛

树上的野果子外面有一层绒毛，其美观程度和实用程度都超过了羊毛，而（印度）本地人把这种毛做成衣服，穿在身上。

——希罗多德，公元前445年

虽然18世纪的欧洲人将棉花视为一种突然蹿红的新手，但事实上棉花有着悠久的历史。通过DNA测序，科学家们估算棉花或者棉属植物在地球上生存已有1000万年到2000万年的时间。棉花是一种非常挑剔的植物。它喜爱15摄氏度左右的温暖气候，不能经受霜冻，需要每年有20—25英寸的降水，且降水最好集中在生长期的中段。这些偏好在极大程度上限制了它的生长范围，因此棉花只见于全球南纬32度到北纬37度之间的环形地带，还要排除非洲、澳大利亚、亚洲、中南美洲的干旱地带。棉属植物大概有50种，每种的高度和大小各异。不同的地区生长着不同的品种：中美洲产陆地棉，南美洲产海岛棉，非洲产草棉，亚洲产亚洲棉。[19]

虽然棉花还有其他方面的吸引力，但人们通常聚焦于这种作物的一个部分。种下 160 天至 200 天后，棉花会生出棉铃，棉铃里面有棉籽，棉籽表面包裹着的白色纤维则会在棉铃成熟并裂开时从里面蓬松地鼓出来，就像巨大的爆米花。

人类首次发现自己可以利用这种纤维来制造织物和绳索，可能是在印度河流域。正如祖祖阿那亚麻纤维的发现一样，我们已知的最早有意识使用棉花的证据是被意外发现的。当时，考古学家们正在位于今巴基斯坦中部的美赫尔尔新石器时代墓地查看发现的小珠子。这一遗址位于山脉和印度河之间，有着重要的战略意义，从公元前 7 世纪至公元前 1 世纪，这里一直是个军事据点。这些珠子被认为是一条手链的残留部分，它们是铜制的，直径只有几毫米。在显微镜下，可以看到珠子的穿孔周围残留着一些细小的矿化的有机纤维。这是因为金属珠子与穿过其中的线产生了反应，保留下一些在显微镜下可看到的棉线痕迹，这些线是在公元前 6000 年左右纺成的。[20]

亚洲、非洲和美洲制造复杂精致的棉织物已有千年的历史。2016 年，考古学家在秘鲁北部的胡亚卡普雷塔遗址发现了一些靛蓝色的棉织物碎片，其中一些已经有 6000 年之久，在炎热干燥的空气中得以被保存下来。人们对棉花纤维极为依赖，因为大约在 7000 年前，棉花就成了最早的人工种植的植物之一。和其他人工种植的植物一样，棉花也因人工种植而改变了形态。原本高大、蔓延的野生品种经年累月后变得更为矮小、紧凑、易采摘。尽管有这些改变，棉花仍然是一种难种的植物。它对环境要求十分严苛，采摘棉花的过程还需要难以想象的大量人力——尤其是在机械发明和普及之前。[21]

传统上，棉花采摘和分类的工作是手工进行的。那些过短因此无法使用的短绒纤维需要被剔除，还要对更长一些的长绒进行轧棉，也就是在不破坏细小纤维的前提下将棉籽移除。[22] 然后，要把打结的和表面沾带的部分土去掉，再用木弓来弹棉花，使纤维更为松软。接着要进行刮棉或是梳棉，将纤维彼此分开，平行排列，再用纺锤将纤维纺成线，缠在卷线杆上。纺成的线就可以用于织布了。在全球几乎所有的文明中，纺制棉线的几乎都是女性；而织布对性别的限制不那么明显。例如，在印度和非洲东南部，织布的常常是男性。[23]

美洲大型棉花种植园产生的基础之一，早在瓦斯科·达·伽马 1497 年发现直达印度的路线时就已奠定。绕好望角一周的航行艰难而危险，却也收获颇丰：欧洲的贸易商可以直接接触印度的织布者，购买他们的货物，而无须再依靠昂贵而危险的陆地贸易路线。于是，印度织物繁复的图案和特有的配色在欧洲变得极为流行。丹尼尔·笛福对此颇有不满，他在 1708 年的《每周评论》中抱怨道："印度印花棉布窜进了我们的家里、衣橱里和卧室里，出现在窗帘、靠垫、椅子上，最后上了床。"到 1766 年，平纹细布和印花棉布已非常流行，这些产品占英国东印度公司出口额的 75%。[24]

对贸易商来说，棉质面料还为另外一个市场提供了可图的利益：奴隶贸易。新建立的美洲大型种植园急切地需要充足的廉价劳动力来获取利润。然而，当地人很多因病去世了，而剩下的对即将成为农场主的人充满敌意。显然，他们需要寻找新的劳动力。非洲西部港口已经存在的奴隶贸易似乎是完美的解决方案。1500 年至 1800 年间，超过 800 万人被西班牙人、葡萄牙人、法国人、英国人、荷兰人和丹麦人从非洲运至美洲当奴隶。英国商人马拉奇·波斯特斯华特在 1745 年写下的这些文字绝不夸张："我们*英国殖民地*，还有法国殖民地里的*种植*生意都是靠从*非洲跨洋运来的黑人*劳力产出的，这不是在全世界都臭名昭著的吗？我们的*糖果、香烟、稻米、朗姆酒*和其他所有的*种植园产品*，不都是受惠于这些可贵的非洲人吗？"[25]

人们虽然通常认为用来购买奴隶的"货币"是武器或贵金属，但事实上更多的交易是用棉布进行的。有人研究了英国奴隶商人理查德·迈尔斯在 1772 年至 1780 年间贩卖的 2218 名奴隶，发现织物在用来交换的货品中占了一半以上。最初，布料是从印度购买的；之后，欧洲开始进口原棉，并在那里编织成布料，并设计、剪裁成适合非洲市场的样式。这一生意大获成功。例如，从 1739 年到 1779 年，曼彻斯特港的出口贸易额从微不足道的每年 1.4 万英镑涨到 30 万英镑，其中大约 1/3 是用来交换奴隶的。[26]

最初，欧洲人发现自己很难满足非洲贸易商对布料的需求。这些人是眼光敏锐的买家，喜欢印度传统的色彩明亮的条纹、方格或印花棉布，这些与欧洲制造的布料存在很大的差异。这条学习曲线相当陡峭。欧洲人匆忙开始学着制造能基本达标的不褪色的深色染料和带图案的布料。（这种模仿的产物常被不老实地称为"印度布"。）他们最终取得成功的关键是保持稳定的技术创新，因此得以提高纺织的速度、效率，同时降低成本，这使得欧洲人制造的棉布最终赶超印度制造的棉布，并将其取代。

1733 年，约翰·凯伊发明的飞梭就是上述技术创新的早期例证之一。飞梭是一小块符合空气动力学的木制工具，它可以从织布机的一侧飞快地穿过密集排布的经纱，带动上面的纬纱一起到达另一侧。这极大地加快了织布工的效率，到后来一个织布工要搭配四个纺纱工。为了调整这种不平衡的现象，发明家们又集中精力来提高纺纱的速度。1764 年，詹姆斯·哈格里夫斯发明了珍妮纺纱机；五年后理查德·阿克莱特又发明了水力纺纱机；再过十年，走锭精纺机在塞缪尔·克朗普顿的手下问世、运转。每一项发明都使纺纱的产量指数型地上升。1785年，爱德蒙·卡特莱特发明了第一台蒸汽驱动的纺纱机。

如此多省时省力的机械陆续登场，意味着制造布料的工作有史以来第一次离开了手工和家庭，转移到了机械和工厂。[27] 对实业家和商人而言，这有着显而易见的经济意义。印度的纺纱工需要 50000 小时用手工将 100 磅原棉纺成线，而使用走锭精纺机完成同样的工作只要其 1/50 的时间。如此一来，纱线和布料的成本降低了，欧洲的布料在国际市场上也有了竞争力。英国在棉料生产新技术上的投入尤其多。到 1862 年，英国拥有全世界 2/3 的机械纺锤，有 20%—25% 的国民参与到制棉产业中，国家出口产品几乎有一半是纱线或棉布。1830 年，一磅英国 40 号纱（一种高等级的线料）的价格是印度产的相同线料的 1/3。最终，对印度织布工来说，用英国进口的线反而更便宜。[28]

棉制品的生产和贸易带来了大笔财富。例如，塞缪尔·杜歇特从马萨诸塞州的棉布生产商发展为财富和权势均备的国会议员和政治家，1757 年，他向政府提供了 30000 英镑的贷款。他的财富很大程度上建立在为非洲奴隶市场生产方格"几内亚布"上。[29] 他的家乡也逐渐繁荣起来，虽然那里越来越多的工厂里冒出了越来越多的烟雾。法国外交家和社会评论家托克维尔于 1835 年参观了这座城市，精辟地指出："这肮脏的下水沟里流出了纯金。"[30]

这次发财致富潮之中唯一的限制，是原棉的供应量。在过去，棉花种植大多是一种补充性的家庭收入。农场主常常将棉花和其他几种庄稼一起种植——通常是粮食——这是为了降低风险：如果一种作物染病或被其他恶劣的自然条件摧毁，还有另一种能够生存下来维持生计。如果棉花全都死亡，也还有能填饱肚子的粮食。这对个体农场主来说十分合理，但这也意味着将棉花长绒转化为面料这一过程通常以小规模、未经分工的方式进行，并且要跟随其他家庭事务和季节的节奏。编织工人自己决定工作时间、服务对象与报酬，然后将生产成果的一部分用来缴税或上缴。对殖民者来说，这种模式并不适合他们，因为他们的工厂需要专门种植棉花的大规模农场提供稳定的棉花原料，才能生产布料以换取金钱和奴隶。曼彻斯特和其他地区的工厂高效运转的前提是必须有稳定的棉花供给。在1780年代之前，想获得这种供给就意味着要从全世界将棉花运来。利物浦的码头挤满从世界各国进口来的棉花，包括印度的、黎凡特的、西印度群岛的和巴西的。[31]

赢家和采棉者

那种新材料（棉）的增长一定将对美国的繁荣产生无穷的影响。

——乔治·华盛顿给托马斯·杰斐逊的信，1789年

1858年3月4日，南卡罗来纳的一位民主党人在美国参议院会议中发表了一篇流传至今的演讲。他问道："有任何一个理智的国家，会向棉花开战吗？……要真这么做，英国会跌个狗吃屎，还将带整个文明一起垮掉，除了南方之外。不，没有人敢向棉花开战。世上没有一种力量敢向它开战。棉花主宰一切。"[32]

使用权力来强迫比自己势微的人让步，这是詹姆斯·亨利·哈蒙德常用的做法。抛开参议院的职位，他只是一个51岁、秃顶、有双下巴的社会渣滓。15年前，他被曝光曾猥亵过自己的四个侄女，她们当时还是青少年。（她们的名声从此毁了，最后一个都没有结婚。）在他的种植园里，奴隶死亡率高得出奇。从1831年到1841年的十年间，有78名奴隶死亡，这超过了他从父亲那里继承的奴隶数量的1/4。他与萨利·约翰

逊——他买来的 18 岁奴隶——有着长期性关系，当萨利的女儿路易莎 12 岁时，他也染指了她。两个女人都给哈蒙德生了孩子，她们的孩子也都保持着奴隶身份。"在所有社会体系里，都必须存在一个从事仆人工作的阶级，"在演讲中，他还对自己参议院的同僚说，"让他们来执行生活中的苦差……很幸运的是，南方找到了一个适合这类工作的种族。"[33]

据估计，1862 年，即哈蒙德进行"棉花主宰一切"的演讲四年后，全球有 2000 万人——即每 65 人中就有一人——从事棉花贸易或种植，或是将其加工成布料。即使在哈蒙德陈词之时，原棉也构成了美国出口货物的 60% 以上，而正如他指出的那样，英国已经无可救药地被这一供货量"套住了"。到 1850 年代末，英国消耗的棉花几乎有 80% 来自美国。[34]

早在欧洲人到达前，美洲就已经在种植棉花了。1492 年，克里斯托弗·哥伦布到达加勒比地区却深信自己到了印度的原因之一，就在于他看到陆地上长满了棉花。他第一次遇到阿拉瓦克人后在日志中写道："他们给我们拿来了胡萝卜、棉花球、树叶和其他许多东西。"同样，弗朗西斯科·皮萨罗 1532 年到达印加王国（今秘鲁）时，也被当地产出布料的优良品质打动了，他评论道："其材质的精良以及将各种颜色混合起来的技术远远超过我以前见过的所有布料。"[35]

然而，与其他地方一样，18 世纪末之前，棉花在美洲一直是小规模种植的作物。之后，英国工厂对原棉贪婪的需求令美洲的种植园主察觉到商机，并分出大片新土地来进行密集的棉花种植，期待着可以收获巨大的利润。此前限制大规模棉花种植的因素之一，是适宜种植海岛棉的土地面积较小：这一品种只在海岸区域和加勒比地区才能良好生长。海岛棉纤维很长，便于收割及轧棉。而最适合在内陆生长的是陆地棉，现在也被称为"美国陆地棉"，其植株比海岛棉矮，只有两三英尺高，却能长出饱满的大颗棉铃。问题是，陆地棉棉铃的纤维较短，而且紧紧地包在棉籽上，用传统的方式轧棉既费时间又效率低下。然而，很快就有人提出了解决方案。1793年，一位年轻的耶鲁毕业生伊莱·惠特尼拜访佐治亚州朋友家的种植园时，发现给美国陆地棉轧棉很困难，于是他用了不到一年的时间就发明了一种新的轧棉机，它可以在不伤害脆弱的棉纤维的前提下高效地将棉籽梳理出来。他获得了专利，并在康涅狄格州开设工厂大量生产这种机器。使用这种单手操作的轧棉机，一个人在一天之内可以加工50磅的美国陆地棉。[36]

扩张棉花种植以及新轧棉机的发明带来了戏剧性的效果。1790年，南卡罗来纳出口的棉花数量不到1万磅；轧棉机发明7年后的1800年，这一数量增长到了640万磅。棉花种植园变得更多，并且每个种植园都有能力产出及加工远多于以前的棉花，因此也需要更多的奴隶。在1790年代，佐治亚州的奴隶人口几乎涨了一倍，达到了6万人；南卡罗来纳的奴隶人口几乎是以前的3倍。这一趋势持续发展着。很快，美国南方的奴隶人口远远超过了白人农民。1860年时，南方十五州有81.9万名白人农场主，而奴隶人数高达320万。在南卡罗来纳的一些地区，奴隶占总人口数的 61%。[37]

1853 年出版的《美国棉花种植园主》中一篇社论的作者认为，奴隶制和棉花构成了编织美国的成功的经纱与纬纱。"美国的奴隶劳作一直并将继续给予人类难以估量的幸福，"这个人写道，"如果希望这种幸福继续，就必须继续靠奴隶劳作，因为靠自由的劳动力来为全世界提供棉花是不可能的。"[38]

当然，即使没有奴隶劳作，棉花种植也已经存在了几千年，并且在废除奴隶制后也将继续存在。但有一件事是确定的：从 1790 年代到 1860 年代，千百万奴隶将人生献给了主宰一切的棉花。

约翰·布朗正是其中的一位。他在 1810 年左右出生于弗吉尼亚州，人们有时候称他为"本福德"——这是他父亲的主人的名字，有时称他"费德"，但他后来为自己取名约翰·布朗，并以这个名字出版了自己的回忆录。他的一生都跟棉花及其创造的价值交织在一起。约翰·布朗九岁时，以抽签的方式和自己的兄弟姐妹分开了，他前往詹姆斯·戴维斯的种植园工作，戴维斯是一个有着"非常冷酷的神情"的瘦小男人，而其性情与神情一致。"他让自己的奴隶白天只吃一顿饭，一直工作到深夜，并且在晚饭后，还要让他们去烧落叶或者纺棉纱。"布朗后来写道，"我们从凌晨四点一直工作到十二点才能吃早饭，之后又要一直工作到晚点十一二点。"[39]

在布朗到达戴维斯的种植园后不久，棉花价格较大幅度的上涨导致佐治亚州对奴隶的需求上涨，于是他被卖给了奴隶贩子。奴隶的价格是根据体重定的，于是他的价格是310美元。过了一段时间，布朗有了一个新的主人（"一个很坏的主人，却是个很好的传教士"），这人以"拥有全县采棉花最快的奴隶"而闻名。（这个可疑的荣誉是他和其他奴隶主把奴隶放到一起比赛得出的。）做奴隶时，布朗犁过棉花田，播过种，从田里捉过虫子，除过杂草，摘过蓬松的棉铃。

虽然布朗从来没有得到过报酬，但棉花赚到的钱决定了他每天的工作节奏。"当英国市场的棉价上涨时，"他写道，"即使每磅只涨半法新，可怜的奴隶们也会立刻受到影响，因为他们需要更加卖命，奴隶主手里的鞭子也挥得更勤了。"[40]

像布朗这样的农场劳力通常都要干很久的活，却只能吃很少的饭。到了采摘时节，工作格外累人，这时的棉花田就像突然被覆盖了厚厚的一层雪，作物的价值达到最高点。此时需要极快速地将棉花采摘完，因此奴隶们每天工作的时间又变长了。奴隶们走过一排排棉花田，每个白色棉球都要用手紧紧抓住并旋转，才能从像星星一样张开的棉铃中取出。据约翰·布朗说，女性摘得比男人更快，"她们的手指天生更为敏捷"。但因为所有人都要自己搬运摘下的棉花，随着篮子变沉，她们就被重量拖慢了速度。这些篮子形状像食篮，每个篮子可以装85—125磅棉花。[41]

1863年，亚伯拉罕·林肯签署了《解放黑人奴隶宣言》，这一宣言赋予了超过300万名非裔美国奴隶自由，至少纸面上如此。虽然很多南方农场主对此担忧，但棉花产业仍在继续发展，投入这一产业的人也继续富裕着。其中的一个原因是，强制性劳动仍然以某些方式继续着；另一个原因是美国制布产业的发展。南北战争时，许多种植园已经开始直接将自己收获的棉花制成织物，而不是将其出口让英国的工厂坊获取利润。一些种植园主成了工厂主，他们制作的成品布比从英国进口的便宜许多。很快，随着本土市场繁荣发展，美国棉花从英国商人和大西洋奴隶贸易那里获得了独立。[42]

加拿大礼服

> 我希望我也能发明牛仔裤这样的东西，一种能被一直铭记的发明。

——安迪·沃霍尔，1975 年

1951 年 6 月 30 日，内华达州埃尔科市举行了第四届一年一度的"银之州惊跑"竞技赛。这是一场喧闹的盛会。微风中裹挟着此起彼伏的糖果味、油炸食物味、马汗味和冒险的气味。观众群中，穿着高跟凉鞋和棉质裙子的女性和穿着卡其布制服的军人手挽着手，小男孩们穿着带领衬衫和裤脚卷起的李维斯牌裤子，注视着跳跃的牛仔，希望自己有一天和他们一样。到了致辞时间，作为受邀嘉宾的歌手、演员平·克劳斯贝叼着烟斗、面带大大的微笑大步走过人群。他戴的牛仔帽比别人的更大，并且穿着一件靛蓝色棉布做的非同寻常的礼服外套。

这件外套是全新的，还非常坚硬，克劳斯贝不得不边走边用一只手努力解开扣子，因为扣上扣子太热了。他虽然自豪地穿着这件衣服，但这件衣服源于一次当众受辱的事件。在一次去加拿大打猎的旅行中，克劳斯贝因穿着过于休闲，被温哥华一家酒店的前台服务员要求离开——他当时穿着李维斯牌的工装裤，也就是今天我们所说的牛仔裤。（在被迫离开前，他终于被一个行李员认了出来，多少挽回了一点尊严。）[43]

李维斯的员工听说这件事后，察觉到这是一个推广品牌的机会，于是为这位歌手制作了一件不太严肃的礼服，衣服有淡色的厚翻领，还有李维斯标志性的红色缝线和黄铜铆钉做的胸饰，里面还有一个半开玩笑的标签：

通知：所有酒店的服务人员

穿着有本标签衣服的人

应享有适当的待遇

无论在何种场所及环境下

都应对其热情友好

献给

平·克劳斯贝 [44]

丹宁布在现代人眼中有特殊的位置。人类学家丹尼尔·米勒每次出国参加学术会议都会开展一个不太正式的实验——因为工作，他有机会亲身接触首尔、里约热内卢、北京和伊斯坦布尔等城市的不同文化——他会数出自己在街上遇到的 100 个人，并记录其中有多少人穿着牛仔裤。数目通常是过半的。更严谨的研究证实了他的观察。2008 年，全世界的人平均每周有三天半在穿牛仔裤。德国人对其尤为喜欢，每周平均要穿超过五天，平均每人拥有九条牛仔裤。美国人则人均拥有七八条，每周穿四天。在巴西，有 14% 的调查对象表示拥有十条或更多的牛仔裤，而 72% 的调查对象表示期待有一天能穿上牛仔裤。即使在丹宁布非常不普及的印度，也有 27% 的人承认喜欢穿牛仔裤。[45]

蓝色牛仔裤的魅力是复杂的。克劳斯贝喜欢穿这种裤子，因为他觉得舒服和放松——他在内华达的农场就是他逃离好莱坞的浮华的避难所——但牛仔裤还有深层的文化象征意义。它们让人们想起牛仔、西部和某种粗粝的个人主义，这种个人主义代表着努力工作、民主和自由：这是通往美国梦的制服。同时，正如加拿大前台服务员展示的那样，牛仔裤也是势利者鄙夷的对象。

这种偏见产生的原因在于，在发明之初，牛仔裤是最朴实耐穿的工作服。令牛仔裤取得商业成功的李维·斯特劳斯是在 1846 年从巴伐利亚移民至美国的。六年后，他随着淘金热来到美国西部的旧金山，成为一名商人。他的商铺以自己的名字命名，向矿工或其他体力劳动者售卖纺织品。为斯特劳斯带来转机的是一名从里诺市来的裁缝，他叫雅各布·戴维斯，他创新地用金属铆钉来加固其工装裤较为脆弱的部分，如口袋边缘和拉链最下端，这些部分经过长期穿着或不加小心地使用就会开裂。"这些裤子的秘密就在于我在裤兜里放的铆钉，它们变得供不应求……我的邻居都对我的成功感到嫉妒。"[46]

1873 年 5 月 20 日，这对搭档获得专利，专利号为 139121，他们这种超耐穿的工装裤也开始量产了。最初，有两种面料可供选择：一种是类似帆布的厚重棕色棉布；另一种是丹宁布，即耐用的斜纹织布，由结实的白色经纱和靛蓝色的纬纱织成。（因此，丹宁布的反面颜色要淡一些，因为显出的是经纱。）那时，丹宁布已经是最常见的工装面料了，因此也是这两种面料中更受欢迎的一种。

丹宁布的名字可能来源于其产地：它的前身是法国尼姆市生产的一种厚哔叽呢，久而久之，这种布料开始越来越多地在其他地区用便宜的棉花生产，而"尼姆的哔叽呢"（serge de Nîmes）就被简化成了"丹宁"（denim）。这种布料很快成为美国工厂的最爱：1864 年，东岸的批发商曾登过广告，售卖十种丹宁布，包括"新溪蓝布"和"麦迪逊河棕布"。

李维斯的半身工装裤一上市就获得了成功。品牌强调了这些裤子的耐穿性：裤子后面缝上的皮革补丁上印着两匹马试着拉断一条裤子但失败的画面。到 1920 年代，这已经是西部最畅销的男式工作服；1929 年，也就是股票市场崩盘的那年，李维斯公布自己的销售额为 4200 万美元。1930 年代，李维斯的文化资本开始累积：由约翰·韦恩等影星主演的浪漫化的西部片迷住了整个美国甚至全球的观众，而牛仔裤是牛仔必备的衣物。东岸的居民对狂野的西部和那种他们从未亲历的农场生活怀有一种情结，因此把牛仔裤当作纪念品购买。在国外，牛仔裤同样受到追捧。英国的青少年成群地聚在码头上等着商人的货船到达，希望能说服美国的水手卖给他们一条珍贵的李维斯牛仔裤。

到了 1940 年代，随着参战的士兵从欧洲战场回国，牛仔裤有了反叛的意味。在这个循规蹈矩、繁荣发展的时代，社会期待着每个人都会在城郊定居、抚育后代，而一个令人愈发焦虑的事实，使一些粗野的年轻人不愿被困在木制围栏之中。好莱坞再一次扮演了关键角色。1953 年之后，牛仔裤搭配皮衣会让人立刻想起《飞车党》中令人闻之色变的马龙·白兰度；配上红色夹克和 T 恤，就是《无因的反叛》中的詹姆斯·迪恩；若是配上粗糙的棉衬衫，就成了迪恩在《巨人传》中扮演的麻烦缠身的农场主。[47]

在公众的认知中，丹宁布从万宝路牛仔穿的衣服变成了飙车男孩和少年罪犯的象征。报纸上的社论开始制造恐慌，学校也急着禁止牛仔裤。李维斯担心这种坏男孩的名声会影响销售，于是 1957 年，他们在报纸上登了一则颇有针对性的广告，上面是一个整洁优雅的小伙子——与叛逆的迪恩正相反，他穿着牛仔裤，人物下面是一行字："适合学校穿着"。在广告发布后，公司收到几百封抗议信。一位来自新泽西的女性写道："虽然我承认这种裤子或许在旧金山、西部或一些乡下地区是'适合学校穿着'的，但我向你保证，这种裤子很低俗，在东部尤其纽约是绝对不适合在学校穿着的……当然，你们的标准可能和我们不一样。"[48]

李维斯的担心是多余的。到 1958 年时，据一家报纸报道，美国约有 90% 的年轻人除了在床上和在教堂，到哪里都穿着牛仔裤。16 年后，在给《滚石》杂志写的一篇文章中，汤姆·沃尔夫提到在耶鲁也有类似的现象。过去，那里曾是学院风的城堡，然而1974年时却有了"更多的橄榄绿斗篷、工装靴、军靴、摩托车皮衣和更多的牛仔裤、牛仔裤、牛仔裤、牛仔裤。"为了充分表达自己的意思，文章还配有一幅插图，图中画着缝制的裤子后袋，上面还有李维斯的标签。[49]

在此后的几十年中，虽然一些公司的服装风格和命运大起大落，牛仔裤的热度却一直没有减弱。李维斯如鱼得水：他们的销售额增长了十倍，从1964年的一亿美元到1975年的十亿美元。之后，随着一波又一波的亚文化以自己的方式变换着牛仔裤的样式，顾客们也变得朝三暮四，而"酷"的定义也愈发难以捉摸。在1990年代中期，这个世界最大的牛仔裤供应商低估了垮裤的魅力和持久度，于是销售额降低了15%，他们被迫关掉一些工厂并裁掉一些职员。1999年，李维斯一位40岁的青年市场专家在一次公关宣传中对《纽约时报》说："我们的角色是提供时下最酷的衣服。然而，问题是……某个孩子认为酷的东西不一定意味着其他的孩子都认为酷。"[50]

如此多样化的风格带来的结果之一是对棉花的贪婪使用。即使是今天，当合成纤维已经占了全球纤维材料的大多数时，棉材料仍然占有25%的分量。随着反对塑料制品的风潮逐渐形成，合成纤维也被包含在抵制的对象中，棉纤维仍然保持了自然的吸引力。但是，简单了解一下就会发现，棉花很难成就人类的环保梦。在2016年至2017年，全球约生产了1.065亿捆棉花，每捆重量达480磅，这几乎占用了全球3%的耕地。2011

年，棉花的供不应求导致了严重的商品短缺。棉价达到了每磅 1.45 美元，这是纽约商业交易所史上的最高价，甚至超过了 1860 年代南北战争期间南方限制贸易时期的价格。为应对这一问题，农民种植了更多的棉花，但在此之前，投机者们已经在证券市场上制造了恐慌。[51]

棉花经济在今天仍然对全球许多人的生活有着深刻的影响。美国是仅次于印度和中国的世界产棉大国，它于 2016—2017 年生产了 3700 万吨棉花。并且，在美国宪法第十三条修正案这块遮羞布下，强迫劳动仍然存在。根据修正案，不得有奴役或非自愿劳动行为，但对被充分定罪的人进行的犯罪惩罚行为除外。美国监禁的罪犯共有 200 多万人，这构成了大量廉价的且以有色人种为主的劳力，很大一部分犯人从事着棉花种植的工作，并且几乎是毫无报酬。换句话说，政府可以不支付一分一毫强制囚犯工作，而囚犯若是拒绝将会受到惩罚。这可是一笔大生意。一项联邦项目因为销售棉花在 2016 年创收了 5 亿美元，而加州的一项计划收入达 2.32 亿美元。

将棉花转化为可用的面料同样耗费巨大：制造一条牛仔裤需要消耗 1.1 万升水。此外，如今使用的靛蓝染料大多是人工合成的，在染色过程中使用及生成的化学物质常常被倾倒入河流中。[52]

意大利哲学家翁贝托·埃科在其 1976 年的文章《腰的联想》中阐述：当代人对丹宁布的着迷是为自己设限，而非一种解放。埃科发现牛仔裤那贴身的剪裁限制了自己的动作，并最终改变了他走动的姿势。"一般来说，我的动作很随意，我常瘫在椅子上，不管到哪儿都是重重地往下一坐，我不在意举止优雅；但我的蓝色牛仔裤纠正了这些行为，使我变得更加成熟有礼了。我无时无刻不意识到我穿着牛仔裤……很奇怪，这种本应是最休闲、最反礼仪的衣服竟然如此强势地要求我表现出礼仪。"

对埃科而言，丹宁布是一件盔甲，使穿着者的注意力集中在他们在环境中的表现。比起内在之物，穿着者更注意外在之物。他同情那些女性："奴役她们的首先是'社会'建议她们穿的那种'限制性的'衣服，这强迫她们在心理上为了外部环境而活……而这应当使我们意识到，一个女孩要有多么高的智力天赋，多么强的勇气，才能在穿上这些衣服后仍能成为赛维尼夫人、维多利亚·科隆娜、居里夫人和罗莎·卢森堡。"

棉花的故事一直是变动的，从奴隶交易到工业革命，它一直起着一定的作用。我们可能在千年前就掌握了种植棉花的技术，但最终想来，是棉花对我们产生了更大更强的影响。

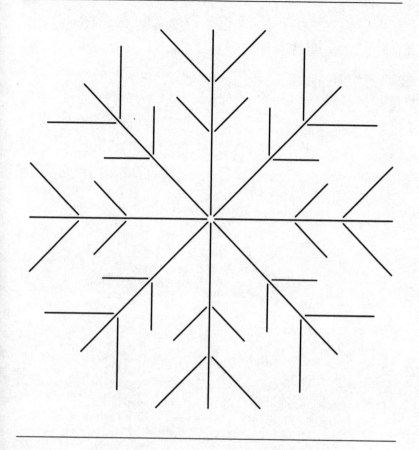

9 绝境中的服装

Layering in Extremis

征服珠峰与南极的衣服

毛皮和博柏利

极地探险无疑是人类设计出来的最洁净、最孤独的受罪方式。这是唯一的一种探险方式，让你一套衣服从米迦勒节一直穿到圣诞节。

——阿普斯利·彻里-加勒德，
《世界上最险恶之旅》[1]，1922 年

"最坏的情况出现了，"1912 年 1 月 16 日，罗伯特·法尔肯·斯科特在笔记本中写道，"或者说几乎是最坏的情况。"这一天开始的时候原本不错，斯科特和他的四个队友成功在零下 23.5 摄氏度的雪原中了不起地前行了 7.5 英里。此前的两个半月，他们一直在恶劣的环境中行走、滑雪或乘坐狗拉的雪橇，已经行进了 1800 英里。他们已被冻伤，身体劳累，只靠一个信念才保持前进：成为最早到达南极的人。当天，他们离目标仅剩几英里，似乎历史的勋章已经近在咫尺。然而，到了下午，他们疲惫的脚步将他们带到一幅可怕的景象前面：一面黑色的旗帜绑在一块雪橇板上，就在一个废弃的营地旁边。挪威探险队已经在他们之前到达南极，他们输掉了比赛。"老天啊！"斯

科特写道,"这个地方如此可怕,更可怕的是我们努力到达这里,却没有获得回报。"他们是沿着胜利者几个月前的足迹走过最后几英里的。十周后,这五个人全部丧生。[2]

南极洲的存在直到十八世纪末期才被证实。南方存在大陆的假说在古代就已被提出,这片土地被称作 Terra Australis(南方大陆)。人们会在地图上画出假想的地理特征,但只是为了与北半球的大片陆地保持平衡。然而,到了帝国时代,人们难以抗拒探索可能存在的更广阔的大陆的诱惑。詹姆斯·库克率领的远征队于 1772 年夏天从英国普利茅斯启航,他们的两艘船分别叫"决心号"和"探险号"。到了 12 月 10 日,他看见了第一座"冰岛"(即冰山)。1773 年 1 月 17 日,"决心号"成了已知第一艘驶进南极圈的船,在回到家乡之前,它又完成了两次驶入南极圈的壮举。不过,两艘船虽然都配备了最先进的设备以适应极端的天气,船上的人却没有准备好。随着船一路向南行驶,天气变得极度寒冷,所有船员似乎都处于危险之中。大约在看见第一座冰山时,库克下令"将外套的袖子(本来是很短的半袖)用(粗毛)呢子延长,并用同样的材料搭配帆布给每人做一顶帽子"。当"南方大陆"的存在被证实后,这片土地的呼唤就像塞壬的歌声一样回响在全世界具有野心的探险家的耳中。[3]

英国新地探险队的命运是那些遭遇毁灭的冒险记载中最悲惨的。很多人将此归咎于斯科特及其队友与挪威人相比糟糕的装备。这些人认为英国人低估了南极气候对人的考验,而这是致命的。可是,这并不是真的:斯科特对服装和设备的重要性心里有数。此前他曾于 1901 年至 1904 年率领另一支探险队"发现队"前往南极，并且承认他们犯了错。"食物、衣服等所有准备都没做好，"他回国后写道，"整个体系都是错的。"他决心不再犯同样的错误。因此，他有系统地着手解决这个问题，在第二次远征的最初阶段将队员当成小白鼠，给每个人提供不同的脂肪和糖分供给，并且更换他们的衣服，以检测哪种条件下人的表现最好。他还在短程旅途的前后测量每个人的体重，确保他们不会变轻太多。他强调，每个人都应该学会保管并完善自己的装备，"用来保证衣服干燥、不沾上雪的每一分钟都是值得的"。到 1911 年 9 月 3 日星期日，斯科特已经很有信心："我们已经拥有专为此目标设计的最好装备。"[4]

19 世纪末到 20 世纪 20 年代是探险家的英雄时代，而新地探险队和这一时代的所有人一样，衣着材料几乎完全是羊毛、棉、丝等自然纤维和动物皮毛。事实上，英国和挪威的探险队有很多装备有共同之处。例如，他们都准备了羊毛衬裤和背心，以及一层又一层的毛衣、衬衫和灯芯绒裤子，以此来锁住好几层的空气。[5]甚至，两队一些服装的品牌都是相同的。英国羊毛制造商沃尔西为两支队伍都提供了有专利技术的"不缩水"羊毛内衣、手套和袜子。(这家公司用斯科特及其队员穿着自己品牌衣服的照片进行宣传，而斯科特给他们做了推荐。[6])沃尔西直到 1949 年一直在给南极探险队赞助羊毛内衣，这一年，还有一支由挪威人、英国人、瑞典人组成的探险队选择了这一内衣，以及手工织的设得兰毛衣。[7]

上述两支队伍还都穿着博柏利（Burberry）的华达呢套装，这在20世纪初期探险家和登山者中是很常见的选择。[8]沙克尔顿进行其1901年至1904年的南极探险时就穿着博柏利的衣服，而当计划向南极发起下一次挑战时他又选择了这家公司，并于1907年出发。为这次旅行，他选择了里面带有耶格绒内衬的双排扣蓝色粗呢西装外套。华达呢于1879年由托马斯·博柏利发明，其灵感来源于汉普郡的牧羊人用羊毛脂加工自己的工作服以使其防水的做法。当时，华达呢是最防风、最创新的布料。这种布料的本质是轻巧的密织棉料，其中的每根线都有防水涂层，所以它能又防雨又防风，但仍能透气。然而，若是有持续的雨水打在衣服上，或是落在衣服上的雪开始融化，那么水就会穿过编织层，进入到下面的毛织层上。这个问题颇为严峻，因此许多登山家都认为雨伞仍然是必需品。[9]

英国和挪威两支队伍之间最大的不同就在于外衣的选择。英国人仅仅依靠华达呢的裤子和外衣，而阿蒙森在此之外还穿了用驯鹿皮或海豹皮做的派克大衣和裤子。这种适应寒冷天气的穿着是他几年前在北极时从奈特斯利克因纽特人那里学来的。他写道，任何没有这种衣服的探险队都"不具备充足的装备"。但有一点值得注意：阿蒙森颇为倚仗狗拉的雪橇，因此这支五人队伍在大多数时间都是坐着的，这意味着他们会冷得更快，但也意味着他们身上沉重的毛皮并不妨碍前行。英国的队伍则使用另一种更为费力的交通方式——他们大部分时间是自己拉着雪橇走的，因此穿毛皮会严重拖慢脚步。[10]"发现队"的成员之一爱德华·威尔逊（即厄内斯特·沙克尔顿和斯科特的队友）写道："所有毛皮衣服都太不透气了，它们不能让身体散发的水分自然蒸发，而是将其全部吸收，水汽凝固后衣服就变得又重又湿……尽最大可能地避开羊毛以外的一切东西，这是一条黄金法则。"斯科特显然对此非常同意。[11]

2.8 万英尺高处的灯笼裤

因为它就在那里。

——乔治·马洛里被询问为何要攀登珠峰时的回答，
《纽约时报》，1923 年

1999 年 5 月 1 日，人们在珠穆朗玛峰北面高处的山坡上发现了一具尸体。这并不算稀奇：在过去的 100 年中，这座世界上最高的山"收割"了超过 200 名登山者和夏尔巴人 * 的性命。多数人就躺在自己倒下的地方：幸运的人被埋葬在积雪下，或是碎石冢下；不幸的人则像骇人的雕塑一样，暴露在越来越多的人将要走过的路上。（在青年印度登山者泽旺·帕卓 1996 年去世后，很多登山者在到达顶峰前曾经过他荧光色的靴子，因此他的遗体被命名为"绿靴子"。）然而，这一次被发现的遗体不同寻常。[12]

这具尸体在海拔 26760 英尺的地方，头朝着山顶方向俯卧着，周围是一堆碎石。强风刮掉了他背部全部的衣服，长久的

———————————

* 夏尔巴人（sherpas），喜马拉雅山当地的居民。

日光将他露出的皮肤曝晒得像山上的雪一样白。他的手臂伸向山顶，没有手套的手指抠进石缝中，似乎是要让自己停止继续往下滑。他背部的肌肉因为这一使劲的动作而鼓起。碎石聚集在他身边，冻得像大理石一样坚硬，将他嵌在山坡上。他一条伸展着的腿上穿着带鞋钉的靴子，另一条腿则露出雪白的小腿和脚踝，轻轻搭在第一条腿上，两腿之间夹着厚毛袜的碎片。[13]

正是靴子给了探寻队关于遗体存在时间的线索。带鞋钉的靴子到 1930 年代中期时已经不太常用了，并且据他们所知，在 1924 年至 1938 年间，没有登山者死在海拔这么高的位置。靴子和褴褛的衣服发出的低语，使美国登山者塔普·理查兹发出了确信的呼喊。他翻看遗体脖子后面仍然完好的一层层薄面料时，看到衬衫的领子上整齐缝着的标签上写着"G. 利-马……"[14]

在 70 年前，最后一个见过活着的乔治·马洛里的人是同为登山家的诺埃尔·奥德尔。1924 年 6 月 4 日，奥德尔从珠峰返回后，骄傲又可能略带嫉妒地记录道：马洛里和他 22 岁的登山同伴安德鲁·"桑迪"·欧文只花了两个半小时就从 3 号营地爬到了 4 号营地，他们在那儿测试了自己和新型氧气设备的极限，以准备对峰顶发起最后的进攻。虽然天气状况变幻不定，但据天气预报，他们计划登顶的 6 月 8 日当天将会有完美的天气条件——这是马洛里前一天派搬运工送给奥德尔的纸条上写的，这张纸条的用意在于向奥德尔道歉，因为马洛里和同伴离开 5 号营地时弄翻了他的炊炉。（炉子滚下了山坡，使得奥德尔当天的晚饭和第二天的早饭只能吃冰冷的食物。）他最后一次看见这对搭档，是在他们努力成为最早登上珠峰者的当天的 12 点 50 分。那时，奥德尔正在比他们低得多的地方攀登，他看向云层的缝隙：

> 我看到全部的山脊以及最后一段未爬的峰顶从云中露了出来。我注意到在很远的地方，在最上面一层平台到山顶那段满是雪的斜坡上，一个微小的身影正移动着，向那段石头形成的台阶靠近。第二个身影跟随着他，接着第一个人爬到石阶最上面。就在我站着全神贯注看着这戏剧性的一幕时，这一场景再次被云笼罩了。[15]

奥德尔当时估计，这对搭档距离峰顶还有 800 英尺，在三点到三点半之间就可登顶。然而这一时间选择令奥德尔感到担心：按照马洛里的时间表，他们在十点钟就应该到达现在的位置。他们落后了几个小时，想在天黑之前登上世界之巅再返回6 号营地是不可能的。更糟的是，当奥德尔下午到达营地时，不仅刮起了风，还有"相当严重的暴风雪"。这种天气几乎持续了两个小时。如同后来的许多登山者一样，奥德尔多年来一直在想，马洛里和欧文在人生最后的几个小时到底有没有登上山峰。[16]

马洛里 1924 年的珠峰登顶计划是他人生中的第三次尝试，当时 37 岁的他认为这应该是最后一次了。他是英国一家学校的教师，迷人、英俊，也是一位出色的业余登山家。他在一封与年轻的崇拜者调情的信中写道："我们下次必须攻下顶峰，只有这一次机会了。"可能是意识到自己的豪言是多么坚定，也可能是想向自己的通信对象树立高大的形象，他接着加了一句轻描淡写的话："反正这是件很费劲的事。"[17]

这话一点不错。即使要到达山脚下，也要先经过几个月的长途跋涉，再花五个星期徒步走过西藏高原。使这一切更为艰难的是，当时皇家地理学会与高山俱乐部的行李通常很重。他们的行李有 20 多吨，是 300 头牲口和 70 名搬运工扛上山的，其中有 4 箱蒙特贝罗香槟以及 60 罐鹌鹑肉和鹅肝酱。[18]

先不提奢侈的食物和饮品，在这次登顶计划中，准备活动和装备的确是至关重要的，登山队对这一登顶尝试的筹划（以及提起的语气）就像是在进行一项军事行动。《纽约时报》的一位记者写道："缺少一口煮锅、一个氧气罐、一只水壶或一根绳子，都会毁掉这次探险。"作为有经验的登山者，马洛里和同伴对这一事实十分清楚，他们也很明白这次旅途可能会给自己带来的危险、羞辱和挫败。他的第一次尝试花费了 6000 英镑，但只爬了可以说是丢脸的 21000 英尺（虽然他们找到了一条可行的路径）；第二次尝试的成绩延长至 27235 英尺，但花费了 11000 英镑，还有七位搬运工在一次雪崩中丧生。[19]这之后的一次登顶计划因为队伍成员的冻伤及精力不支而暂停。在 1924 年的探险中，大家已经有了更多经验，也更为小心，但危险总是近在身边。就在马洛里进行攀登的前几天，他的朋友和1922年登山时的同伴霍华德·萨默维尔已经爬到28117英尺高，不过这之后，旅途中一直困扰他的喉咙痛和干咳几乎使他丧生。霍华德喉咙的内黏膜被冻住后破裂了，堵住了他的气管，差一点就窒息而亡；他对自己实施了海姆里克腹部冲击法，将"阻碍物和一滩血"咳了出来，这才保住性命。[20]

峰顶的历史最低温度为零下41度，为了应对极寒的天气，登山队伍穿上了自己所知的最好的服装：一层又一层的自然纤维面料，包括丝绸和手工毛料，很像是在英国峰区国家公园运动的绅士的穿着。马洛里登山队1924年在喜马拉雅山高峰的照片显示，他们穿着臃肿的工装服或花呢夹克，精巧的纽扣在厚厚的羊毛围巾外鼓起，此外还有耶格绒的裤子和各种奇怪的帽子——时髦的软毡帽，或俄国羔羊帽，对脆弱的耳垂起不到保护作用。他们还戴着长及手肘的罗纹粗制手套，穿着到膝盖的长袜和带鞋钉的靴子。越往上，他们穿的衣服越多。

从他身上残留的衣服分析，我们得知马洛里进行最后一段攀登时穿着棉质和丝质的内衣、戈德尔明市佩因男装店的法兰绒衬衫、一件棕色的长袖套头衫和一件羊毛背心，这件羊毛背心是由他的妻子露丝充满爱意地缝制的。在这些打底的衣服外面，马洛里穿着一件博柏利的外套和一条用亮绿色的轻华达呢制作的灯笼裤。我们很难确定他穿着这些衣服是什么感觉：马洛里深受英雄主义理想的感召，在自己写下的文字中主要谈论对妻儿的感情，而非自己的身体状况。不过，或许他的队友爱德华·诺顿的描述可以让我们大致了解状况："天气很理想，风非常小。即使这样，身上穿着两套防风服装和两件毛衣的我还是觉得很冷。我坐在阳光下不断发抖，怀疑自己是不是发烧了。"[21]

服装的轻薄度和透气性是非常关键的。首先，高山上的天气极其多变，耀眼的阳光几分钟内就能转为刺骨的暴风雪。风速最强时曾达到每小时175英里，这足够将一个人吹起再甩到山下，就像小孩子对待不喜欢的玩具那样。马洛里在给妻子的信中讲到，他在高处的冰川上遇到了"灼热的雾气"："我走在里面，不时感觉就像身处一个白色的热锅中。莫谢德经历过印度最热的天气，也说他从没遇过这样难以忍受的炎热。"其次，更便于行动的衣服就意味着可以更快登上山顶。这在今天依然至关重要，而在氧气瓶刚刚发明、不被人们信任的时代，其重要性尤甚。

海拔极高的山峰，尤其是海拔25000英尺之上的山峰，是可以致命的。人的脑细胞会死亡，毛细血管会破裂，心跳会加快，血液会变稠。人的身体到达这一高度后会格外敏感——体温过低、冻伤、脑水肿和肺水肿都可能致死。若没有额外的氧气，风险就会大大增加。[22]

直到1924年，马洛里已经勉强接受了登珠峰需要氧气的帮助这一事实——直到今天还有很多登山者认为无氧登山更具美学价值。此前，马洛里相信这是缺乏体育精神的，更糟的是，这很不英国。不过，这些维持生命的罐子也有缺点。它们颇为初级、时好时坏，而且很重，每套装备有32磅。（马洛里在最后的笔记里抱怨氧气瓶是"爬山时要命的累赘"。[23]）

在这一海拔，一切都变得疲劳而缓慢，意志会受到损害，即使最小的障碍对于缓慢的行动也是不利的。马洛里对此很清楚。他对《纽约时报》说，他前一次登山到了最高点后，他的同伴一个小时已经爬不到330英尺了，每动一寸都很艰难。他控诉自己在积雪中穿的鞋子"十分笨重"，而他选择欧文做自己的登山伙伴很可能是由于后者掌握了创造性地使用氧气罐的技术。这位年轻的登山者在6月4日整个下午都在"反复测试并最终完善氧气设备"，以使其尽量轻便、易于携带。在马洛里给奥德尔最后的字条中，他说自己只打算带两个氧气罐爬到6号营地以进行最后的登顶，这似乎是渴望速度的他做出的一种让步。[24]

马洛里的衣服也反映出他的闪电战策略。博柏利的外套上有着获得专利的"枢轴"衣袖，这是特别为登山设计的，目的在于可以进行最大幅度的运动，却不会弄乱夹层中放置的保温气袋。并且，他虽然穿了很多层衣服，但它们都很轻：在活动时，这些衣服在高山上也能完美地保暖；然而，如果登山者保持不动，它们的效果很快就无法持续了。如果奥德尔说的没错，那天下午确实暴风雪肆虐，那么马洛里的衣服，再加上他一贯咬牙坚持的爱国主义、英雄主义和沉着冷静，或许就是他死亡的祸因。奥德尔回国后写的文章中暗示了这一点。"马洛里说过他在进行最后的登顶攀爬时不会冒任何风险，"他写道，"但从他的行动看来，对征服的欲望和对胜利的渴望对他来说可能太强了……我们这些与狂风的利齿搏斗，与黑暗赛跑，要征服阿尔卑斯高山的人，在面对近在咫尺的胜利、面对人类即将取得的辉煌成就时，哪一个会选择退缩呢？"[25]

血、汗与冻结的眼泪

男人渴望充满危险的旅程。小小的报酬，严酷的寒冷，长达数月全然的黑暗，频繁出现的危险，以及存有疑问的安然回归。

——报纸广告文案，
一般认为出自厄内斯特·沙克尔顿之手，1913 年

人类身体应对寒冷的能力很差。人体的正常体温约为 37 摄氏度，体温哪怕是降低一点都会有严重的后果。维持完好的身体机能必需的化学作用只能在很窄的温度区间中进行。如果人的体温降至 35 摄氏度，那么身体会激发一系列自我保护措施以防止热量进一步流失。例如，血管会开始收缩，尤其是在极端条件下，因为人体必须首先保证身体核心部位的温度，哪怕要损伤其他部位。遭受低温的人会开始发抖——这是一种产生热量的尝试——新陈代谢会加快，以燃烧更多的能量来源以维持体温。此外，呼吸会变得缓慢，血压会下降，心跳则会变得不规律。体温过低的人会感觉劳累、糊涂、易激动，手指和脚趾会变得麻木而失去敏捷性，走路会跌跌撞撞，做出的决定也可能会出问题。[26]

因穿衣不足导致的身体困境在探险家的记录中屡见不鲜。在寒冷的环境下，人做每个动作都很费力，尤其是穿过积雪、强风和处在高海拔地区时。马洛里在 1921 年 8 月 17 日写给妻子露丝的信中说："要拖着步子往前走，就必须不停有意识地用肺使劲呼吸。在最后一段陡峭的山坡上，我爬一小段就不得不停下来，尽全力喘气，好有足够的力气继续向上爬几步。"保罗·拉尔森在进行从南极到南佐治亚州的 800 海里长的航行时，为了重现由沙克尔顿在 1916 年首次完成这一折磨人的航行，他穿上当时的服装。他发现自己的博柏利外套虽然防风，却不够防水。服装的纤维一旦变湿，隔热性就会剧烈降低，重量也会明显增加，并且非常难晾干。[27]

最顽固且令人沮丧的问题可能是汗水导致的。在进行雪中前进、登山、跋涉等如此多的高强度体力活动之后，探险家会浑身都是汗水。正如彻里-加勒德所说："麻烦的是汗水和呼吸。我以前从不知道身体有这么多废物会从皮肤的毛孔排出……而所有的汗并没有从我们透气的毛织衣服里面蒸发从而保持皮肤的干燥，而是不断地凝结、累积。"这不仅会导致几层衣服之间结冰，将围巾冻在脸上，将袜子冻在脚上，还会使得衣服和物品本身冻成失去功能的冰雕。彻里-加勒德后来还在书中记录道，有一次他穿着因前一天的运动仍然湿着的衣服，走出帐篷。"我刚出来，抬起头环顾四周，就发现头无法低下来了。在我站着时，大概只有 15 秒时间，我的衣服已经冻住了。这时，我们都小心地缩着身子蹲下来，以免被冻在衣服里面。"[28]

埃德蒙·希拉里于1953年胜利登顶珠峰的那天早上，曾花好几个小时把自己的靴子焐化。他之后回忆，当时靴子"冻得硬邦邦的，我在汽化煤油炉上一直烤它们，直到它们软得能够穿上脚"。"我们把所有能穿的衣服都穿上了。"不过，他的衣服比较现代，是用合成材料制作的。从前，探险家穿的毛织衣服易吸水、很难干燥，尤其是当衣服过于紧身时。在1911年7月一次前往克罗泽角的短途探险中，斯科特的同伴威尔逊绝望地写道："所有的衣服都是湿的，还被冻硬了，穿着这样的衣服很难像平常一样行动自如，沿着绳子向上爬或踩踏岩缝都变得极为困难。"[29]

到了夜晚，事情变得更糟。斯科特探险队的睡袋是由驯鹿绒和凫绒制作的，它们全都湿透了，冻住后像铁棍一样硬，若想把它们卷起来，接缝处就会裂开。睡袋越湿，想把它们晒干就越难，住在里面的人也越冷。这必然导致了睡觉时要穿更多的衣服，而这些衣服又会浸满汗水然后结冰。等他们醒来时，皮肤会变得苍白、发皱。[30]

爬进睡袋也是困难又费时的事。探险者们需要用自己的体温让睡袋一点点变软，好能慢慢钻进去，先是一只脚，然后是第二只脚；先是一条腿，然后是第二条腿。"我们早晨从睡袋爬出后做的第一件事，"彻里-加勒德写道，"就是在睡袋冻住之前把我们的装备装进睡袋口，这样它们会变成一个塞子，移走装备后留下的洞就是我们晚上爬入睡袋的入口。"[31]

当身体遭受第一阶段高山症或失温症状影响时，身上一层层的衣服，不管是什么面料的，都会让人感到累赘并难以适应。

在 1996 年多灾多难的登山季，乔恩·克拉考尔登上了珠峰。在登山途中的一个早晨，他遭受了"大概有零下 40 摄氏度的体感温度"的攻击。他的背包里还有一件毛衣，但是他一想到穿上这件衣服要付出的努力就感到绝望。"我得首先脱掉手套、摘下书包、脱掉防风夹克，而且还得吊在绳子上做这些事。"为雄心勃勃的登山家准备的装备清单很大篇幅都在强调透气口、口袋、如厕工具、连身羽绒套装拉链位置的选择；以及比较各种复杂的合成材料混制而成的保暖上衣、手套和袜子的优点。格雷厄姆·霍兰德曾在珠峰的海拔高度上复制过马洛里的穿着，他发现裤裆的纽扣无论如何都让人难以适应，于是他提出假设，这位登山家一定是从没扣上过裤裆的扣子。[32]

研究者对这类复制的服装以及斯科特和阿蒙森的服装样本进行了测试，发现斯科特的衣服笨重僵硬，穿着这些衣服行动需要额外付出更多的力气。在一次对南极竞赛的模拟再现中，斯科特团队中的四位成员体重减少了 12%—25%，减少的主要是肌肉重量。另一次于 2013 年至 2014 年冬天进行的模拟再现中，人们发现斯科特当初的队伍每天的食物供给——主要是干肉饼（干牛肉和脂肪混合而成）、鲜马肉、饼干和巧克力——大概有2000—3000 卡路里的能量短缺。因此斯科特与他的队员需要消耗自身原有的能量，来补充花费在雪中拖拽装备向极地迈进和让自己保暖的能量。[33]

如果服装功效不足，导致身体某些部位的温度降至零度以下，后果将不堪设想。当皮肤和肌肉上形成冰晶时，就会出现冻伤：一般先是耳垂和鼻子，然后是手指、手、脚趾和男性生殖器。第一个症状是麻木，而当冰晶形成时，皮肤会变白，转而出现斑点，受伤的身体部位摸上去像木头一样，如果这一范围足够大，则血液会变成青色。虽然冻伤可以焐好，并且若受伤程度轻，死皮会像水泡一样脱落，新的皮肤会再长出来；但如果情况更严重，则意味着截肢，到今天仍然如此。[34]

20世纪初的登山家们对冻伤并不陌生。1922年的珠峰探险队中好几名成员都遭遇这一伤害，使情况恶化的是他们在高山上所依赖的衣服。这是他们自己犯的错误：缺少氧气再加上喜马拉雅山脉海拔6400米以上常年刺骨的寒风，想要保暖是难上加难了。

悲剧的是，在马洛里和斯科特之前，人们就找到了一个解决办法，可是因为看上去太不英勇，所以被拒绝了。虽然鸭绒和鹅绒在缝线衬裙上早已经被应用，却没有人考虑用这种材料御寒。最后是乔治·芬奇自己设计并托人制作了一件套装：由气球布做面料、凫绒做里子的大衣，裤子和长手套组成。澳大利亚人芬奇受到了势利的高山俱乐部的嘲笑，与他同时代的人也拒绝接受这种服装，即使事实证明这比他们自己的衣服保暖得多。芬奇锲而不舍。1923年，他在《高山期刊》上发表了一篇文章，强调在一定海拔高度之上穿着特制服装的重要性。他建议，应该穿至少六层的丝制和毛织衣服，外面再加一件防风的衣服，最好是法兰绒做里子、油绸做面子的衣服。要保护对登山家来说极重要又脆弱的双手，他建议戴三层的手套：里面是毛、中间是羊皮、最外面是防水帆布的手套。

如今，登山家们已经穿上了专为登珠峰设计的羽绒套装和合成羊毛的衣服，但冻伤仍然跟随着山腰上的冒险者们。在1996年的登山季，有八个人在同一天死于暴风雪。来自得克萨斯州的病理学家及登山爱好者贝克·威瑟斯当时受了伤，极为虚弱，于是他被丢下等死，脸和手都裸露着。最后他活了下来，但失去了1/3的右臂、左手的五根手指、鼻子和两只脚的一部分。[35]

斯科特探险队几乎所有的成员都遭受过冻伤，这使得他们之后再面对冻伤时更为脆弱，伤痛也更严重。最开始，这些队员对自己冒的风险不以为意，虽然他们都有过前往南极的经验。斯科特在日记中提到，1911年2月的一天早上，鲍尔斯在零下21摄氏度的环境中探险时戴着"他那盖不住耳朵的小毡帽"。仅仅走了一英里后，他的耳朵就因冻伤变成了白色，虽然他相对及时地去焐热了耳朵，但他主要的感想是"对自己拥有这样难以控制的器官感到巨大的惊讶和厌恶"。[36]

如此的疏忽大意是可能带来生命危险的。在从南极圈返回的长途跋涉中，这些人因为欧茨双脚恶劣的状况而减慢了速度，疲惫、沮丧再加上他们的袜子和翻毛鹿皮靴磨损越来越严重，他们所有人都开始出现冻伤，这让他们的速度更慢了。在去世十天前，斯科特也撑不住了："我的右脚和几乎所有脚趾都已经完蛋了，两天前我还骄傲地宣称自己拥有完美的双脚。"这一天是3月18日，到达安全地带的希望之火正在一点一点熄灭。第二天，事情更糟了："截肢已经是最好的情况了，但麻烦会不会更大？"[37]

装备清单

> 寒风刺骨，我们简直就像没穿衣服一样。手指很快就麻木了，但还能感觉到痛，这是好事。脚趾和鼻子也是一样。其他人穿着因纽特人的狼皮派克大衣，闻起来有一股腐烂的鲭鱼的气味。
>
> ——兰奴夫·费因斯，《直到世界尽头》，1982年

自从1920年代最早一批登山家穿着丝与羊毛制的衣服蹒跚地描绘出登上珠峰的路线后，数以万计的后来者登上大本营，但只有不到7000名登山者到达1924年曾夺走马洛里和欧文性命的峰顶。外国人获得登山许可的价格是11000美元，还有些人支付90000美元的高价来雇公司帮助自己实现登顶目标。登珠峰现在已经是一项产业：政府每年从登山许可中获得超过300万美元的收入；每六年进行一次的清扫会清除登山者产生的15000千克的垃圾；每年另有11000千克结冻的粪便被运走。南极也面临着同样的压力。探险家和探险爱好者争夺的名号越来越奇怪：第一个在南极骑自行车的人、第一个在南极滑雪的印度女性，等等。越来越多的人能到达这些地方，这部分要归功

于可用面料的巨大变革。[38]

在过去的 50 年中，登山家和探险家非常依赖合成纤维，而马洛里和斯科特登山时是没有这类材料的。举例来说，乔恩·克拉考尔 1996 年登珠峰时"将身体包裹在三层毛茸茸的丙纶绒内衣当中，外面还有一层防风的尼龙"。乔治·芬奇制造出凫绒气球布套装样品时曾遭到嘲笑，然而埃德蒙·希拉里 1953 年登山时，羽绒套装已经被认为是不可或缺的服装了。[39]

羽绒保暖层是将鹅、鸭子等保持体温用的蓬松细羽毛缝进两层精良布料之间制成的。其原理是将起保暖作用的空气锁在羽毛之间，所以衣服又轻又透气。羽绒服装最主要的缺点在于，一旦沾水，羽毛就会结成团，变得不再蓬松，因此也就失去了锁住空气的功能。合成羽绒则用聚酯纤维制成，可以模拟自然纤维来锁住空气。这种材料防水性更好，并且几个小时内就能变干——这点不像自然纤维——但它也更笨重。因此，理想的做法应该是在羽绒套装外加一层防水防风的衣服，但在很长一段时间内，人们没能生产出这样的面料。

自 1970 年代起，戈尔特斯就成了几乎无所不在的既透气又防水的衣服材料的代表。戈尔特斯由美国 W.L. 戈尔公司于 1969 年发明，其原理是将一层精细拉伸过的聚四氟乙烯材料粘在尼龙或聚酯纤维上。在显微镜下，拉伸的聚四氟乙烯就像是焦糖色的蜂巢，气孔的大小足以让水蒸气散发出去，但不够让液体水珠进入。[40]

W.L. 戈尔公司将他们的面料卖给户外服装品牌，如贝豪斯（Berghaus）、山地装备（Mountain Equipment）、北面（The North Face）等，目前在此类材料上独占鳌头。澳大利亚航行家保罗·拉尔森对这种面料极其信赖，他曾于 2012 年创下航海速度新纪录，并于第二年参与了复制沙克尔顿航程的计划。他提起这次计划时说："若应用现代服装，那么这次航行将轻而易举。一件现代的戈尔特斯潜水衣是非常舒服的装备，你可以长时间轻松地穿在身上。"不过，他却将自己包裹在博柏利风格的棉质工作服中："水一点一点地渗透进来，最后你只能承认自己从头到脚都湿透了。"更糟的是，这种工作服要整整三天才能晾干。[41]

不过，戈尔特斯也有自己的缺点。如同所有的合成材料冲锋衣一样，汗水很难从中蒸发，这对重体力消耗者来说是个问题，因为他们不想让自己的打底衫湿透、受损。为应对较为干燥的环境，或亟需透气性的时刻，人们非常希望找到替代材料。[42]

或许，在如此凶险的环境中，人们唯一更愿意使用自然纤维的地方就是贴近皮肤之处。即使这一特权都来之不易。虽然 1950 年代的人们还在广泛地使用自然纤维，但在 1960 年代中期的一次溃败后，合成纤维征服了市场。

在 1953 年，埃德蒙·希拉里穿的服装仍然包括毛织衬衫、内衣和设得兰套头毛衣，可到 1990 年代时这些已经显得极为过时以至怪异甚至危险。人工绒布是海丽·汉森（Helly Hansen）、巴塔哥尼亚（Patagonia）等品牌最爱的材料，并且逐渐成了行业规范。康拉德·安克是一名美国登山家，就是他于1999年发现了马洛里的遗体。对他而言，马洛里的自然纤维内衣简直令人厌恶。即使到了2006年，穿着马洛里时期的服装登上珠峰高处的格雷厄姆·霍兰德也对自然纤维在自己身上的表现感到意外。"和大多数登山者一样，"他写道，"我习惯了合成材料制成的户外服装，比如聚丙烯内衣和摇粒绒……而这些衣服的伸缩性极差，连穿几天就会有难闻的气味。"对他而言，马洛里的丝、棉、羊毛制的衣服是一个惊喜。[43]

过去的20年里，事情发生了逆转。新西兰品牌拓冰者（Icebreaker）成立于1995年，其目的就在于反抗过去几十年吞噬了户外服装市场的合成纤维。这家公司专门生产美利奴羊毛制作的服装，并且已经登上了很多登珠峰推荐的装备清单。航行家保罗·拉尔森在探险中基本都选择在自己的戈尔特斯外套下穿自然纤维的内衣，他目前最爱的打底服装是由牦牛毛制成的。[44]

人们对自然纤维的重新接受与人们重新评价马洛里和斯科特的探险历程是同时发生的。他们在自己的时代都被视为悲剧性的英雄，然而后来主流的评价就没有那么友善了。

马洛里的功绩最后被两件事情定义。第一是无法证实的"也许"，即有人推测他也许是第一个登顶珠峰的人。第二是1999年发现他的探险队成员们拍下了他裸露在阳光下的遗体的照片，并卖给了媒体。[45]斯科特也没能维持优雅的形象。2011

年的《国家地理》刊登了一篇讲述他对手的文章《夺走荣誉的男人》。作者在其中写道，斯科特虽然成了所有探险家共有的野心、理想与冲动的牺牲品，但伟大的阿蒙森"能驾驭这些情绪"。斯科特则常被描绘为愚蠢的、鲁莽的人。深陷过时的殖民主义世界观的他对原住民穿着的毛皮衣服缺乏了解，相当轻率地拒绝了它们。斯科特自己对最后一点有过直接的表述。1911年8月，最后一段行程开始之前，他的一则日记预示了他的结局——装备不足、衣着不够的他正身处地球上最恶劣的环境中：

> 我不停琢磨着自己是不是该穿上因纽特人制造的毛皮服装，并偷偷猜想这些衣服比我们"文明人"的衣服更有效。但对我们来说，这只能是猜测了，因为我们无法获得这些衣服。[46]

10

工厂工人

Workers in the Factory

人造丝的黑暗史

工厂里的工人

Workers in the Factory

反抗

更好的物品，更好的生活……化学都帮您实现。

——杜邦广告宣传语，1935—1982 年

"为什么有时候，"阿涅斯·安贝尔曾写道，"我们会没来由地感到开心呢？为什么有时一切都显得那么美好，我们会对全世界都感到满意，包括对我们自己？"对阿涅斯来说，1941 年 4 月 15 日就是这样的一天。然而，事实证明她的快乐是不合时宜的：当天的晚些时候，她被盖世太保抓走了。[1]

对纳粹军队来说，抓捕阿涅斯有确凿的罪证。她也许看上去不像叛乱者的一分子：她是一名受人尊敬的中年巴黎艺术史学家，有着柔和的圆眼睛、挺立漂亮的鼻子、烫成大波浪的头发。然而她也是一个智慧、勇敢、决绝、顽固的人，即使在最恐怖的环境中仍有不变的智慧。她的性格无法承受长久的不公和纳粹占领下的高压政策。"我觉得如果不做些什么，我真的会发疯。"在巴黎沦陷不久后，她这样写道。阿涅斯与人类博物馆的同事共同建立了第一个反抗组织，这是一群令人意想不到的成员：埃及学家、考古学家、图书管理员……他们刊印了报纸，

以此对抗纳粹无所不在的官方宣传，并偷偷向英国递送情报。他们开始时只是在博物馆走廊里悄声交流，但这一临时团队很快发展为大规模的网络，事实上是过大了——最后一位双面间谍出卖了他们。

便衣警察在阿涅斯母亲的病床旁发现了她。搜查她家时，警察们发现了罗斯福的一份充满激情的演讲稿，以及这个组织创办的报纸的头版设计方案。版面最顶端是"邪恶"的粗体文字，即报纸的名字：反抗报。[2]

军事法庭判定这个组织有罪。男性被执行枪决，女性则被囚禁，然后送往德国从事强迫劳役。当阿涅斯听说自己究竟要从事何种劳动时，她喜出望外："原来我们不做与战争有关的工作！"她首要的目标就是不要为纳粹的事业做贡献。"我们将在工厂里制作人造丝，将造出的丝卷在线轴上，一天工作八小时……这些丝会用来制作内衣和长筒袜。"[3]

那些制造了我们每天穿着、使用的面料的人，他们的话语是很难追寻的。历史上，很少有工厂工人写过书或文章讲述自己的经历。我们听到的他们的话，往往是出自简短的引用，或是他们对医生、活动家、记者提出的问题的回答，并且常常只是在灾难发生后。正因如此，阿涅斯的记录非常特别。她是一个干劲十足的人，对新生活的细节和其他工人颇具好奇心和感受力。不公正、麻木不仁和细微的恶都会被她察觉，并激起她的怒火。一次，工厂中的一个女孩俯卧在地上，阿涅斯认为她的心脏病犯了，这时工头来了。他用肮脏的指头碰了碰她的眼睛，发现她只是昏了过去，就"趁机色眯眯地盯着她的胸部看"。[4]

作为囚犯和强制劳工，阿涅斯的视角和其他数百万主动选择从事织物生产的人不尽相同。战争爆发前，她是在博物馆工作的巴黎人，几乎不知道什么是人造丝。她也许穿过这种材料制作的衣服，虽然她自己没有提过。她的母亲曾购入人造丝工厂的股份，因为听说收益不错——值得庆幸的是，这并非阿涅斯工作的那家工厂。除了这种浅层的认知，她进工厂时和一般人一样，几乎完全不了解这种人们日常穿着的面料是如何生产的。

进入市场

女人想拥有男人、事业、财富、孩子、朋友、奢侈品、安全感、独立、自由、尊重、爱，还有便宜的穿不完的丝袜。

——菲利斯·迪勒

几乎在被捕一年后，阿涅斯才第一次见到自己将度过接下来三年的地方。这是一个在德国东北部的大工厂，靠近克雷菲尔德，距荷兰边境半小时车程，由一家叫弗里克斯的大公司经营。身为浪漫主义者和历史学家的阿涅斯若知道自己将花三年时间来生产的这种面料名字的词源，一定会很高兴。在 16 世纪中期，"rayon"（人造丝）是用来形容一束光线的。事实上，这种闪亮的合成纤维被创造的过程相当不可思议，简直像侏儒怪的故事中稻草变成金子的过程。[5]制造人造丝的原材料是许多植物的基本构成要素——纤维素。在 19 世纪的最后几十年，科学家们研了多种将通常呈木浆状的纤维素转变为纤维的方法，他们将成果变成了人工丝或仿丝。

不难想象，将木浆（类似木屑，只不过磨得更细）变成丝那样柔软而闪亮的线，这是个棘手的工作。要进行这一过程，首先要用高浓度的氢氧化钠处理纤维素。溶液中还加入了二硫化碳，这样的溶液有助于在不破坏纤维素基本分子结构的前提下使其液化。之后，将溶液搅动，加入更多的腐蚀剂，再放置以使其"成熟"，直到其形成糖浆一般黏稠的液体，也就是黄原酸酯。[这一溶液如蜂蜜般黏稠的性质给人造丝带来了另一个名字：从"viscous"（黏稠）而来的"viscose"（纤维胶）。]当溶液成为胶体后，就要将其从很细的喷嘴或喷丝板中挤出，然后放到硫酸池中。强酸使二硫化碳从纤维素溶液中分离，并使剩余部分变得坚硬，这样，硫酸池中就形成了精细的人造细丝，这些丝沉到池底堆积起来，形成了人们所说的"丝饼"。然后，纤维经过拉长、清洗、切断、漂白等一系列处理——有时还需要染色——再织成面料。[6]

或许有些令人意外的是，这一生产过程得到的成品面料非常棒。虽然几乎不会有人把它当成丝绸来骗人，但它和丝绸确实有相似之处。首先，人造丝面料极为柔软，垂坠效果很好。此外，它也有着丝绸般的细腻光泽。从商业角度看，更具诱惑力的是，人造丝短纤维可以和棉、毛等其他纤维进行混纺再织成布。这使得更多新面料得以发明、上市，并使顾客享受到更低的价格。[7]

对西方科学家和商人而言，终于有机会撼动东方世界在奢侈面料生产中的统治地位，这是令人狂喜的。创立了元素周期表的俄国化学家德米特里·门捷列夫于1900年提醒人们，因为人造丝的生产仍然处于"初期或者说胚胎阶段……因此面对这件事最好有所警惕"。虽然有如此的谨慎和保留，他也说："人造丝取得的胜利是科学的胜利，它将世界从棉花中解放出来。"即使在这一发明出现约40年后，欢呼声仍没有减弱。1925年，伦敦《泰晤士报》依旧在扬扬得意地声明："人造丝的生产要归功于英国科学家，人造丝为一项伟大的工业奠定了基础。"[8]

制造人造丝的过程涉及大量化学物质，因此从一开始，这就是一项与工厂、城市工人、大型跨国企业紧密联结的高度机械化的产业。最先涉足其中的是塞缪尔·考陶尔德公司（后来的考陶尔德公司），这是一家专注于工业化面料生产的英国企业。他们于20世纪最初几年在考文垂开设了人造丝工厂，并且于1910年创立了美国子公司，美国的工厂设在宾夕法尼亚州的马库斯胡克，子公司名为"美国人造丝公司"。这家子公司基于从前的经验，每周可产出10000磅人造丝，而雇员只有480人。[9]

大型公司的生产效率加上低廉的成本，这无疑代表着利润，即使在经济困难时期（或者说尤其在这些时期）也是如此。举例来说，人造丝工业在第一次世界大战期间繁荣发展，主要原因在于丝和棉的供应链中断，而这大大增加了人们对合成纤维的需求。经济大萧条也巩固了人造丝在面料领域的地位。1936年，美国人造丝产量相较于1931年获得了80%的增长。截至那时，除了英国（考陶尔德）和美国（考陶尔德和杜邦）的大公司，意大利（SNIA）、德国（格兰茨斯托夫）和日本（帝国人造绢丝和东洋人造绢丝）的人造丝生产商也如雨后春笋般出现，世界人造丝的产量越来越高。[10]

这些公司中有许多后来都增加了其他合成面料的生产线，杜邦公司就是最好的例子。杜邦于1920年在纽约州水牛城开设了第一家人造丝厂，之后在田纳西又开了一家。到了1960年代中期，它已经成为美国总产值191亿美元的化学工业中的领先企业，也是世界最大的合成材料生产商。那时，他们最挣钱和最有名的纤维就是"尼龙（nylon）"，这是第一种基于矿物燃料的纤维。（当时，用木浆制造的人造丝比用石油化工生产的其他面料便宜。但自那以后，后者的价格显著降低，现在这一关系已经反过来了。）[11]

这种热塑性纤维的生产研发始于1930年。杜邦公司拥有"尼龙66"的专利，这是今天服装行业中的标准面料；而德国的化学企业法本公司研制的"尼龙6"如今多应用于家纺。研发开始后不到十年，尼龙就进入了市场。在美国，杜邦专注于针织品市场，这是一个精明的选择。1930年代，随着裙摆越来越短，长袜开始变得不可或缺。在尼龙发明前，多数长袜是丝制的，丝制长袜虽然皮肤触感很好，却难以清洗、价格昂贵、缺乏弹性且容易开线，因此女性平均每年不得不购买八双长袜。1939年10月24日，杜邦为了开拓这一市场，举办了一场针对特拉华州威明顿市职工妻子的尼龙长袜促销。几个小时内，4000双长袜以每双1.15美元（相当于今天的20美元）的价格全部卖光了。第二年的5月16日正式上市，同样热销，公司生产的400

万双尼龙长筒袜，在48小时内被抢购一空。仅在1940年，杜邦公司就生产了超过250万磅的尼龙，销售额达900万美元。两年之内，他们就抢占了丝袜市场的30%。[12]

他们的产品上市时机非常凑巧。当时，美国的大多数丝绸是从日本进口的，而这一贸易正受两国之间不断恶化的紧张关系的影响。1941年8月1日，对日本丝绸的进口完全停止了。杜邦立刻加大了生产量，以弥补货物的短缺。但在日本偷袭珍珠港后，尼龙也转向了战争用途：多被用于生产降落伞、鞋带、蚊帐和飞机软邮箱，而非奢侈消费品。突然之间，大西洋两岸的女性买不到尼龙丝袜，不得不竞相发挥创意。化妆品公司推出了可以复制长裤效果的化妆品：赫莲娜的产品叫"腿膏"，其他受欢迎的产品还有"腿丝"和"丝霜"。百货商场陈设了专门的化妆柜台，给顾客涂上长裤效果的化妆品，用错觉画的方式画出缝线，再用眉笔慢慢小心画出袜口。女性还在家中尝试着用肉汁给自己涂上棕色。等到1945年尼龙长裤重新回到市场，女性陷入了疯狂，商场上演了后来被称为"尼龙暴乱"的景象。在匹兹堡，4万人排成一英里的长队，只为了抢购一家商店内的13000双的库存。[13]

除了袜子，尼龙和其他合成材料制成的服装也因其实用、耐穿而被人接受。1964年，《纽约时报》上的一篇文章建议道，职业女性在奔波一天后，"只需洗干净长裙、长袜、内衣，然后上床睡觉"，这样她们"第二天无需熨斗，就可以为清爽地展开行程"。[14]

实用性可以创造利润。1940年至1967年间，杜邦公司仅靠尼龙就赚了42.7亿美元。而其他合成材料，如被杜邦定义为"奥纶"的腈纶（聚丙烯腈纤维），被定义为"涤纶"的聚酯纤维，还有被定义为"莱卡"的人造弹性纤维，最初赢得顾客的过程就吃力得多。[15] 然而，此时的消费者可支出的金钱比以往更多了，尤其是美国的消费者。截至1970年，美国的消费支出达到国民生产总值的2/3，而平均家庭收入也高于以往。杜邦和其他合成面料企业十分善于营销。早在1897年，考陶尔德公司就利用人们在吊唁场合穿黑色衣服这一点来售卖自己的商品。他们的一条广告列出了"女士守丧的正确期限"，从表亲去世的三个月，一直到丧夫的一年零一天。而列表的最上面，是用大号粗体字标出的说明："考陶尔德的黑纱有防水功能。"[16]

到20世纪中期，市场上出现了更多的面料公司、更多的合成面料和更多的合成纤维与自然纤维混纺的面料，因此广告变得更加重要。1962年，杜邦花费了1000万美元来进行产品营销，到1970年，这一花销增加至2400万。巴黎一直是国际时尚贸易的中心，报纸每年两次对时装周进行忠实的报道：巴黎的设计师走向何方，国际的大众时尚就跟向何方。因此，杜邦公司开始与巴黎高级时装工会建立关系，后者参与组织一年两次的时装秀。很快，时装工会的设计师们开始设计由合成材料制作的服装了。作为回报，杜邦为这些时装品牌拍摄了漂亮的照片，作为宣传之用。例如，1953年，他们邀请于贝尔·德·纪梵希参观自己的总部，第二年他就用"奥纶"混纺的面料制作了蓝绿色的衬衣式连衣裙。1955年，这家公司给出了巩固地位的一击：14 种合成材料出现在迪奥和香奈儿的服装系列中。[17]

随着服装潮流在接下来的十年中不断变化，消费者对有弹性、合身的休闲服装表现出空前的渴求，这种审美恰恰符合合成面料与合成混纺面料的特性。然而，它们面临的最大阻碍来自高端市场顽固的势利态度，并且无论巴黎如何支持，似乎也无法完全消除这种态度。十年之后，尼龙和其他合成面料仍然需要被大力宣扬。1964 年的《纽约时报》向读者保证："尼龙面料的种类已经大大增加，远不只有十年前谨慎的旅行家选择的褶皱尼龙。……经过拉绒的尼龙看上去类似天鹅绒，有棱纹的尼龙类似灯芯绒，摇粒绒适合制作外套或家居服，而双面针织面料类似平织毛料。"显然，合成纤维产业在试图说服消费者，使其相信合成面料几乎和真东西一样好用。文章引用了一位设计师的话："距离几英尺时，即使是专家也很难分清许多面料到底是合成的还是天然的。"[18]

抛开初期面临出现的困境，合成材料便宜、易得、时尚、方便的特性仍然确保了其在市场上的胜利。这侵占了自然纤维的利益，尤其是棉。1960 年，美国的工厂使用了近 300 吨纤维，其中 64% 是棉纤维，29% 是合成纤维。十年后，这一比例反过来了：纤维使用量增长 1/3，其中合成纤维占 58%，而棉纤维占39%。如此明确可见的成功和大量的利润引来了竞争。1955 年，杜邦公司掌握着美国 70% 的合成纤维市场，到了 1965 年，其市场份额下降至约 50%。尽管如此，他们的利润仍在增长：对消费者来说，紧跟潮流的有弹性的便宜服装永远是不嫌多的。[19]

欢迎来到工厂

我身处的巨大车间像大教堂一样宽阔。里面的机器排了
20 米长，它们由玻璃罩保护着，就像在温室之中，对我来说
完全是神秘的。里面的每件东西似乎永远都运作着，不停地
翻搅、转动、上升、下降。我被噪声、难以忍受的酸性物质
的刺激气味以及这整个场景的陌生感震住了。

——阿涅斯·安贝尔，《反抗报》，1946 年

关于合成面料的制造过程，消费者过去知道不多，现在或
许依旧如此。大量涌现的化学公司制造着不同的纤维，并且都
倾向于为每种混纺或混织的面料重新命名，这导致了人们根本
无从追寻自己购买的究竟是什么。如 1964 年《纽约时报》中一
篇文章所说："绝大多数商品的名称对消费者根本没有意义，行
业从业者也难以辨别。"[20] 光是人造丝就有数不清的别名：人工
丝、仿造丝、工艺丝、纤维胶、竹纤维、莫代尔、莱赛尔、黏
胶人造丝……[21]

纺织工人的遭遇也是消费者看不到的。从事职业健康研
究的美国医生爱丽丝·汉密尔顿多次提及纺织工人和人造丝工

厂的状况。例如，在一篇早期检视宾夕法尼亚工人面临的健康威胁的文章中，她列举了危害工厂工人的"轻飘的毛状灰尘"和"需要人们持续关注的，由噪声、震动和持续劳动引起的疲劳"。[22]战争带来的需求使条件更恶劣了。意大利医生恩里科·维基利亚尼写道，在第二次世界大战期间，皮埃蒙特的人造丝工厂为了努力提升产量，将工作时长增加至每天12小时，即使在停电期间也一样。[23]

战争期间，强制劳动是普遍存在的。弗里克斯公司在德国利腾堡附近的一家工厂征用了诺因加默集中营的劳力，另一家位于波希米亚乡间的德国人造丝生产商洛沃西采也是如此。到了1943年，格兰茨斯托夫公司每四个工人里就有一个是强制劳工或战争囚犯。当盟军解放法本公司一家位于沃尔芬的工厂时，那里被强迫劳动的工人发起暴动，把工厂烧了。[24]

使用奴役劳力除了违背道德，还造成一个后果：人造丝工厂中的工人们往往不服从、爱反抗、不熟练、营养不良、超负荷工作、年龄过小，且极易受到意外伤害。阿涅斯在那里工作时虽然已经当了祖母，身体也一直很差，却要在没有接受正式培训的前提下每天独自操作机器12小时。她和同事们还常常受到监工的虐待。

最开始的几个月，她只处理已纺好的人造丝线，但这项工作也有着相应的难度。这是份令人口干舌燥的工作："因为我们每一次呼吸都要吸入人造丝尘"。强制劳工每天只有两次如厕的机会，并且不得使用饮水机。事实上，只有在监工许可时，他们才能喝水。[25]

即使如此，阿涅斯从一开始就很清楚，环境最恶劣的地方是制造人造丝的车间。她刚到时，这里的工人都是拿薪水的自由职工，其中许多是荷兰人，并且几乎都是男性。而这些人的"状况令人同情"：

> 他们的工作服受到酸液的腐蚀，变得破烂不堪；他们手上缠着绷带；他们的眼睛似乎受了十分严重的伤。他们已经到了生活无法自理的程度。其他工人会搀着他们的胳膊，让他们坐下，把勺子放到他们手里。他们似乎还受到剧痛的折磨。如此摧残人的究竟是一种怎样的工作啊！[26]

当时阿涅斯还不了解，但她很快就会明白。自由职工纷纷离开工厂，并且拒绝回来。一段时间后，管理者能够命令在纺织间工作的就只有她这样的女工人了。

在车间

Arbeit macht frei.

（劳动使人自由。）

——奥斯维辛与其他集中营入口的标语

1887 年 4 月，一位 27 岁的男子因为发疯被送到了哈德逊河州立医院。12 天后，另一个人也被强制入院。经调查发现，这两人都曾在同一家橡胶工厂工作。几个月后，在盛夏之时，第三位病人从工厂来到这家医院。据报道，他"处于极度的精神兴奋状态，用噪声和狂躁的祈祷打扰着邻居"。纽约内外科学院神经科的主治医师弗雷德里希·彼得森对此很感兴趣，判断这三个人都吸入了大量相同的化学物质——二硫化碳。[27]

保罗·大卫·布兰科在他为二硫化碳书写的传记中说，这是一种优美的小分子，其结构是一个碳原子夹在两个硫原子之间。这种物质在自然中很少见——火山喷气孔是能找到它的一个地方——但一位德国化学家于 1796 年将其人工合成出来了。从 19 世纪中期开始，二硫化碳就被用于制造硫化橡胶（这一过程被称为冷法橡胶硫化，另一种加工方式则依靠热力和压力）。浴帽、轮胎、印度橡胶保险套等物品都是硫化橡胶做的。[28]

人们几乎在刚开始使用二硫化碳时就发现了这种化学物质的危险性。在上述三个人被送去哈德逊河州立医院 40 年之前，一位法国化学家就在其出版的教科书中提出了警告。当时的法国是欧洲硫化工业的中心，因此那里的科学家和医生首先发现接触二硫化碳的人遭遇的风险。这位化学家没有直接论断说应该减少二硫化碳的使用，而是建议硫化加工应该只在露天环境下进行。两年后，在对巴黎外科医学会进行的宣讲中，纪尧姆·杜胥内·德·波洛涅提出了同样的警告。他通过观察发现，暴露在这种化学物质中的人似乎会与梅毒晚期患者表现出同样的精神错乱。19 世纪时，梅毒这种可怕的性病正泛滥成灾。[29]

这些警告传播得很慢。即使当这一现象在橡胶产业引起重视时，也没有人想到去评估人造丝产业使用二硫化碳带来的危险。部分问题在于，暴露在二硫化碳下产生的症状太多并且太分散。1941 年的一份报告中列出了 30 种症状，从较轻微的眼花、没有食欲到最严重的窒息死亡。[30]

早期的医疗记录几乎都是由男医生观察男病人写下的，其中惊恐地提到了二硫化碳导致的性问题。一位法国内科医生报告了一位 21 岁的病人出现频繁勃起的症状。而另一位 27 岁的病人的症状更为严重，他看上去有些未老先衰，并且发现自己"失去了性欲和勃起的能力"。[31]

除了身体上的问题，暴露在二硫化碳下还可能带来一系列心理问题。工人及其妻子们报告的症状有轻微的暴力倾向、噩梦、头晕、头痛等症状，最严重的则是精神错乱。托马斯·奥利弗医生写道，一些在工作中接触过这种物质的人疯狂到"从工厂最高层的房间猛地往地面上跳"。针对宾夕法尼亚州一个社区的研究发现，附近一家人造丝工厂中有十名工人相继被送到精神病院。其中一名变得极为暴力，四名警察才能压制住他；之后，他因受伤死亡了。另一个人则试图将一块石头吞下去。[32]

爱丽丝·汉密尔顿描述了自己于 1923 年检查的两位男性，他们都在水牛城附近一家人造丝工厂中通风良好的医疗室工作。第一位男性高而憔悴，有着"神经质的举止"，被问问题时很容易紧张、发怒，无法接受不同意见。他最初的症状是感觉两腿无力，并且像麻痹病人那样抖动。"他的情绪非常低落，总是昏昏欲睡，随时都能真的睡着。"他的同事身体的表现好得多，但非常情绪化和紧张，虽然他在努力控制自己。他还受幻觉的困扰。在和汉密尔顿医生的访谈进行到一半时，"他失控了，把头埋在枕头里泪流不止"。[33]

二硫化碳带来的问题是国际性的，直到 20 世纪中期仍然持续对人体健康造成威胁，意外与精神错乱的案例频频发生。在意大利，意外与职业伤害保险协会于 1934 年至 1937 年间记录了 83 起案例。然而，在 1938 年，案例数量突然剧增。仅这一年就有 83 起案例被记录下来：其中有 16 起永久残疾，并有一起是致命的。之后，极为关注职业伤害、尤其是人造丝工厂职工的恩里科·维基利亚尼医生记录道，在第二次世界大战期间，一些工厂对职工的保护远不如其他工厂。1943 年至 1953 年间，他遇到了 43 起人造丝厂工人二硫化碳中毒的案例，分别来自米兰的四家工厂。其中有 21 位在同一家工厂上班，18 位在另一家，第三家和第四家则各有两人。[34]

令人不安的是，即使短暂地暴露于人造丝工厂的二硫化碳之下，也可能造成无法恢复的伤害。维基利亚尼医生于 1940 年至 1941 年间接触了皮德蒙特超过 100 位暴露在二硫化碳下的人造丝工人。其中很多人行走困难，膝盖疼痛，持续感到双腿沉重；有五人已发展出精神病症状。当他 1946 年再次察看其中一些病人时，有一位已经康复，四位有所好转，五位情况依旧，还有十位状况恶化了。[35]

这些官方的医疗报告已经够吓人了，然而它们显然仍不能完整描绘当时的情况。许多人造丝工人出身贫穷、学历不高，渴望能保住饭碗。这使得他们愿意不停地工作，即使要付出健康的代价。汉密尔顿医生记录的那位憔悴的男性得到了六个星期的全休，并且据她评论"没有夸张自己的伤残程度，反而表现得很愿意继续工作"。[36]

这些医疗报告通常也是不完整的。维基利亚尼医生提到的意大利案例只包含了收到赔偿金的那些：根据合理的推测，这只是冰山一角。并且，官方的报告也可能被工厂主和监工操控过了，这些人是不愿意为工人受的伤负责的。汉密尔顿医生曾经和一个铅白工厂的经理交流，这位经理大声怒吼："你的意思是说如果有人铅中毒，我要负责任吗？"[37]

纺织工业也普遍存在类似的态度。在英美两国，不断出现的眼部问题通常仅被描述为"结膜炎"，即使已经有大量证据表明暴露在二硫化碳下实际上会导致角膜炎，这是更严重的眼病。1960年代初期，当有人向考陶尔德公司展示二硫化碳对工人造成危害的证据后，考陶尔德公司不予表态，并阻止了进一步的调查。即使到了1990年代，面对政府提倡的健康危害评估研究，他们也态度强硬地拒绝了。另一方面，杜邦公司于1935年就开始研究自己使用的化学物质有何作用，并强制执行了工厂中使用二硫化碳的安全数量限制。[38]

阿涅斯和她的同事不知道自己使用的化学物质是什么，能造成怎样的伤害，因为没人告诉过她们。"二硫化碳"这个词一次也没有在《反抗报》中出现过：她将工作中接触的几乎所有化学物质笼统地称为"酸"。他们在工作中彼此学习经验，几乎没什么指导，因此每次出现的遭遇都是令人意外的。他们很早就发现的一件事是要避开融化的纤维胶——他们使用的是开口的大桶，没有佩戴安全面罩或其他常用来保护工人的设备。阿涅斯开始生产人造丝后很快就记录道："这东西就像磷一样，能造成严重的烧伤，并且会黏在伤口上，无法除掉，直到腐蚀所有的肉，露出骨头。"弗里克斯工厂的员工们不像平民工人那样有手套和其他防护设备，而是要在易受腐蚀的服装中自求多福，这使得一些女工最后在车间中工作时几乎是裸体的。[39]

阿涅斯所在工厂对工人安全的忽视令人不寒而栗。某天，一位工人在机器前癫痫发作，口里可怕地吐着白沫，她的身体一张一弯地从中间的走道一侧到了另一侧。阿涅斯和其他同事惊恐地看着，然而监工和女狱吏认为这非常好笑。不到半个小时，她就回到自己的机器前继续工作。后来，这种发作每周都会出现一次。[40]

随着战争的延续，事态每况愈下。供给减少了，但工时却增加了：不久后，他们开始每周工作 60 小时，每三周有两个周日还要轮班工作 12 小时。这不可避免地对工人的健康造成了影响。当阿涅斯的朋友亨丽特由于二硫化碳失明、腿部疼痛、抽筋时，她只得到了阿司匹林和眼药水。而天生手笨的阿涅斯总是被溅出的纤维胶溶液烧伤。有些溶液溅在她的脚上，一直腐蚀着皮肤，最后导致伤口感染。她的手溅上了太多溶液，以致皮肤变得"灰白且疼痛"。她无法入睡，很快也开始出现一阵阵的失明。"你先会陷入一团迷雾中，然后疼痛开始：先是眼睛和鼻子一抽一抽地痛，然后眼睛针扎似的痛，接着便是头痛欲裂，脖子后面也疼得难受。"[41]

阿涅斯和同伴也都出现了心理上的问题，虽然她们没有意识到。每个人的睡眠都很差，常常出现强烈的自杀冲动。一天，一个年轻的奥地利女孩躲在机器后面喝下一杯人造丝原料桶中的溶液。之后，三位女性在 24 小时内接连试图结束自己的生命。一位跳出了窗户，一位跳下了楼梯井，第三位是亨丽特，她用碎玻璃划开了自己的手腕。[42]

快时尚，老问题

这是一个关于剥削的故事。

——常驻达卡*的摄影师阿比尔·阿布杜拉，2015 年

2013 年 4 月 24 日星期三早上九点差三分，一幢八层高的大楼轰然倒塌，其破碎的程度就好像这座建筑的混凝土结构是靠丝线支撑的一样。当时楼里有 3122 人，其中多数是女性服装工人，很多人还把孩子带在身边。[43]

事发之前，曾有过警示的预兆。八年前，达卡也曾有一家工厂倒塌，而就在几个月前，附近另一家服装制造厂发生了火灾。出事的这一幢楼完全不是作为工厂来设计和建造的。这幢楼的地基建在土地填充的池塘上，不足以支撑工业生产带来的重量和震动；此外，楼顶的四层是未经建筑许可加盖的。更要谴责的是，事发前一天，大楼就出现了严重的结构性开裂。虽然大楼的所有者声称没事，但其他几家共用大楼的商业公司，包括一家银行和几家商铺，都疏散了各自的职工。然而，服装

---

* 达卡（Dhaka），孟加拉国首都。

工人得继续工作，一位经理威胁道，如果他们不听话，就扣发本月工资。[44]

2013 年，孟加拉国的"拉纳广场"大楼倒塌事故共造成 1134 人死亡，受伤人数则更多。幸存下来的人遭受了巨大的创伤，因为他们被困在碎石中几小时甚至几天，身边都是同事和朋友的尸体。最后一位被发现的生还者叫蕾诗玛，大楼倒下 17 天后，她从工作场所的残骸中被拖出，脸上盖满黏黏的米色粉尘。许多能够继续工作的幸存者很快回到了服装生产业中：没有什么其他职业可做，而他们需要赚钱。[45]

三年后，包括大楼所有者苏赫尔·拉纳在内的 38 人被指控谋杀。然而，大环境并没有改变。孟加拉国是世界最贫困的国家之一，但在 2013 年，它却是仅次于中国的世界第二大服装出口国。孟加拉国国内约有 5000 家工厂，它们雇用了 320 万名工人，其中许多是女性。"拉纳广场事件"发生后，服装出口额还上涨了 16%，达到 239 亿美金。[46]

大量的廉价劳动力——事件发生时，服装工人最低的工资仅有每月 37 美元——使得这里成为受西方各大品牌欢迎的外包生产地。拉纳广场的废墟中发现的商标有"Primark"、芒果（Mango）、沃尔玛和贝纳通（United Colors of Benetton）。虽然这些大型公司获利颇多，但在灾难中受影响的人拿到赔偿的过程却很慢。补偿死者家庭的委员会花了五个月才建立起来。灾难发生一周年时，委员会要求支付的 4000 万美元只有 1500 万美元到位。在倒塌事件之前六个月从拉纳广场获得 26.6 万件衬衫的贝纳通，最后终于不堪舆论压力，于 2015 年将钱款支付给了基金会。志愿者们将一位遇难者的照片挂在货车上，绕着贝纳通的国际总部特雷维索不停行驶。[47]

如今大型的大众时尚品牌对合成面料颇为依赖。没有它们，快时尚可能就无法存在了。合成面料便宜、生产过程快，可以严格按需求的数量、颜色、图案生产，以实现一些最大最成功的品牌如 Zara、H&M、Topshop 等所需要的每两周、每周甚至每天更新的服装生产。

全球的纺织品市场一直在逐步增长，而合成纤维所占比例超过 60%。2011 年至 2016 年的五年间，美国在服装和鞋靴方面的消费支出增长了 14%，总金额达到 3.5 亿美元。其他地区的增长也与美国类似，或者更多。人口的增长、迅速崛起的中产阶级对借助服饰体现财富的渴望，意味着有更多面料要用于制作家纺、服装和鞋靴。2016 年，纺织品市场增长了 1.5%，数量达到 9900 万吨。我们生产的纤维远超我们真正需要的数量，例如，2010 年生产的服装总量据估计有 1500 亿件，都可以给每个活着的人供应 20 件新衣服了。[48]

合成面料对环境是一场灾难。聚酯纤维是最便宜的合成面料之一，其本质是来自原油的一种塑料。聚酯纤维制造的衣服最终归宿往往是垃圾堆，它们还总是掉塑料丝：据估计，这是环境中最多的碎片垃圾之一。制造合成纤维还需要大量原料。对大多数合成纤维而言，原料是石油；人造丝的原料是纤维素。为了采集纤维素，加拿大、亚马孙平原和印度尼西亚的原始森

林被大量砍伐。一个名为"天蓬"的环保组织认为，每年有 1.2
亿棵树被砍伐，用以制造人造丝或其他基于纤维素生产的材料。
[49]

在印度尼西亚，人们通常在砍伐树木的现场种植竹子，而
以此制造的面料在宣传时就可称为"可再生"面料或环保面料
了。人造丝是用纤维素制造的，因此它很适合于冠冕堂皇的环
保宣传，尤其在消费者并不清楚其制造过程的情况下。2013 年，
亚马逊、梅西百货、西尔斯百货以及其他一些商场被命令缴纳
了总值 12.6 亿美元的罚金，罪名是将人造丝服装的材料虚假地
标为"竹子"。据联邦贸易委员会认定，这等于欺骗了希望为环
境做出贡献的消费者。[50]

在多数情况下，生产合成纤维中的那些脏活都外包给了劳
力廉价的国家。约 15%—16% 的人造丝是在中国生产的，而印
度和印度尼西亚分别是人造丝制造量世界第二、第三的国家。
现在人造丝的生产是高度集中化的——世界上 70% 的人造丝
都是由十家公司承包的——这本应使责任承担更明晰，但仍存
有问题。在西爪哇一家大型人造丝工厂附近的村庄里，人们发
现了大量散落在各处的半加工的纤维胶废料。并且，为 Zara、
H&M、玛莎百货、李维斯、特易购等品牌代工的工厂曾被发现
在夜晚非法地将工业废料排进河里——那应该是含有大量二硫
化碳的溶液——这种有毒的物质污染了地下水。[51]

这并不算是"新"闻。1942 年，研究人员对美国弗吉尼亚
州一家人造丝工厂附近的洛亚诺克河的河水干净程度进行检测。

他们从河里抽出几缸的水——这些水受到了美国纤维胶污水的污染——然后把鱼放进这些缸里，观察情况。结果，所有鱼在十分钟后都死了。他们得出结论，这条河已遭受严重污染，不仅已不适合野生动物栖息及人类休闲活动，并且"对水力机械有害"。[52]

合成面料给人类造成的损害巨大，而导致如此多损害出现的快时尚行业的力量也是巨大的，我们从孟加拉国工厂倒塌的事件中就能看出这一点。极快的运作速度和低廉的价格都是消费者所期待的，而这使得快销行业很容易走上剥削工人的道路。在全球，服装行业是雇佣女性员工最多的行业，但其中只有不到 2% 的人可以养家糊口。[53]

职工仍旧暴露在严重的风险之中。在人造丝行业中，没有直接接触二硫化碳的工人也面临巨大的危险。中国的一项研究发现，防护不完全的造丝男工精子数量和质量都更低，满意的性经验也更少。1968 年，《英国医学杂志》的一项研究调查了弗林特郡三家人造丝厂工人的死亡率，发现 1933 年至 1962 年间，42% 的死亡是心脏病造成的。在管理层之中——也就是并没有在工作中接触人造丝的人——心脏病只占死亡原因的 17%。令人颇感恐怖的是，一家隶属考陶尔德的工厂的一位前员工告诉保罗·大卫·布兰科，女性可以戴着发卷来工作，等一天的工作结束后头发就能烫好，因为空气中有大量的硫。[54]

在人类历史上，大部分面料第一次成了一次性用品，成了在制造后数月甚至数周内就完成了从使用到丢弃这一过程的东西。合成纤维使这种现象成为可能。合成面料制造于远离消费者的工厂，并且一千克要几美元，其价值已经被削减至最低。人们正在研究真正环保、可生物降解的纤维生产工艺，有人用真菌菌丝体生产面料，还有人像酿酒一样从转基因酵母中提炼代丝产品。然而，真正的改变或许应该来自我们这些购买者。或许我们永远不会像阿涅斯一样在那样的工厂中工作，但或许我们每次去购物时，应该多想象一下要是那样会如何。

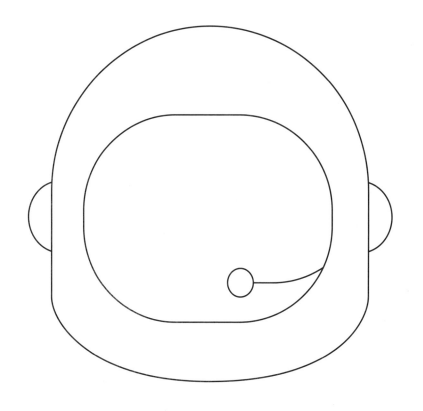

11

压力之下

Under Pressure

宇航员的服装

登月服装

这是我个人的一小步，却是人类的一大步。[1]

——尼尔·阿姆斯特朗，

来自月球表面的实况直播，1969 年 7 月 21 日

1969 年 7 月 21 日凌晨（格林尼治标准时间），5.28 亿民众——全世界人口的 15%、美国人口的 95%——都在观看电视上的一个画面：一只步伐笨拙的白色靴子在月球表面留下了人类的第一个足印。[2]

对尼尔·阿姆斯特朗本人而言，这场经历一定颇为不可思议。他走入的场景没有色彩。"这里是灰色的，"他对任务控制中心说，"如果看向零相位线，那里是非常接近白色的粉笔灰；而看向与太阳呈 90 度的方向时，那里则是更暗的灰色，类似于烟灰色。"月球上的重力约为地球上的 1/6，因此他每走一步——不管多小——都会弹起来，就像动画片中脚踩弹簧的人一样。月球表面有细小的粉末，当他在地面上走动时，粉末就像熏黑的糖霜一样飘浮起来。他几乎什么都听不见，只有航天服内的声音：氧气泵的出气声、面料的摩擦声，还有指挥中心

的微弱声音。在 2 小时 18 分钟后，阿姆斯特朗关闭了舱门，准备返回航行轨道，回到地球。[3]

这几个小时是多年来训练和准备的成果。在阿波罗 11 号登月的准备阶段，每一位有抱负的宇航员[4]都选择了自己专门负责的方向。同样踏上了月球的巴兹·奥尔德林研究如何做任务规划；没有在月球漫步的泰德·弗里曼负责检查助推器；而阿波罗 11 号计划选中的第三个人，迈克尔·柯林斯，负责宇航员们穿着的压力服，当队友们在月球表面的尘土中雀跃时，他仍留在轨道中。后来他曾写道："我做这个决定时有一些犹豫。显然这不是最核心的部分，这个任务不像设计驾驶舱、规划路线或导航那样至关重要，因此这很可能令我被人忽略，即使我是最早一批成为航行候选人的人。"他将这一任务视为无足轻重，甚至是有点麻烦，这种观点十分奇怪。事实正相反，航天服，或他们所说的压力服，对太空生存至关重要，因此对阿波罗 11 号任务的成功也是十分重要的。[5]

太空是人类生存过的环境之中最特殊的一种。人类在其中会面临很多危险。太空中的温度可能从阴影处的零下 157 摄氏度跃升至阳光直射处的 154 摄氏度；因为缺乏大气的阻隔，阳光会带有大量的紫外线辐射，辐射对人类的眼睛和皮肤都是有害的。太空中没有空气，并且有相当的几率会被微小陨石击中。没有重力的环境会使人的视野发生变化，这可能会导致恶心甚至呕吐。这听上去或许不太严重，但在头盔内的狭小空间之内，呕吐物的小液珠可能带来大问题。（早在 1944 年，人们就成立了解决运动恶心症状的小组委员会。）如果长时间处于零重力的环境中，骨密度将每个月降低2%—3%，这样一来，即使遭遇微小的事故也极易骨折。

此外，宇航员还要和真空做斗争。与通行观念相反的是，如果航天服被石块砸坏并开始减压，使人体暴露在真空中，这不会让血液沸腾，虽然很多宇航员也这样以为。不过，人的身体无疑会肿胀起来，直接接触真空的体液还会嘶嘶作响。[在1965年NASA（美国国家航空航天局）一次出错的实验中，这样的事情真实发生在一位不幸的人身上。他在14秒后就失去了意识，他记得的最后一件事是舌头上的唾液开始冒泡。]在没有氧气的环境下，脑细胞很快就会死亡。航天服必须保护其穿着者免受这些危险。正如柯林斯所写，这是"宇航员柔弱的粉色身体和太空中的残酷真空"之间唯一的屏障。[6]

阿波罗11号发射的当天，即1969年7月16日凌晨三点半，航天服技术员们的工作压力达到了最高峰。在"双子星座"计划期间，他们的工作地点只是发射平台旁边一间简陋的活动房屋，而现在他们的工作地点已升级为一个套间，其中有专门的区域来存放和测试航天服、头盔、手套、鞋、管子、背包，以及宇航员在宇宙飞船和月球表面需要的所有其他装备。氧气供应设备被不断地开开关关；航天服的每一寸都被仔细检查，看是否有破损和通信故障；各种接缝处都要检查；拉链被反复地合上拉开，看其是否顺畅。最终，所有设备都被摆放在奥尔德林、柯林斯和阿姆斯特朗的更衣处。[7]

　　柯林斯只有一套舱内航天服，是在宇宙飞船里面穿的；另外两个人则另有一套舱外航天服，型号为欧米茄 A7-L。每个宇航员都有三套量身定做的衣服：一件用于训练，一件用于航行，一件备用，供紧急情况下使用。每件服装的价格在 10 万美元至 25 万美元之间，这取决于其重量和复杂程度。（阿波罗飞船的宇航员曾开玩笑说，如果把压力服像牛排那样定价，那么一磅大概要 1000 美元左右。阿姆斯特朗和奥尔德林的服装的自重有 56 磅，加上携带式生命支持系统后有 189 磅。）[8]

　　准备太空旅行的着装是一个艰难的过程。首先，奥尔德林、阿姆斯特朗和柯林斯要在身体上抹一种药膏。整个航天任务要持续 80 天，因此他们只有准备月球漫步时要更换服装，其余时间则一直穿一套衣服，若是没有这种药膏，衣服会将他们的皮肤擦伤。接下来，他们需要穿上纸尿裤——给所有东西都专门起了名字的 NASA 管它们叫"极强吸收性服装"——以及装配上橡胶袋、管子和安在腰上的集尿袋。[9] 穿在这些外面的是有弹性的，被称为"长期穿着服装"的棉质卫生裤，然后才是航天服。这些服装又重又贴身，因此在有人帮忙的条件下也要很长时间才能穿上。最后，宇航员们要戴上手套和头部装备。手套有两副：先是一副尼龙的"舒适"手套；然后是更厚重的、用铝环锁在航天服上的手套，右手的是红色的，左手的是蓝色的。头上要先戴上棕白相间的史努比帽——帽子很紧，上面设有通讯设备——然后是球形的头盔。从航天服技术员的套间到发射台这段过程中，宇航员的氧气供应设备一直连在银色的公文包形状的呼吸机上。一位作者曾写过，他们看上去"就像正走向未来的商人"。[10]

飞船发射的宏伟事迹已被广为讲述，不过在任务的第 5 天，绕月球轨道航行 13 周后，阿姆斯特朗和奥尔德林必须要脱光衣服，重新开始。想登上月球，需要穿上更重的新设备。他们"长期穿着"的卫生裤被换成了"液体冷却"的卫生裤，这是用紧身弹性尼龙面料制成的，也就是制作紧身衣的面料。这种裤子在前面绑紧，上面覆有血管一样的极细的棕色聚氯乙烯管子，里面是水泵发动的冷水水流，目的是在一层又一层的合成面料下保持凉爽。套在外面的是有 26 层的厚厚的白色欧米茄航天服。在漫步月球之前，两人穿戴上了头盔、手套和装有氧气和冷水的携带式生命支持系统，进入八英尺长的狭小登月舱。手套上粘着魔术贴，上面印有他们的待办事项——要做的事太多，他们担心忘记。头盔的面罩上涂有 24 克拉黄金涂层以减弱阳光照射，整个装备要紧紧扣在航天服颈部的圆环上，以确保不会漏气。这一切要在局促的登月舱中完成，因此两人十分紧张。他们打开舱口前总共花了三个小时穿衣服，比预计时间多了一个小时，并且据奥尔德林说，场景十分混乱。"我们就像两个试图在童子军的小帐篷里交换位置的后卫。"在最后一刻，他们中的一个转身时不小心把携带式生命支持系统撞在了控制升空发动机断路器的把手上，将把手打碎了。后出发的奥尔德林只好急中生智，将一根毡尖笔插进洞里，才启动了发动机。[11]

空气稀薄地带

Ad astra per aspera.

（通往星辰的路是艰难的。）

——阿波罗1号纪念碑文，肯尼迪航天中心

对迈克尔·柯林斯来说，宇航员和航天服的关系是爱恨交织的。他曾写过："爱是因为航天服24小时紧密保护着里面的人，恨是因为它实在太笨重且令人不适了。"自然，爱总是占上风的。[12]

随着热气球在18世纪出现，人们逐渐发现在高空需要保护性服装这一事实。1783年深秋，蒙戈尔费埃兄弟乘坐萝卜形状的巨大气球升至巴黎上方3000米的高空，气球是用蓝色的手织丝绸制成的，上面装饰着鸢尾花图案和路易十六的名字。这造成了轰动。一个月之后的12月1日，雅克·查尔斯教授乘坐膨胀的氢气球升上了天空。在他反应过来前，他已经升至10000英尺的高度，然后便遭遇了强烈的低温袭击，他的耳朵和下巴开始疼痛。他迅速降落，此后再也没有飞行过。然而，其他气球驾驶员在如此明显的危险之下仍然没有退缩。例如，1875年

4月15日，在一个上升至26000英尺高度的热气球里，所有的乘客中只有一人生还，其余的人都身亡了，嘴上满是带着血斑的泡沫。半个世纪后，类似的命运降临在霍桑·格雷身上。这位美国热气球驾驶员在伊利诺伊州的原野中起飞，穿着57磅重的防护服装，并且带上了氧气供应设备以对抗高海拔处稀薄的空气。他上升到44000英尺，但在气球落地之前就死了。授予他杰出飞行十字勋章的声明中写道："他的勇气，比他的氧气供应要多得多。"[13]

美国飞行员威利·波斯特和制作轮胎和橡胶的B.F.古德里奇公司共同研发了一种服装，这种服装可以让他在平流层存活。这套衣服中间是贴身的充气橡胶，两侧用棉布包裹，起到固定气囊的作用，以免其在高压环境下膨胀起来。波斯特在头上戴着银质的桶型头盔，上面有一个可以让他向外看的观察口。（他在一次矿井事故中失去了一只眼睛，所以观察口没有开在中间。）[14]

第二次世界大战期间，在空中飞行的人空前地多了起来，因此相关技术发生了飞跃。人们进行了一系列鲁莽的实验，来测试人体能接受的速度和高度极限。1943年6月，为了察看飞行员若被迫在4万英尺的高空中跳伞会发生什么，兰迪·洛夫莱斯从一架飞机上跳入后来估计约为零下50摄氏度的空气中，以检测呼吸设备在高压下的表现。他被自己正在打开的降落伞击中，失去了意识，且两只手外层手套和左手内层手套都被扯掉了。在下降的12分钟内，左手几乎冻成了硬块。这次实验得出的结果是，在高海拔、高速的环境下，人体的忍耐度十分有限，一刻的疏忽也可能是致命的。不断增加的速度会使动脉血集中在人体的末端，训练虽然能提高忍耐力，但即使是有经验的飞行员，在承受4-5个G的重力加速度时也会失去意识。飞行员必须穿着羊皮、丝绸和羊毛等多层衣物来防寒。战争后期，处于暴露位置的枪手也经常穿着加热服装以防止冻伤。[15]

　　专业制造的服装必不可少。人们很早就使用了美国腰带制造商戴维·克拉克的第一个产品"直线条"，这是一种针织的男士松紧塑身衣。而他的"反重力"服装使用表面涂有乙烯基的尼龙气囊制成，这衣服会紧贴着穿着者的身体，并对下半身施以压力，以此防止血液集中在飞行员的下半身导致昏厥。空军第八航空队的一个战斗团使用这种服装后，每飞行1000小时击杀敌机的数目大约翻了一倍，从33架涨到67架。战争之后，克拉克继续完善他的设计，将气囊替换为有一组可充气的橡胶管绑定在身上的面料。其中一套服装的型号为T-1，查克·叶格于1941年尝试超音速飞行时曾穿着这种衣服。后来，克拉克参与发明了为B-52轰炸机的飞行员专门设计的服装，这种服装可供在7万英尺的飞行高度使用。这些服装经整体加压，带有48小时的氧气供应设备、走珠式的小便设备和内置的芝士火腿味的"牙膏"食物，飞行员可以边飞边吃。然而，这些衣服也令人极为不适。一次飞行任务结束后，飞行员可能因为压力减少约5%的体重。[16]

　　到了1950年代中期，火箭推进器的应用让人们发现人类登上太空的可能性近在眼前，于是更多精力被投入到制造更耐用更舒适的压力服之中。1954年，莱特实验室制造了名为"让我降落"的服装，里面带有在特定高度能自动充气的气囊——一般是在35000英尺。这些服装是依照160条身体测量数据为每个飞行员定做的，并且要使用多层面料。飞行员首先要穿上一条薄卫生裤，然后是一件"排气服"，它能通过流动的液氮冷却的空气来保持凉爽。在它们之间是两件式的橡胶压力服，压力服先由一层尼龙网眼的"联网服"束住，再盖上一层银色的尼龙布。这层网眼的发明是一个令人欣喜的意外。戴维·克拉克于1956年坐客机前往阿拉斯加看望女儿时，尝试穿着手工松织的高性能尼龙服装，结果是整套服装的重量从110磅减少到了25磅。之前的"让我降落"服装是很有用的——曾有一位飞行员在试飞中驾驶自己的火箭飞机冲上8万英尺的高空，当飞机座舱盖碎裂后，这套服装救了他的命。然而，这套服装没有延展性，在里面难以移动、容易出汗；并且它过于贴身，即使在专人的帮助下也要超过十分钟才能穿上。[17]

最初的太空服是为水星计划发明的。这是美国的第一个载人航天计划，也是这个国家对苏联一系列航天成果的回应：包括发射第一颗人造卫星，将动物和人送上太空。因此，这套服装既有生理上的意义，也有心理上的。美国进入太空竞赛已经晚了一步，丢了面子，因此宇航员需要让自己看上去和感觉上都像那么回事的服装。在一张摄于1960年的标志性照片中，七位水星计划的宇航员微笑着站成两排，后面是钴蓝色的背景，宇航员穿着闪亮华丽的银色航天服，上面带有不对称的拉链——画面呈现出乐观、高科技、未来的感觉。

在闪亮发光的表面下，这些航天服是逐渐发展的结果，而非完全革新的产品。后来参与制造了欧米茄航天服的梅尔·凯斯不以为然地将其称为"只不过是银色的高空飞行服而已"。（顺便一提，服装的颜色来自铝粉涂层，而下面是迷彩绿的尼龙面料，若时间久了就会显出来。）和后来的阿波罗任务一样，其中一位宇航员沃尔特·施艾拉监督着服装生产的进程。这一次，他们选择的是专门生产橡胶的 B.F. 古德里奇公司，也就是约 20 年前为威利·波斯特制作实验服装的公司。在施艾拉看来，这些水星航天服是所有任务装备的"重中之重"。它们是"用橡胶和面料制成的紧身茧，我们在每次飞行或练习任务前都把自己封在里面……而且它们是量身定制的，非常贴合每个人的身形，因此需要 13 个拉链和三个环扣才能穿上"。涂了铝粉的面料能承受高达 82 度的高温。如施艾拉所说，"热得足以烧热水了"。充气后，这套服装的压力确保穿着者可以承受很高的加速度。躯干周围的多功能内衣、大腿处和腋下的方格纹贴片和线圈型的"间隔器"，可以帮助肌肤通风。[18]

水星航天服在整个任务期间都被宇航员穿在身上，并且绝大多数时间都是充着气的。一如往常，真正的问题就从这里开始了。虽然主要用来包裹橡胶的面料是银色的尼龙布，但还有一些功能性的胶带、绳子和拉链来固定橡胶，避免其膨胀，而这些东西都不具有弹性。施艾拉承认，这套服装即使未充气时也是"笨重的"。而一旦充气，它们就变得"极为僵硬"，很像它们的近亲——自行车轮胎。[19]

即使如此，艾伦·谢泼德还是穿着这套航天服成了第一个进入太空的美国宇航员，在1961年5月5日进行了为期15分钟的简短航行。20天后，被这一壮举激励的总统肯尼迪发出挑战，表示美国会在十年之内将宇航员送上月球。[20]

缝线和女裁缝

说起来，那是我人生的高光时刻之一……我如愿来到了这家公司，准备设计飞向月球的航天服。

——梅尔·凯斯，

倍儿乐（Playtex）高级设计工程师，1972年

阿波罗计划欧米茄航天服的诞生历经波折。1969年7月，数百万人看到的白色航天服所呈现的威严和静谧，掩盖了其背后多年的纷争——各家承包商你争我夺，想要获取NASA的青睐和资金。肯尼迪紧迫的截止日期和美国与苏联之间的激烈竞争的双重压力，带来了十年的巨大投入——据估计，美国1960年至1972年间为航天投入的资金有400亿美元之多——还有不断的创新。[21]1962年1月公布的双子星计划从1962年持续到1965年，其目标是测试宇宙飞船，只有掌握了这项技术，人类才能成功登月，进行"太空漫步"，察看长期的太空飞行对身体是否有影响、有何影响。考虑到这种紧迫性，很难想象最终的获胜者竟然是最后加入竞争，也最出人意料的倍儿乐——一家专做女性内衣 * 的

---

* 在中国，这一品牌以做婴儿用品闻名。

公司。[22]

1960 年代中期，航天服制造领域两个最突出的名字分别是马萨诸塞州伍斯特城的戴维·克拉克公司，和 B.F. 古德里奇公司从前的合作商及后来的收购者——汉密尔顿标准公司。而倍儿乐——即人们所知的 ILC（国际乳胶公司）——是一家小公司。在 1962 年，他们只有不到 50 位员工，专门生产乳胶模制的胸罩和束腰。他们最初作为汉密尔顿标准公司的分包商进入了NASA 的视野，这让两家公司都非常不悦。ILC 非常失望自己没有成为唯一的承包商，毕竟他们交上去的样品服装更好、更具创新性，其创新之处是在模制的橡胶气囊里面联结了起固定作用的尼龙，这样气囊充气时不仅不会膨胀，还会减轻重量、增加弹性。另一方面，汉密尔顿标准公司很不高兴自己的产品被另一家公司超过，于是在内部成立"老虎团队"，来创造比 ILC更好的服装，以削弱自己的分包商。然而，结果不尽如人意。1964 年 12 月 21 日，一张简短的 NASA 便签被广为流传，上面写着："老虎服很差，不予考虑。"[23]

然而，企业文化冲突却是一个问题。NASA 是由工程师和科学家组成的，他们要求的是技术性强的精确绘图、科学的解释方法以及对送上宇宙飞船的每样东西每个部件的详细描述，哪怕是最小的螺丝钉或是一小束线。而另一方面，ILC 的企业文化是松散随意的。他们所依靠的女裁缝团队看得更多的是图案样式而不是技术手册，重视的是手艺而不是资历。比如，阿波罗计划的工程副总裁莱尼·谢泼德被 ILC 聘用之前是电视修理员。

内部纷争，再加上汉密尔顿标准公司和ILC制造的表现不佳的航天服样品，导致1965年的夏天阿波罗计划组织了第二次产品竞标，不成功便成仁。已经惹恼汉密尔顿标准公司的ILC恳求NASA同意自己加入已经有很多入场者的竞标，而且他们只有六周的时间来准备服装样品。

1965年7月1日，三份作业——戴维·克拉克公司制造的B型服装，汉密尔顿标准公司和B.F.古德里奇制造的C型服装，还有ILC制造的A型服装——被提交到休斯敦，进行22项检测。ILC的AX5-L软式航天服是欧米茄航天服的前身，在22项检测的12项中获胜。NASA的宇航员系统负责人向上级汇报："ILC的服装是第一名，没有第二名。"[24]

尽管NASA持反对意见，并试图把ILC改造成一家更符合军用标准的生产企业，但事实上，A7-L型欧米茄航天服（"A"代表阿波罗，"7"代表这是系列中第七款作品，"L"代表ILC）的制造过程与束腰衣制造过程的相似之处，远超航天局愿意承认的程度。每件航天服都是由裁缝、剪裁工和设计师等女性工作人员在缝纫车间中手工制作，她们使用改良版的辛格缝纫机和标准的式样模板，运用自己多年来制造女性内衣获得并精进的技术。那些从前接受训练用液体乳胶模制作束腰和胸罩的女工现在则改为制造压力气囊。富有经验的女裁缝埃莉诺·福拉克于1964年被从倍儿乐的尿布生产线调至阿波罗计划之中。欧米茄航天服的许多配件制造，都承袭自这家公司的主生产线。

嵌入橡胶气囊防止膨胀的尼龙特利可得（nylon tricot），就是用来制作乳胶胸罩的那种透明的薄面料。在有人提出意见，认为橡胶会擦伤皮肤、带来不适后，每件航天服都加上了一层松软的尼龙材料。[25]

然而，制造航天服所需的精确度是生产者们前所未见的。举例来说，女性裁缝工具包中的常用工具大头针在这里被严格限制使用，甚至是禁用的。（《阿波罗的服装》的作者尼古拉斯·德·蒙肖说明道："对关键功能在于密不透风的橡胶气囊服装而言，大头针这类工具有天然的风险。"）1967 年，检查人员在一套航天服样品中发现了一根误留在面料中间的大头针，此后缝纫车间便增加了一台 X 光机，用来扫描所有完成的面料。缝纫机经过改造，每次只缝一针，好让女裁缝们确保这些有多层面料的服装的缝线毫无偏差。要想达到 NASA 的严格标准，缝线之间不得偏离超过 1/64 英尺。处理乳胶以及将多层面料贴合在一起也需要前所未闻的高超技术。因此，只有三四位倍儿乐的员工被视为具有足够娴熟的技术，能用一层层薄如纸片的乳胶制造服装的内置气囊。[26]

制造过程中需要使用许多层面料和大量部件，并且每一部分都要和相连的部分完美贴合，这使一切变得更为困难。宇航员最终登上月球时穿着的欧米茄服装是由 21 层不同材料的约4000 块面料组成的。[27] 这件服装的横截面展示了一支合成面料构成的交响曲：特氟龙涂层的贝塔布，即一种类似于玻璃纤维布的防火二氧化硅布；密拉和达克纶，这是两种轻薄而耐用的聚酯纤维绝缘材料；诺梅克斯，一种消防员至今仍在使用的隔热材料；卡普顿，一种高度耐热耐寒的聚酰亚胺材料；还有镍铬合金 R，一种不锈钢编织材料。[28]

上述材料绝大多数由杜邦公司制造，这是一家致力于发展大众用聚合物的美国企业，其产品包括尼龙、氯丁二烯橡胶、特氟龙、可丽耐、凯夫拉和莱卡。杜邦、NASA 和许多参与项目的宇航员都很乐于看到航天服成品，并将其作为现代工程的高科技奇迹进行展示。NASA 在大众面前一直是无所不能的传奇机构，而航天服正是这传奇的一部分。举例来说，《华尔街时报》曾经报道，制造不粘锅用的铁氟龙实际上是太空探索的副产品。事实正好相反：杜邦公司于 1938 年就发明了铁氟龙，它在厨房中的应用远早于第一件航天服的制造。[29]

神话仍在继续。NASA 网站上的一篇文章中将航天服形容为"一人用太空舱"，然后继续用滔滔不绝的术语来包装航天服，营造出冗长的神秘感。在宇宙飞船外穿着的航天服叫作"舱外机动套装"，新型航天服的上半身叫作"上半躯干硬服装"，裤装则有些令人费解地被称作"下半躯干组件"。在阿波罗计划进行期间，雄心壮志的 NASA 被 ILC 的操作程序激怒了，即使其制造的成品找不出毛病。NASA 的一张便签上写着："运来的物品没有附以标准的运输信息。"机组部门的负责人在另一张字条上批评了 ILC 的"报告和分析系统"存在着质量和准时性方面的问题。[30]

对于 ILC 的团队而言，大费周章地将自己的生产程序处理为 NASA 风格的工艺文件，这不啻于无理取闹。莱尼·谢泼德为了NASA口述史项目接受采访时回忆说:"我们对服装无所不知,但对文件就不太了解了。"在ILC,知识常常是自下而上传播的,他们鼓励工人们针对生产流程提出建议,并且公司的工程师要上缝纫课,以使他们理解组装的过程。最终,为满足NASA相对于设计式样和工人手艺更重视技术制图和运输文件的偏好,ILC提出了一个变通方案。他们雇了一个专业的工程师团队,做ILC的女工和NASA的技术专家之间的沟通桥梁和缓冲地带。自此以后,每套服装都附上了厚达一英尺的说明文件,上面满是技术制图和工程术语,细心地说明着每一针、每层面料的细节。然而,真正制造服装的女工们不仅没有使用过,而且根本没见过这份文件。[31]

宇航员迈克尔·柯林斯负责监督航天服的制造,因此他看到了这项工作有多么精细,并对其赞赏有加。在他的著作《传播火种》的开篇,他就提到自己在登月任务中负责服装事宜,并称其为"迷人的挑战",结合了"严密的工程和一点点解剖学与人类学"。但他也坦称其中有"不少黑魔法",对他而言,制造航天服的工艺似乎既值得尊敬,又可以拿来调侃。他说,他最喜欢的一套服装有着"纸一样薄的气囊",使"氧气供给不会泄漏到周围零氧气的环境中",而这气囊是由"伍斯特市的善良夫人们精心贴合而成的"。柯林斯对航天探索之中的崇高和荒谬有深切的体会,对他而言,航天服的制造是两者的结合:

提起太空漫步者,人们想象的可能是一个自信的家伙，运用所有最新的科技，但是朋友们，对我而言并非如此。我负责监督一组上了年纪的女士，在马萨诸塞州伍斯特市的胶合车间里弯腰工作。我所希望的只是，在她们讨论周五晚间的游戏和上任的新官之外的时间里，她们的心思不会偏离工作太远。[32]

表层之下

航天服就像一人用太空舱。

——克里斯·哈德菲尔德

人们在航天服上花费的精力、研究和技术从以前到现在一直不算是完美的。"也许宇航员最终确实会爱上自己的压力服,"柯林斯写道,"但他们第一次穿上这些定制的气囊袋时,也确实会感觉到极为不适,如果不是完全的憎恨。"柯林斯本人坦称自己穿航天服时曾遭受幽闭恐惧症,而他在做宇航员时羞于承认这一点。制造者们自己也意识到了这个问题。"人们很小时就在家里学着穿衣服了,"梅尔·凯斯说道,"但没人在家里学过穿航天服。"在他眼中,不舒服至少换来了安全。然而,许多其他宇航员并不持如此积极的态度。[33]

当 NASA 将阿姆斯特朗、奥尔德林和柯林斯送上太空时,他们最关心的是,在富氧环境中,许多东西会变得易燃。在阿波罗计划的早期阶段,航天服和宇宙飞船上装满了纸质文件以及易燃的尼龙和魔术贴,后者应用非常广泛,其目的在于防止物品在零重力的环境下飘走——这无疑是一种浪费和滥用。

1967 年 1 月 27 日，在欧米茄服装设计的过程中，阿波罗 1 号的宇航员爱德华·怀特、维吉尔·格里森和罗杰·查菲正在指令舱中进行例行测试。他们在里面待了五个小时，开始烦躁发火，而这时电路系统中的一个错误造成了骚动。指令舱中的温度升到了 1090 摄氏度。休斯敦的指挥中心远距离监测着三名宇航员的医疗数据，那里的飞行总指挥发现怀特的脉搏在 14 秒之内迅速上升，然后完全停止。几小时后，人们发现了三名宇航员，他们的身体和服装熔在一起，就在舱口下面。ILC 于是迅速改良了航天服设计，将一些尼龙和塑料部件替换为防火材料。[34]

航天服最大的缺点就在于它缺乏延展性，且容易膨胀，这在地面上已经很明显，若是在宇宙的真空中则会带来危险。这是加热后的橡胶天然的特性：比如轮胎的内胎不充气时非常柔软，但充气后就会变得坚固。这从一开始就给设计提出了挑战。比如，早期的服装在手肘和膝盖处加上了类似手风琴上的褶来增加延展性，然而问题没有得到妥善的解决。这一难题在地球上只是理论性的，但到了宇宙中就会严重得多。

1965 年 3 月 18 日上午 11 时 32 分，苏联宇航员阿列克谢·列昂诺夫进入宇宙。他第一次的漫步时长预计较短，大概为 20 分钟，他携带的氧气也相应较少。不过，9 分钟后他就已经完成预定任务，他的副驾驶员指示他回舱。然而就在此时，他发现他的航天服已经膨胀且变得僵硬。他反复尝试穿着航天服弯腰通过"上升号"（他们的飞船）狭小的舱门进入安全的舱内，但失败了。他的心率和呼吸急促起来，而他的氧气只有四五分钟的供应量。氧气快要耗尽了，他汗液中的盐分刺痛他的眼睛，面罩起了雾。"不行……不，还是进不去，"他对着头盔中的小型麦克风说，"不行……"经过了八分钟不断重复并且越来越用力的尝试，他最终手动给航天服减压——这是一个可能致命的决定——他才终于可以弯腰到可以进门的程度。列昂诺夫很可能狠狠诅咒过这套笨重的服装，然而，在这两人同样命途多舛的返回途中，航天服展现了有用的一面。在重新进入地球大气层的过程中，飞船的自动驾驶仪失效了。他们紧急降落在白雪皑皑的乌拉尔山脉，离原定的降落点有几千英里远。他们度过了痛苦的一晚，听着"上升号"外面的狼嚎，在航天服中缩成一团——航天服的一部分是由带有乳胶涂层的透气的帆布构成的。[35]

美国人也未能免受这一困扰。在苏联结束探险之旅的几个月后，第一位在太空漫步的美国人艾德·怀特几乎遭遇了完全相同的困境，他有足足 25 分钟都在慌张地竭尽全力对抗僵硬的航天服，才终于安全地把自己弄回舱内。即使在最佳条件下，想在加压的航天服中移动也需要非常努力。想在加压的手套中握紧手指，就像要保持捏扁一颗网球的姿势几分钟那么费力：在充满按钮和拉杆的精密的驾驶舱里，这是个大问题。"我们解决问题的方法是，"水星计划的沃尔特·施艾拉写道，"在左手一根手指，即中指的地方加上编织材料，这样一来这根手指就会比其他手指更长，可以准确地按下按钮。"[36]

奥尔德林和阿姆斯特朗穿着的液体冷却服装是专门发明的。因为宇航员发现，在航天服里，裹在橡胶和尼龙之中，温度过高的现象太严重了。尤金·塞南是双子星9号的宇航员，当时普通的卫生裤仍在使用。在他于1966年6月5日进行太空漫步时，他的航天服中浸满水分，超出了能够处理的限度。随着服装内温度升高，他的面窗开始起雾，而他的心率骤然升至每分钟180次。好在塞南并不知道，他的副驾驶员已经得到指示，若是他没能带着笨重的火箭背包飞行器回来——他出去就是为了对其进行测试——就要切断与他的连接；否则，他一定会更加紧张。结果，在他回来后，航天服技术员从他服装的每条腿里都倒出了一磅的汗水。[37]

如此多的汗水，再加上缺少空间，还有宇宙飞船上更衣室的条件限制，使得航天服的卫生状况很差。这引起了NASA的注意，于是他们在1960年代中期进行了九次实验，每次为期六周，令实验对象在模拟太空舱中穿着满压状态的航天服，测试在个人卫生极限条件下会发生什么。这一事无巨细的机构将这种实验条件描述为：

> 不能洗澡或用海绵擦拭身体，不能刮胡子，不能修剪头发或指甲（除非不得已），不能更换衣服和寝具，在吃饭前和排便后分别可以使用次等的漱口用品（为了不弄脏食物）和最低限度的卫生纸。[38]

结果并不妙。"袜子非常脏且潮湿，气味难闻。内衣出现分解的迹象。"连续穿着航天服四周后，一组宇航员的袜子和内衣已经变质到必须替换的程度。两位双子星 7 号的宇航员在太空待了两周后也遭遇了同样的情况。弗兰克·博尔曼*执行任务 50 小时后，在需要脱下航天服更换电极时问吉姆·洛威尔："你有晾衣夹吗？""要晾衣夹做什么？""夹在鼻子上。"博尔曼答道。直到今天，干净的内衣仍然是一个问题。宇宙飞船上完全没有足够的空间来进行日常更衣，一套内衣通常要穿上三四天。脏衣服的命运不尽相同：例如，宇航员们曾将内衣用作花盆，但更多的衣服被装进一座飞船送回了地球轨道，其运行的轨道使其在重返大气层时会燃烧起来，看起来就像一颗流星。[39]

有时，航天服在应用期间也会出现机械故障。一个长期令人困扰的问题是安装在头盔内部下巴高度的食物饮品平台（食物以膏体的形式提供，类似零食"水果卷"）。1972 年，NASA 启动了第五个人类登月计划——阿波罗 16 号任务，而执行任务的成员查尔斯·杜克经历了数次装备失灵。首先是通讯天线失效，于是他只能将所有信息手动输入飞船上的电脑中。接下来就是服装问题：他请求切断航天服内的管线，这一要求被控制中心驳回，而当他戴上头盔后，发现了一个漏洞。"嘿，吉姆，就在饮料包装上，"他在执行任务四天零一小时时，对 NASA 的指挥官说，"我告诉你吧，头盔里都是失重的橙汁时，很难看清

---

* 博尔曼和后面的洛威尔都是阿波罗 8 号的宇航员。

东西。"他得到的答复是："是吗？那你喝快点。"然而，五小时后，地面的技术员开始不安，担心航天服内部如此多飘浮的橙汁是否会造成损坏。"不知为什么，大部分的液体都飘到上面去了，就在头盔——我是说史努比帽——下面，所以我的太阳穴非常痒。"杜克以一种安慰人的口吻说道。[40]

据多方说法，这些问题后来仍在继续。胡子浓密的加拿大宇航员克里斯·哈德菲尔德于1990年代中期第一次前往太空，并于2013年担任国际空间站的指挥。他开玩笑说，饮料会无法避免地从管子中漏出来洒到食物上，把食物变成"黏稠的一坨"，于是饿极了的宇航员吃东西时就会像小孩子一样抹得满脸都是。[41]

除了吃饭以外，穿着航天服排尿排便对宇航员而言也相当困难。虽然他们在费时较短的任务中可以使用"极强吸收性服装"——也就是NASA以外的人称为纸尿裤的东西；但是在费时较长的任务中，这显然是不可行的。取代"纸尿裤"的是一种带有黏力环的袋子（用之前要把黏力环贴在皮肤上），排泄物需要被拍打至袋子底部以免其飘浮在空中，然后袋子被取下、保存起来。这一过程十分令人不悦，以致一名宇航员在执行整个任务期间都在吃"止泻宁"，就是为了不排便。医生建议，提供的食物产生的废物越少越好。然而，排尿是无可避免的。男性宇航员配备有排尿专用的塑料管和袋子。然而，这套装备也有自己的问题，其中之一便是尺寸问题（见尾注9）。而针对女性，全部由男性组成的技术员提出了考虑不周的吸力裤方案，这一方案出师不利后，女性就只有纸尿裤可以用了。一个出人意料的惊喜是尿洒入太空的美丽景象。一位宇航员在完成任务返回后，报告说他们整个旅途中见到最美的景色是"日落时排泄的尿"。[42]

前往火星的男人

献给火箭科学家，你就是问题所在。你是他或她要接触的所有设备中最令人气愤的那一件。

——玛丽·罗奇，《打包去火星》，2010 年

2017 年夏天，埃隆·马斯克发布了一张概念图，展示了人类太空时代的前景。图中呈现的是宇航员在 SpaceX（美国太空探索技术公司）将来的载人太空货舱"天龙号"中可能穿着的航天服。这套服装看起来合身、时髦，并且使用黑白两色，看上去非常醒目——这与欧米茄航天服大相径庭，阿姆斯特朗将后者形容为"结实、可靠，甚至还有些可爱"。SpaceX 的航天服看上去是两件式的，借鉴了摩托车服的元素，如高筒靴、膝盖处的纹路、肩部的线条。对马斯克而言，服装的外观极为重要。他于 2015 年在 Reddit 网站上声明，他们在"设计美学上下了很大的工夫，而不只是考虑实用性"。后来在 Instagram 上首次展示设计方案时，马斯克重复了这一观点："想要单独实现美学性和功能性都很简单，但两者兼具则难得超乎想象。"事实上，这确实很难，因此马斯克特地邀请了《蜘蛛侠》《神奇女侠》《X 战

警》等电影的服装设计师创造他们喜欢的航天服造型，再"反过来按照航天功能重新设计、制造"。[43]

虽然这看起来颇为创新，但事实上，美观性在太空探索的历史上一直都有着出人意料的重要性，虽然最终进入零重力系统的成果往往还有些不尽如人意。于贝尔·维库凯尔是NASA在1980年代测试的AX硬式航天服的总设计师，他起誓说自己"绝不会穿着缝纫机做出来的服装进入太空"！他理想的航天服造型抽象，由坚硬的移动部件组成。他言称要"将基本的工程学原理应用至人体上"。于贝尔的成果看起来像是俄罗斯立体未来主义画作和堆叠的碗构成的雕塑的结合。戴维·克拉克最早设计银色航天服时，也以外观为先导。传说，一位飞行员去克拉克的车间察看最新款的压力服时，在工作台上看到了一块银色的金属线织物。他询问那是什么，克拉克答道，那是一项实验，他们在尼龙布上加上了"真空喷砂铝涂层……所以那东西看上去很闪亮"。这位飞行员建议用这种布料取代正在使用的卡其连体工作服。"这种材料做成的连体工作服一定非常好看，正是航天服该有的样子……我们可以说这种银色的材料是专门为航天设计的，具有导热功能，等等。"[44]

然而，从车间到最终进入太空这期间的某个时刻，航天服的外观必然会向安全性妥协。比方说，上述的银色金属线织物很快就被换成了杜邦公司生产的耐高温尼龙，后者虽然不够闪亮但更耐用。AX硬式航天服的开发停留在了原型阶段：它太重了，并且太过限制宇航员的动作，可能会造成伤害。事实上，运用任何硬部件都可能使宇航员受伤，虽然这些部件外观不错。（手比较大的宇航员常被手套弄断指甲，而 2012 年的研究表明，比起穿着新服装只进行一次太空漫步的宇航员，进行过五次的人有两倍的概率要进行肩部手术，因为服装的躯干部份非常坚硬。）为便于行动而在太空站中使用的背带也会造成损伤：返回地球的宇航员身上往往有水泡和伤痕。如果宇航员执行耗时较短的任务都会遇到这样的问题，那么对于前往火星、要花上几个月的旅程而言，这些便是潜在的致命伤。[45]

除了最主要的舒适性和易燃性问题——因为太空站和太空舱处于富氧环境，因此即使符合地球消防规范的材料也有风险——在太空停留更长的时间还会带来其他的困难。Terrazign 是目前为 NASA 制造背带的公司，据他们的总裁比尔·迪特尔说，长期待在太空后，"你本身就会分解。你的肌肉量会减少，因为你没有什么活动，更具危害性的是你的骨密度会大幅降低"。前往火星的旅程要花 9—12 个月，而这些宇航员的骨密度在此期间会降低 18%—36%，因此到达目的地后，他们会变得极易受伤。航天服需要确保足够安全和轻便，宇航员才能做出幅度更大的动作，否则就得在关节处加装机械驱动接头，这么一来，风险就更大，万一设备失灵，距离最近的工作站在几百万英里之外……为应对这一挑战，设计师们展开了新的竞争。

一条富有成效的研究路径是反压力。2014 年，麻省理工学院的航空学、航天学、工程学教授达瓦·纽曼创造了"生物服"。这套服装没有像从前的服装那样配备会限制动作的加压气囊，而是依靠"机械性反压力"——即极为紧身的设计——来提供身体运行所需的压力。（当然，头盔仍然需要加压以提供可呼吸的空气。）为实现这一目的，纽曼的服装使用了镍钛合金线加强的弹性面料。另一家公司采取了相似的策略。布鲁克林的"最终边境"设计公司由两名设计师组成：尼克·莫伊谢耶夫和特德·萨瑟恩。（后者在 NASA 的手套设计比赛中获得二等奖，此前，他最出名的成就是设计了"维多利亚的秘密"时尚秀上的翅膀。）他们的发明采用了新型材料，其中包括迪尼玛，这是一种比尼龙强度更高的高分子聚乙烯材料。他们预言自己的航天服将比现有的型号轻 10 磅，并且成本降低约 2/3。[46]

然而，更令人担忧的是，随着大众太空旅行这一前景越来越近，一些公司计划干脆省去航天服：维珍银河（Virgin Galactic）、蓝色起源（Blue Origin）和世界愿景（World View）都称自己有此计划。他们的理论是，太空舱里面会加压，因此无须使用累赘的航天服。虽然所有宇航员都同意航天服穿起来很不舒服，但几乎没人会提倡不穿它们就去太空旅行。最有力的教训来自苏联的"联盟 11 号"，这艘飞船太小，因此三名宇航员都没有穿着航天服。1971 年 6 月 30 日，"联盟 11 号"在返回途中阀门失灵，舱内的压力迅速减少。太空舱落地后，人们检查宇航员的尸体后发现，他们都有脑出血。此外，失事宇航员血液中的乳酸量是平常的 10 倍，而乳酸是人类在恐惧时会释放的物质。他们惊恐地死去，清楚无疑地明白了一个道理：人体是不适合太空环境的。[47]

12

更猛，更棒，更快，更强

Harder, Better, Faster, Stronger

打破纪录的运动面料

我们是人类吗？

它完全改变了这项运动。如今这已经不是游泳了。

——迈克尔·菲尔普斯，2009 年

人们密密麻麻地坐在泳池边一层层的观众席上，知道好戏即将开始。意大利广场的上方，天空一片湛蓝。这是一座宏伟的罗马式综合体育场，为墨索里尼于 1930 年代建造。这是 2009 年世界游泳锦标赛的第三天，在之前的赛程中已经有 14 项世界纪录被打破，其中一项几乎超出之前的纪录两秒钟。当天的最后一项比赛是男子 200 米自由泳，参赛者之中有迈克尔·菲尔普斯，他是这一项目的世界纪录保持者，并且刚在 2008 年的北京奥运会上取得惊人成绩。八位游泳运动员排成一队大步走向泳池，他们的泳帽和泳裤反射着阳光。观众席上的声音越来越高，人们在热议最新鲜的关注点。菲尔普斯在第三泳道，而他最大的对手，德国选手保罗·比德尔曼就在旁边的下一个泳道。这两个人刻意不去理会彼此，而是向下看着各自泳道的浮标。菲尔普斯穿着深蓝色的热身衣，后背上装饰着红色的"USA"字母，戴着一副十分拉风的设计师品牌的黑色耳机听音乐。[1]

从数据看，他完全无须担心。这位六英尺四英寸高的美国人比他的德国对手高出整整一英寸，过去在泳道上的成绩也更为亮眼。在一年前，比德尔曼甚至还没有跻身世界前20。在北京奥运会上，同样是200米自由泳项目，比德尔曼以1分46秒的成绩排名第五，远远落后于菲尔普斯破纪录的1分42秒96。但在此后的11个月里发生了很多事情。首先，菲尔普斯在北京赢得八块金牌后——这一成绩使他成为许多人眼中最成功的奥运选手——休息了几个月。此外，还有泳衣的问题。

比赛四天前，竞技游泳的管理机构国际泳联宣布，比赛中禁止使用捷克德（Jaked）的Jaked 01和阿瑞娜（Arena）的X-Glide等新型聚氨酯泳衣。在未来的比赛中，运动员只能穿织物泳衣，男性运动员的泳衣长度只能从肚脐到膝盖，女性运动员的泳衣则只能从肩膀到膝盖。然而，国际泳联没有规定"织物"的范围，也没有说明新规定生效的确切日期。在比赛时，多数参赛运动员都穿着聚氨酯泳衣。意大利广场内创下的14项世界纪录中13项都是由穿聚氨酯泳衣的运动员创下的。比德尔曼的泳衣正是X-Glide。[2]

比赛开始前，两位运动员在泳池边上仔细地用毛巾擦拭着各自出发台上的水，调整泳帽在耳朵上方的位置，然后甩动着两只手臂。比德尔曼将拇指伸进泳衣下面，调整泳衣和自己的肩膀与胸肌的连接处。接着，他们登上出发台，一脚在前，弯下腰。"预备——"一个女性声音轻声说道。接下来，随着尖锐的蜂鸣声，身着黑色泳衣的运动员们向前跳入水中，动作整齐划一——几乎是整齐的。比德尔曼的起跳并不好，他的腰弓得有些过，并且跳入水中过深，动作过慢。然而这并不重要：第一次掉头时，他已经逼近菲尔普斯，他转过头，划动手臂，留下水波——然后他领先了。其他参赛者远远落在后面，只有菲尔普斯仍在愤怒地一下一下将水划向身体，咬住不放，此时两位运动员都落后于世界纪录。到了激烈的第四程，还剩 20 米时，比德尔曼已经领先菲尔普斯一个身子。最后，他以 1 分 42 秒的成绩夺冠。

菲尔普斯显然十分愤怒。广播中传来杀手乐队（The Killers）的歌声：“我们是人类吗？”比德尔曼将食指伸向空中，呼吸急促，脸因为运动和兴奋变得通红：他是第一名了。然而，还没等他出泳池，他的胜利就遭到了质疑。“我已经受够了，”菲尔普斯的教练鲍勃·鲍曼对记者说，“这项体育已经乱了套，他们最好想点办法，否则他们将失去观众。”这是一个颇有力度的威胁。20 世纪 70—80 年代，东德运动员服用兴奋剂给游泳运动带来的伤口尚未完全愈合，但很多急躁的人不惜将这项运动的丑闻推向新的高度。美国游泳运动员埃里克·尚托将使用新型泳衣比作在棒球运动中使用类固醇。鲍曼的攻击更为间接而讽刺：“迈克尔从 2003 年一直练习到 2008 年，才从 1 分 46 秒进步到 1 分 42 秒 96，这个家伙用 11 个月就练成了。这种训练项目太神奇了。我很想知道其中的原理。”比德尔曼一开始对胜利兴奋不已，说：“（菲尔普斯）获得八块金牌的时候我也在场，而现在，我比他还要快。"不过后来他泄了气，说："我希望还有一次机会，我可以不用这套泳衣胜过迈克尔·菲尔普斯。我希望明年或不远的未来就有这个机会。但我不认为服装是问题所在……这不是我的问题，也不是我的赞助商阿瑞娜的问题。这是国际泳联的问题。"[3]

漂浮者

我不想成为一条仅仅是漂亮的鱼。

——安奈特·凯勒曼，
连体泳衣发明者，1907年因穿着该款泳衣
以妨害风化罪被逮捕。

一切争论都可以追溯到2000年连体泳衣刚刚发明之时；但泳衣发展速度大幅加快，则是在大约十年后。2008年2月，在北京奥运会开幕几个月前，速比涛（Speedo）公司发布了代表他们最新技术的泳衣：LZR竞赛泳衣 *。《纽约时报》的记者埃里克·威尔逊对此不以为意，他写道："有些人，哪怕看到奥运游泳选手的行头出现一丁点变化，也会兴奋半天。"在他看来，这套泳衣和同品牌之前的产品差别并不大，当速比涛在媒体上宣传说穿上这套泳衣，运动员看起来就像角斗士或是漫画中的超级英雄时，他嘲笑说："如果非要说到超级英雄，那这套泳衣可能最适合海洋队长，一个长着脚蹼的复仇者。"[4]

---

* 即人们通常说的"第4代鲨鱼皮"泳衣。

然而，LZR竞赛泳衣确实实现了巨大的进步。速比涛和NASA合作共同开发了能最大程度减少阻力的材料。运动员在水中前进时，有各种作用力会降低其游戏速度，阻力大概占其中的25%。减少阻力就等于加快速度。被选中的面料是一种尼龙和弹性纤维的混合材料，具有轻盈、防水、光滑的特点。然而，这种材料穿在身上触感比较奇怪，更像是纸而不是布料。一件LZR竞赛泳衣的面料组成数量大大降低，从上一款的30块变为3块，并且这款新泳衣还展示了面料拼接的新工艺。过去，两块相连的面料是被缝在一起的，中间有一道缝线；而现在，面料中间只有一道微微隆起的线，这道线就像是微小的减速器，最大限度地降低穿着者的速度。速比涛找到的新方案是：用超声波产生的热量将两块面料的边缘热熔在一起。这削弱了缝线突起的形状，使得阻力减少了8%。不过，这也导致这套泳衣就像束腰一样紧——要想穿上这件从肩膀到脚踝的衣服需要用到拉链，拉链也是超声波热熔制成的平面型拉链——并且衣服在特定位置带有的贯穿的聚氨酯条纹，进一步塑造了其流线型。（此品牌之前使用的材料是特氟龙涂层。）[5]

结果说明了一切。在LZR竞赛泳衣仅推出两个月后，穿着这种泳衣的运动员就打破了22项世界纪录，并且其中21项就是在这两个月内创下的。到了八月，新纪录达到26项之多。在2008年的北京奥运会上，新纪录随处可见。杰森·雷扎克在4×100米自由泳接力赛中的最后一棒遥遥领先，当他穿着带有美国国旗图案的特别版LZR竞赛泳衣触到池壁时，他不仅赢得了比赛，还将 3 分 12 秒 23 的世界纪录刷新至 3 分 8 秒 24，快了 4 秒钟之多。（菲尔普斯之后在北京奥运会赢得的一块金牌则仅有 0.01 秒的优势。[6]）这已经是当天上午的第三个新世界纪录，也是三天赛程中的第七个。后来在同一天，第八个世界纪录被打破，此时赛场上创下的新纪录已经和 2004 年雅典奥运会全程的新纪录一样多。最后，一些统计证明，北京奥运会 97% 的游泳项目金牌都是由穿着 LZR 公司泳衣的运动员获得的。[7]

许多游泳运动员——尤其是由速比涛赞助的——在感谢这套泳衣时情绪激动。在 2008 年获得两块金牌的瑞贝卡·阿德灵顿表示自己"爱死 LZR 了，无论是整体版型，长腿的设计，还是合身程度"。在这套泳衣的发布会上担任模特的达拉·托雷斯说，它让她在水中的动作就像"刀刃切开黄油"一样顺滑。当有记者攻击其灰黑色的设计时，托雷斯站出来为其辩护。"你觉得看起来乏味？"她说，"我们是穿着它去游泳，不是去参加时装秀的。"[8]

随着纪录被刷新，那些在意比赛公正性的人被激怒了。一位教练称 LZR 泳衣是"技术兴奋剂"，另一位称其为"衣架上的违禁药品"。（后者匿名接受了《纽约时报》的采访，因为他的一位队员就是由速比涛赞助的。）但问题远不只是这套泳衣可以让运动员游得多快那么简单。人们深信应该赢得比赛的是游得最快的人，而不是占有最新技术的人。并非所有人都能得到 LZR，这使得比赛训练和比赛当天都出现了不公平的现象。这款泳衣 2008 年 5 月才正式上市，离奥运会开幕仅仅只有几个月时间。同时，这套服装价格昂贵：一件要550美元，并且穿几次后就会变松或是开缝。赞助也是一个问题。与其他品牌签约的运动员处于不利的局面：他们如果不放弃LZR带来的优势，就要冒着失去丰厚赞助费的风险。速比涛赞助的运动员就没有这些顾虑了。[9]

当一系列完全由聚氨酯制成的更先进的泳衣上市后，抗议声呼啸而来。从某种层面上说，Jacked 01、阿瑞娜的X-Glide和阿迪达斯水翼等泳衣是从LZR竞赛泳衣自然发展而来的结果。LZR只是在泳衣上加了聚氨酯条纹，而这些新款泳衣则全身都覆盖着聚氨酯。这种材料能更好地挤压肌肉、拉紧皮肤表面，并且，对运动员非常重要的是，它能通过锁住防水材料和皮肤之间的空气来增加浮力。热塑接缝的技术也被广泛应用于其中。保守派将这种新泳衣称为"漂浮者"，因为它们有助于运动员在水中处于更高的位置，因此加快了他们游动的速度。

这种高科技泳衣包裹身体的部分越多，就意味着运动员身体表面有越多面积可以变得光滑、紧绷。当运动员在水中游泳时，未被盖住的身体部分哪怕仅仅是肌肉收缩，也会在水中激起相当大的水波和漩涡，而这些振动会产生额外的阻力。但高科技泳衣通过挤压皮肤极大地减少了此类运动。因此，这些新型泳衣使用的面料通常是编织而非针织的。[10]

泳衣必须极为紧身。一位记者将自己挤进一件泳衣后将这一经历形容为"龙虾要回到自己脱下的壳中"。运动员们穿上一件泳衣大概要花20—30分钟——热熔的接缝缺乏延展性，这造成了不便。并且，由于聚氨酯面料很脆弱，因此拉扯的动作可能会造成泳衣破裂。而这一切不便的回报就是速度。运动员们和海豹一样，明白越光滑越好的道理。泳衣带来的压力再加上精心设计的接缝位置，可以抬高运动员的腿部，并且使运动员即使在疲劳时也能保持核心的力量和活跃度，使其更接近完美的竞赛状态。曾获得奥运奖牌的运动员及泳装品牌 Tyr 的联合创始人史蒂夫·福尼斯说："这之间的区别就像是驳船和赛艇。"[11]

另一件激怒游泳运动员和爱好者的事是，人们认为这项技术并不是人人都能受益，而受益最大的人不是最有资格的人。虽然一些运动员前后的表现相差不大，但另一些选手——比如比德尔曼——在科技泳衣出现后从世界排名第 15 至第 20 的位置跃升至前 5 名。瑞贝卡·阿德灵顿说："有些人穿着聚氨酯泳衣时成绩非常好，但后来就销声匿迹了。"速比涛流体实验室的前负责人约瑟夫·桑特里认为，这些受益的人可能是那些身体较为柔软、脂肪组织较多的运动员，因为"泳衣可以挤压……使他们的身体成为类似鱼雷导弹的形体"。换句话说，越是肌肉强健、技艺高超的运动员，使用聚氨酯泳衣带来的影响越小。[12]

虽然国际泳联在制定泳衣规范这件事上一直反反复复，但对 2009 年新世界纪录的攻击声浪实在太大了。菲尔普斯输给比德尔曼使得本来只是行业内部争论的一系列话题成为国际新闻。菲尔普斯对媒体说：这些泳衣"完全改变了这项运动。如今这已经不是游泳了。新闻标题总是写谁穿了什么泳衣"。泳衣的光芒盖过了运动员。不到六个月后，国际泳联就施行了更为严格的规定，科技泳衣的时代结束了。[13]

遮蔽身体的运动服

他们是裸体的，穿在身上的只有阳光和俊美。

——奥斯卡·王尔德
对古代奥运会运动员的描述，约 1891 年

人类并非到了现代才对体育赛事如此关注。对生活在公元
2 世纪的旅行家、地理学家鲍桑尼亚而言，奥林匹亚是他心灵的
故乡。"希腊有很多值得一看的景色，"他写道，"有很多值得聆
听的传奇，但是上天最眷顾的地方无疑是奥林匹克运动会。"[14]
古希腊的奥运会是为彰显宙斯的荣耀而举行的体育盛事。
从约公元前 776 年起的大概 400 年间，每四年都会有几万人从
全国各地聚到一起，观看这场赛事。这件事极为重要，以至于
在奥运会开始和举办的过程中，连战争都曾一度中止，只为了
让运动员和观众能够安全到达奥林匹亚。抵达目的地的人则可
以观看各种比赛，包括赛跑、战车竞赛、摔跤比赛和标枪比赛。
胜者将戴上桂冠。比赛除了受到人们崇敬的对待之外，还有另
一个特点：所有参赛者都是裸体的。
这些比赛项目只是希腊裸体运动文化的一部分。体操

（gymnastics）和体育馆（gymnasium）的词源"gymnos"本身就是"裸体"的意思。在这一时期的艺术作品中，经常可以看到对理想化男性体态的描绘：他们宽肩窄腰，在花瓶或雕带上嬉闹着，他们的动作需要投入大量精力，因此他们腹部和胳膊上的肌肉十分凸显。然后，如同现在一样，关于公民、伦理、性、性别等主题引发的文化焦虑也都渗透到体育赛事中，引发广泛的讨论。[15]

无论其意义何在，到公元前6世纪上半叶前，古希腊文明中很重要的一部分是，奴隶之外的自由民男性都需要努力锻炼、控制饮食、在身上涂抹大量的橄榄油并定期接受按摩，以使自己的肌肉保持完美的弹性。[16]只有通过长期裸体锻炼才能获得的全身晒黑效果是他们非常渴求的。希腊人甚至有专门的词来形容古铜色的臀部，即 melampygos；白皙的臀部则叫作 leukopygos。（很显然，后者可以用来指代懦夫或缺乏阳刚气质的人。）其中最强健而自豪的人会在公共体育场中和同龄人展开较量，所有人均是裸体。在斯巴达，这一习俗被发挥到极致，所有年轻人都要进行强制性的体育活动。未婚的女性、成年男性和30岁以下的青年男性将大量精力投入到训练、比赛和操练之中，内容从合唱、舞蹈到军事演练，无所不包。人们会带着勇气和热情参与到这些活动当中，这一行为是具有道德品质的。例如，公元前4世纪的古希腊历史学家色诺芬曾写道："参与训练的人能获得光滑的皮肤、结实的肌肉，并从饮食中获得健康；而那些懒人看起来便是肿胀、丑陋、虚弱的。那些展露出怯懦的人，将受到他人的排斥。"[17]

尽管希腊人全身心地投入到运动中，但他们也意识到其他国家的人将裸体锻炼视为不道德的行为，并且他们自己也对可能导致的堕落性行为感到焦虑。柏拉图和修昔底德就明确提出过，国外的运动员会穿着缠腰布。但即使在希腊，对进行裸体运动的成员和场所也有严格的限制：这项运动仅限于一部分公民，只能在体育馆或体育场中进行。所有的参赛者都必须是自由民，未婚女性虽然可以观看比赛，但不能参赛。即使在年轻女性参与竞赛的斯巴达——她们或许裸体，但更可能穿着短束腰外衣甚至短裤——在女性结婚后，这一切也就戛然而止了。[18]

尽管古希腊人心怀不安，裸体运动（或与此接近的状态）其实颇具意义。一个广为人知的故事是，人们之所以接受裸体，是因为曾有一个运动员在赛跑中被自己松散的缠腰布绊倒。虽然这故事可能是杜撰的，但服装无疑会束缚人的动作，并且在格斗或团队比赛中会让对手有可乘之机。即使是最薄的面料也可能阻碍汗水蒸发，而这恰恰是人体在运动中调节体温的重要机制。如何平衡道德与品位和实用性，一直以来都是颇为敏感的话题，并且有时会非常棘手。

在19世纪末20世纪初，奥林匹克运动会恢复之时，天平向道德的方向大幅倾斜。1908年的比赛规定："所有参赛者必须穿着覆盖从肩膀到膝盖的全身服装（即长袖运动衫和带衬底的宽松短裤）。着装不合规定的运动员一律不得参赛。"在1912年奥运会期间，男性运动员穿的是棉质T恤和齐膝的排扣式短裤。

如今，虽然运动服款式不同，但服装覆盖身体的范围从那时至现在并没有太大区别。[19]

对女性而言，情况则大相径庭。在1896年奥运会上，她们完全被排除在比赛之外；到可以参赛时，她们则必须穿上极多的服装。英国网球运动员夏洛特·库珀在1900年巴黎奥运会的单打和混双比赛中都获得了金牌，她比赛时就穿着到脚踝的紧身裙子、扣子一直系到领口和袖口的衬衫、束腰和带鞋跟的鞋子。1912年斯德哥尔摩奥运期间，摄影师拍摄了一系列女性运动员的照片，其中很多张的拍摄对象都是大获全胜的英国自由泳运动员。她们穿着盖住半截大腿的半透明紧身泳衣，被要求摆出一个又一个照相姿势。在多数照片中，有另一个女性与她们一起出现，她可能是教练，像监护人一样站在运动员们后面，穿着有庄重花边领的细条纹长裙，直直地怒视着镜头。

早期服装如此强烈的朴素感，意味着女性最需要的服装还远远没有出现——一件具有足够支撑性的胸衣。稍一想就会知道，女性对运动内衣的需求再明显不过了。做弹跳动作时，女性的胸部会跟着身体一起运动，而这可能会导致疼痛。跑步时情况更糟：胸部会进行短促的上下圆周运动，轨迹有些类似于拖泥带水的8字形，尤其对于胸部较大的女性而言。在1977年前，女性面对这些问题有自己秘密的处理方式。有的人在胸罩上粘上胶带，有的人穿两层胸罩。但40年前，随着慢跑在大众中流行起来，佛蒙特大学的三位女性找到了另一个解决方式：将两件男性用的下体护身缝在一起。随着这件样品的出现，"男性护身胸罩"诞生了；很快，出于商业考量，这个名字变成了"慢跑胸罩"。[20]

然而，阻力依然存在：对运动胸罩本身、女性锻炼、胸部在公共场合引起注意等问题，民众都有反对意见。1984年，琼·本诺伊特赢得了奥运会女子马拉松比赛的第一块金牌，赢得比赛后，她的运动背心侧向一边，露出了里面一条普通的白色胸罩的肩带。媒体拍下了这一画面，这使很多人感到不满。15年后，再次有人将这一话题展现在公众面前，这一次却是有意为之的。在FIFA（国际足联）女足世界杯上，当美国队与中国队的决赛临近尾声时，布兰迪·查斯泰恩罚中了制胜的点球，并以传统的方式庆祝胜利：她脱下了运动上衣，跪在地上，将两手握拳伸向天空。虽然之后她在采访中轻描淡写地将这一举动形容为"一时的疯狂"，但她穿着黑色尼龙运动胸罩的画面登上了《新闻周刊》和《体育画报》的封面。[21]

在之后的几十年中，随着社会风俗和对身体的态度有所进步，运动服装也随之发生改变，无疑变得更为合身了。但对衣着得体和合理性也备受人们关注，这意味着身体部位哪些应该裸露，哪些不应该成为公众视点，仍然在持续权衡中。其中最臭名昭著的例子就是沙滩排球。男性进行这一运动时穿短裤和跨栏背心，而在1996年至2012年间，奥林匹克官方规定的女性运动服是"侧边宽度不得超过6厘米"的比基尼。如此规定的原因再明显不过，而且绝对与展现体育竞技无关。一位排球运动员在2008年对《星期日泰晤士报》的记者说："掌控着这项运动的人希望它呈现性感。"此后，规则改变了，运动员有机会遮住更多的身体。个人选择、文化因素等促使耐克最近做出决定，推出使用轻盈、有弹性、透气的合成混纺面料制作的头巾。这虽然并不是市面上第一款运动头巾，却受到了席卷而来的好评。一位女性在踢足球、跑步、举重的过程中测试了这款头巾和其他头巾，并写道："如果我还是个学生，就算献出一个肾我也要拥有一条。"[22]

关于该如何展示男性运动员的身体同样有争议，不过相对较少。《ESPN》杂志每年会出版一期《美体专刊》，其中展示体育明星的身体。2016年，他们选用体重325磅的橄榄球运动员文斯·维尔福克作为封面人物时，人们认为这是大胆而具争议的。维尔福克在幕后的花絮短片中指出，男性运动员仍被期待着符合希腊花瓶上的那种身体形态，若能做到这一点，就有更多机会得到赞助。这种期待加上体育日益商业化的趋势，导致更为合身的运动服逐渐出现。举例来说，篮球的运动衣和短裤一直以来是松垮的，但耐克推出的最新一代运动服则要紧身得多。这种比起街头风格更偏向运动风格的审美如今在许多团体项目中十分常见，这可以使品牌的名字更直接地与身材健美的运动员及其健康活力联系在一起。紧身的服装容易限制身体运动，并且会妨碍汗水蒸发，因此这样的运动服直到吸汗面料的出现，才真正被实际应用到运动当中。

体育专栏作家莱昂纳德·考皮特认为："科技几乎改变了

所有运动的方式。然而，在绝大多数情况下，这种效果对观众而言是不可见的。"他写下这些话的时间是 1978 年。可以想见，2008 年至 2009 年间关于高科技泳衣的争议绝不是第一次有一项运动被关于服装和设备的讨论包围，甚至在竞技游泳上都不是第一次。[23]

亚历山大·麦克雷是一名苏格兰人，他于 1910 年移民至澳大利亚，并在 1928 年发布了第一款非毛织泳衣，由此创立了泳衣品牌速比涛。如今，羊毛作为一种泳衣的材料已经不可想象：它使人感觉又重又痒，吸水性很强，且运动员每划一下水，它都会产生向下的拉力并拍打身体。然而，麦克雷的"文胸泳衣"并没有立刻受到热烈欢迎，这款泳衣是丝制的，相当紧身而暴露——正如其名字所示，它露出了手臂上相当大而挑逗的一块，肩和背几乎是裸露的——因此被一些公共海滩禁止。尽管如此，这款泳衣在游泳运动员之中很快受到了欢迎。瑞典选手阿恩·博格参加 1928 年的阿姆斯特丹奥运会时穿着这件泳衣，结果赢得了金牌并刷新了 1500 米的世界纪录。四年后，16 岁的澳大利亚天才选手克莱尔·丹尼斯穿着文胸泳衣在洛杉矶打破了另一项奥运会纪录，不过她在预赛中因露出"过多的肩胛骨"差一点被取消参赛资格。[24]

1972 年奥运会上发生过一次不幸的事件：东德的女子游泳队穿着棉质泳衣比赛，泳衣遇水后变得完全透明了。下一个大事件发生在 1973 年。（事实证明，1970 年代确实是体育装备创新的十年。）在贝尔格莱德世界游泳锦标赛上，莱卡材料的弹性泳衣首次亮相，穿着这些泳衣的仍是大胆的东德女子游泳队。她们获得了 14 块金牌中的 10 块，并打破了 7 项世界纪录。这款泳衣因此出名，之后被人们称为"贝尔格莱德泳衣"，并且很快风行全世界。

此时，速比涛公司采取较为保守的态度。"这些泳衣令人作呕，"这家公司的北美地区经理对《体育画报》说，"穿上后什么都看得见。"然而到了 2000 年，他们引起了轰动。速比涛公司发布了自己的新款泳衣，声称其使用的材料可以模仿鲨鱼身上的小齿来帮助游泳选手减少水中的阻力。这泳衣似乎很奏效。在悉尼奥运会上，几乎 80% 获得奖牌的运动员都穿着这款灵感来自鲨鱼的套装。然而数年后，哈佛大学的科学家们发现广受称赞的"鲨鱼皮"技术并不能真的减少阻力。鲨鱼皮肤上鼓起的小齿确实可以帮助它们减少阻力、增加冲力，可是速比涛泳衣上的小齿相距太远且太僵硬，因此对运动员并无助益。[25]

体育纯洁性和技术进步之间的拉锯在许多体育项目上都出现过，并产生过争议。不断涌现的新装备、新服装使世界纪录得以被持续打破、刷新，吸引着人们的眼球；然而这也招致抱怨、不安及愤怒，正如莱昂纳德·考皮特在 1978 年所言："比赛的本质，在于制定规则，创造一个恒定不变的环境，使人们将自己努力获得的能力在某个框架中展示出来。"如果精彩的胜出、超高的球速和耐久的距离只是因为新技术的引入而出现，那它们真的算数吗？是否有颇具潜力的运动员因为无法获得最好的装备就被人忽略呢？技术对运动的加强到什么地步后会遮蔽真正的成就呢？[26]

以现在的眼光看来，许多技术升级显得极为自然，很难想象以前的体育服装中不曾使用这些面料。例如，考皮特所哀叹的新技术就包含美式橄榄球所使用的垫肩和头盔、人工草皮和加上凹点的高尔夫球。类似的情况是，当王子（Prince）公司推出一款表面比其他球拍大了50%的新产品时，反对的声音立刻出现。因为这样一来，能够用来接球的部分大大增加了（1976年一期《纽约时报》的标题是：秘密武器还是谷仓大门？）。比约·博格使用的那种木质网球拍在温布尔顿赛场上一直应用到1987年。如今的球拍比那时的轻了足有25%——具体重量会根据选手的偏好改变——并且通常是用玻璃纤维、碳纤维或石墨制成的。今天，几乎没有人会提出重新使用那种更小、更重、最佳击球位置更难找的传统球拍。若使用这种球拍，比赛的节奏会大为减慢，几乎变成另一种运动。然而，关于网球表面的毡毛该用多少比例的羊毛和合成纤维，仍存在着激烈的争论。各家公司遵循的标准并不一致，而球表面的毡毛对球速有决定性影响。[27]

跑鞋在材料上也经历了变化。罗杰·班尼斯特于1954年5月6日创下四分钟一英里的长跑步纪录时，他穿着GT Law and Son公司为他生产的跑步钉鞋。这双鞋由非常薄的黑色皮革制成，装饰有白色缝针和坚固的棉质花边。"我能看出跑鞋越轻，就越具优势。"他说。他这双轻如羽毛的鞋只有127.6克重。[28]

在之后的几十年里，阿迪达斯和耐克成为跑鞋巨头，生产出了许多广为人知的跑鞋。皮革被织物面料取代了，因为后者更透气，在雨中表现更好。一英里跑现在很大程度上被 1500 米跑取代了，而前者的纪录保持者是希查姆·艾尔·奎罗伊。他是一名瘦而结实、面相友善的摩洛哥运动员，从 1999 年起便保有 3 分 43 秒 13 的世界纪录。奎罗伊的赞助商耐克在 2004 年邀请他一起研发一款赛场跑鞋，以纪念班尼斯特曾创下的一英里四分钟的纪录。他们推出了 Zoom Miler 钉鞋，这款鞋与班尼斯特的鞋重量相同，但材料非常不同：它使用了聚醚聚合物和乙烯醋酸乙烯酯泡沫缓冲垫。[29]

就在 2012 年奥运会之前，耐克发布了一款新鞋，他们希望这双鞋能同时取悦专业运动员和普通顾客。前者告诉耐克，他们不想要一双穿起来像鞋的鞋，而是想要一双像袜子一样的鞋。Flyknit 比赛跑鞋和训练跑鞋就这样出现了，而且这条产品线现在已经进化到最新款式：Zoom Vaporfly 跑鞋。（这双鞋在耐克赞助的"破 2"计划中亮相，此计划在于挑战两小时内跑完马拉松，参赛的运动员包括肯尼亚长跑运动员埃鲁德·基普乔格。）Flyknit 的鞋身部分是合成纺线制成的——从 2016 年起，这一部分使用的是从回收塑料瓶而来的聚酯纤维；这一部分使用了细密的织法，以强化其组织与耐用度，并将接缝减到最少以适合长距离跑步。因为织物自身具有弹性，鞋身可以舒适地贴合脚面，且透气到可以不穿袜子。虽然很多吹捧的文章和新闻稿向读者保证 Flyknit "革新了运动鞋的重量"，但这双比赛用鞋事实上比班尼斯特 1954 年穿的皮质鞋重了 40 克。

Flyknit 及其后续产品在跑步运动员中大受欢迎，并且经过奥运会的精彩亮相，它们成了极好的营销工具，于是这种面料在各种产品线中广为应用，从匡威的 Chuck Taylors 运动鞋到各种运动胸罩。虽然 Zoom Vaporfly 专业版是类似"概念车"的产品，仅面向基普乔格和耐克赞助的运动员，但面向大众市场的版本"Zoom Vaporfly 4%"成了摇钱树。这款鞋很贵，一双要 250 美元，但它对运动员的提升足以吸引很多人。话说回来，虽然基普乔格非常喜欢穿上这双鞋赛跑，但他仍有矛盾的心理。当《连线》杂志的一位作者问他最干净的马拉松成绩可以达到多少时，他的回答证明自己本质上是一个纯粹派。"你问我，干净的成绩？没有技术和帮助？那么我要说是阿比比·比基拉 1960 年的成绩。光着脚跑的。这是最干净的。"[30]

市场力量

显然，我们非常乐于见到人们在创新上又迈出一步。

——凯特·威尔顿，

速比涛公司销售与设计高级总监，2016 年

体育及与体育相关的服装是一笔大生意。北美的体育市场销售额在 2014 年达到了 605 亿美元，2019 年预计将达到 735 亿美元。这一行业里的公司，如耐克、阿迪达斯、NBA（美国职业篮球联赛）等，虽然因体育赛事现场观众的减少和难以预测的全球销售额而烦恼，却在另一方面获利——急剧增加的运动服和运动休闲服的需求。光是后者在 2016 年的销售额就估计达到了970 亿美元。[31]

增长的胃口导致了激烈的竞争。对传统公司来说，这是个收回失地的机会。部分手段便是用技术强化产品的差异化。例如，锐步在 2015 年开始制作带有凯夫拉合成纤维饰边的服装，这种纤维极为耐用，一般用在防弹背心上；安德玛和露露乐蒙则出售带有除臭性能的袜子、背心和紧身裤。然而，由于紧身裤之间没有什么太大的差异，运动服装公司还需要依靠赞助合

约。他们挑选名气大的运动员合作，使自己的品牌在受关注、被报道的赛事上亮相，以博得消费者的青睐。[32]

如同耐克的 Zoom Vaporfly 跑鞋和速比涛的 LZR 竞赛泳衣一样，许多在专业运动员身上展示效果的创新装备后来都面向大众市场出售了。（有传言说，在上述两个案例中，为赞助商介绍产品的运动员都得到承诺，如果他们打破纪录，就能得到 100 万美元的奖金。）运动员获得奖牌时穿着的产品和有体育英雄背书的产品获得了权威认证，而销售增加获得的利益又被投入到帮助专业运动员胜过对手的技术研发中。这个循环也许是良性的，也许是恶性的，取决于你怎样看。

职业运动员在比赛中表现如何，很大程度上在赛前就已经决定了，而决定因素就在他们的大脑之中。瑞贝卡·阿德灵顿平日训练都穿普通的泳衣，将 LZR 泳衣留在比赛当天使用。这部分是因为她比赛用的衣服比平日的要小上两三号。"比赛的泳衣得要特别紧，"她说，"要像第二层皮肤一样。让人忍不住想赶紧脱下来。"然而其中也有心理因素。比赛泳衣那种光滑、薄如纸片的质地，穿上后紧压身体的感觉，还有跳入水中后几乎能感觉到气泡贴着皮肤的体验，是她专门留给比赛的。"我出于同样的原因在比赛那天除毛，虽然这几乎对比赛成绩没什么影响。大部分是心理原因。"[33]

泳道尽头

> 激烈的运动赛事与公平无关。它与仇恨、嫉妒、自大，漠视一切规则相关，并且在目睹暴力的过程中，带着某种施虐的快感。换言之，它是一切没有枪林弹雨的战场。

> ——乔治·奥威尔，《运动精神》，1945 年

体育赛事并不公平。有的队伍比别人更容易获得装备、营养剂和其他资源。有些运动本就需要投入大量时间和金钱才能熟练掌握。有些人天生就胳膊长腿长、胸部平坦、动作利落、耐力过人。有些人的父母既能察觉孩子的天赋，又有能力培养他们。有些运动员是男性，因此能获得更多的公共曝光机会以及更好的赞助合约。然而，当一些技术的出现招致体育界的反感时，其引发的讨论又回到了公平和纯洁性。知名体育专栏作家罗斯·塔克为南非《星期日时报》写了一篇文章，他在其中发表意见称，增强性能的鞋应该被禁止，"好让我们能享受跑步本身，而不是科技带来的无法衡量的力量"。然而，在某种意义上，所有的鞋都是增强性能的，尤其对在柏油路和水泥地上奔跑、穿越城市的马拉松比赛而言。服装增强性能到什么地步是

可以接受的，这一直以来都是体育迷、运动员和运动用品公司不断争论和协商的话题。对不热爱体育、不参与体育商业的人来说，这一过程容易使人迷惑。似乎很小的改进也能激起骚动，另一些变化则悄无声息。[34]

专注于给运动装备升级的品牌们面临一个难题。如果想要吸引大众市场，他们需要使产品具有差异性。他们要向普通消费者展示，通过穿着、使用他们的产品，一般人也能够变得更快更强，更容易胜过他人。然而，如果他们的成功太明显，如果他们赞助的运动员获得的优势太大，他们的产品又会招致道德上的批判。[35]

体育本身也存在使运动员变得更猛、更棒、更快、更强的动机，因为这样会使运动更具趣味性。擅长仰泳的奥地利运动员马尔库斯·罗根支持聚氨酯泳衣，因为它能使人游得更快。"我们参与的是世界上最无聊的运动，"他说，"因此我们只靠破纪录活着。"毕竟，几乎没有人会建议游泳运动员们回到穿臃肿的毛织泳衣的日子，或建议女性运动员像 20 世纪初那样，穿上顾全体面却与运动无关的遮盖身体的套装。[36]

2009 年，穿着聚氨酯泳衣的运动员共创下 147 项世界纪录，其中有 43 项是在罗马世界游泳锦标赛上出现的。这些泳衣激发的争议超出了游泳圈，成了正在进行的、更广泛的讨论的一部分：技术、品牌和赞助在体育中的角色。人们最大的担心是这些新纪录根本无法被打破，直到下一轮技术革新发生。有说法认为，聚氨酯泳衣已经开始蚕食游泳运动，并终将使其失去公正性——就像几十年前的兴奋剂一样。这些恐惧至少已经大部分被证明为是杞人忧天。在里约奥运会的前四天，就有六项世界纪录被打破。到 2018 年 1 月时，高科技泳衣时期的纪录只有 13 项仍然保留着。[37]

这些纪录被较为轻易地打破，原因很复杂。随着体育科学的发展，人们比以前更懂得调配营养、提高效率、使科技以各种方式辅助运动员。泳池本身也被重新设计，提供了更好的竞赛环境。泳池变得更深、更宽，这样能减少水流和打在运动员背上的水花带来的阻力。泳池的水温保持在 25 度到 28 度之间，这被认为是最适合肌肉运动的温度。同时，设计者们也研究了泳道分割线和泳池边上的排水系统，以确保水不会从上面反弹回来，以致运动员速度降低。但许多业内人士认为，正因为 2008 年和 2009 年的问题出在泳衣面料上，所以解决方案应在这里。[38]

自从国际泳联出台规定，禁止使用聚氨酯和其他非纺织面料制造的泳衣后，从接下来出现的一系列泳衣的设计明显能够看出，设计师在试图弥补因禁用材料而失去的速度。一些新泳衣的接缝和缝线具有类似骨骼的结构，可以提示运动员并帮助他们找到最佳的竞赛姿势。阿瑞娜公司在自己的尼龙泳衣中加入了碳纤维。碳纤维是以网格结构还是在水平方向混入面料之中，这取决于具体的设计。碳纤维增加了泳衣的耐用性，并能使其更加紧压身体。

速比涛公司在 2009 年没有制造全聚氨酯的泳衣，而是集中精力研发一款等禁令出台后可以领先在起跑线的产品。他们研究了赛艇和F1赛车如何减少阻力，并将其中的思路融合到新产品之中——这就是鲨鱼皮三代和鲨鱼皮LZR竞赛泳衣X。（后者是为里约奥运会推出的。）新一代泳衣使用了分区域压缩的设计，面料的一些部分莱卡含量更高，因此比其他部分更具延展性，结果是，新款泳衣给身体的压力是老LZR泳衣的3倍。鲨鱼皮三代整体的概念是在身体表面创造尽可能坚硬的"皮肤"，将身体雕塑成更具效率的类似管子的形状，同时防止皮肤向四周移动。速比涛公司称，这些设计将使运动员身体所产生的阻力减少约17%，同时氧气平衡度能增强11%。唯一的问题，至少对女性运动员来说，是如何穿上它。这款泳衣没有拉链，整个人要从袖口挤进去，有些人说要花一个小时才能穿上这件泳衣。不过运动员们得到保证，稍加练习的话，只需要10—15分钟就能穿上泳衣。[39]

高科技泳衣使游泳运动员和教练明白了一件事，那就是身体姿势的重要性。教练们花了很多工夫学习完美的姿势应该是什么样的，并在禁令发布后试图重现穿高科技泳衣的效果。例如，通过加强核心肌群的稳定性，和在训练中加重对姿势的强调。一些教练甚至购买了大量已被禁止使用的泳衣，将其作为训练辅助，让运动员感受穿上这些衣服后是如何运动的，以及让他们了解身体被压紧后能游得多快。斯图·艾萨克认为："那个时代，将游泳的标准提高了。"换句话说，这些泳衣如今仍在打破纪录。[40]

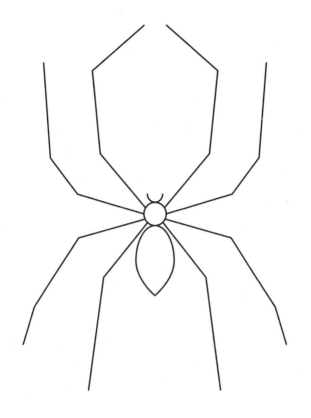

13

金色斗篷

The Golden Cape

蛛丝的应用

斗篷

织网的蜘蛛不要过来;

走开,你这长腿纺纱的,走开!

——威廉·莎士比亚,《仲夏夜之梦》,1595—1596 年

2012 年 1 月,伦敦的维多利亚与艾伯特博物馆展出了一项全新的非凡藏品:一件长及小腿的蛋黄色斗篷。这件斗篷闪闪发亮,上面覆盖着精美的刺绣装饰。斗篷的形状类似神父穿的十字褡:一大块椭圆形的丝制面料对折,正中开一个洞,可以将头从洞中伸出来;前面接连垂挂着几段一英尺长的流苏,整件衣服的颜色完全一致。这件藏品令人过目不忘,无论是颜色还是工艺都非常吸引眼球,若靠得够近,观赏者就能看到斗篷表面布满了精细复杂的花朵、蜘蛛图案。然而,衣服背后的故事更令人惊叹:几百人组成的团队花了超过三年时间才做成了这件斗篷。但最令人震惊的事莫过于,整件斗篷都是由未经染色的纯蛛丝制作的。

据斗篷制作者说,他们已经不是第一次挑战这种了不起的面料了。两位制作者分别是英国织物专家西蒙·皮尔斯和美国

设计师尼古拉斯·各德利，两人都定居在马达加斯加。大约四年前，他们曾用蛛丝制作过一件华贵的挂毯。这挂毯有335厘米长，122厘米宽，由大约120万只蜘蛛产出的蛛丝织成，曾在美国曼哈顿上西区中央公园旁边的美国自然历史博物馆展出过。博物馆对这件物品的定位并非面料史上的又一座里程碑，而是一项文化奇观。挂毯的抽象几何刺绣图案呼应了马达加斯加19世纪的流行风格；整个制作过程则花费了工匠们五年的时间，以及超过50万美元。[1]

这对组合并没有满足的部分原因或许正在于此。的确，他们创造了一件独一无二的作品，他们使用的材料也是人类几个世纪来苦求而不得的；但他们的心中有一个问题挥之不去：若是用蜘蛛织网的材料做一件人们能穿在身上的衣服，那会怎样？

"用蛛丝把自己裹起来，把自己变成茧，这个设想获得了很多人的共鸣。"皮尔斯说。制作斗篷的概念也很吸引人。若完全从实用主义的角度出发，斗篷表面有非常大的面积需要装饰，他们因此得以展示马达加斯加的同事们有多么精良的编织和刺绣手艺。但皮尔斯和各德利赋予了这件作品更多的内涵。一方面，斗篷是漫威的超级英雄们穿着的服装，代表了能拯救世界的未来主义超能力；而另一方面，用金线织成的斗篷又让人想起记忆中童年听过的童话和传说故事。[2]

为制造在维多利亚与艾伯特博物馆展出的这件斗篷，皮尔斯和各德利挑战了自己的极限，但他们并不是唯一致力于此的人。将蛛丝变为可靠的、可持续利用的资源，这是人类几百年来一直梦寐以求的事。或许你没有意识到，日常中被我们不经意扫开的蜘蛛网，实际上是工程学奇迹。蛛丝完全由蛋白质构成，在相同重量下，强度却是钢丝的五倍。拉紧后，它的长度可以伸展出原本的 40% 而仍不断裂。很自然地，那些寻求在医疗和军事生物科技方面做出突破的人对蛛丝充满兴趣，他们期待可以将其应用于神经重组、取代防弹背心中的凯夫拉面料、制造奢侈的服装等。因此，蜘蛛轻而易举就产出的丝会让人们殚精竭虑、用尽所有办法去复制，也就不足为奇了。[3]

蛛形纲生物与蜘蛛恐惧症

> 你难道没有看到吗？蜘蛛织网的技巧太精妙了，人类的双手根本无法模仿……这项技艺是天生的，无法习得。
>
> ——塞涅卡，《道德书简》，第112封信

制造这件金斗篷所使用的原材料只来自一种蜘蛛——马达加斯加络新妇蛛。这是一种金丝圆珠，而且如其名所示，生活在马达加斯加。就蜘蛛而言，它们算是非常有魅力的生物。雌性马达加斯加络新妇蛛有成人手掌般大小，修长优雅的细腿在身体四周摆动；它们的腹部饱满而漂亮，带有黄灰斑点，体积小的有巴西坚果大，大的跟大颗的枣一样。（雄性蜘蛛的身体是红棕色的，大小只有雌性蜘蛛的1/50。）同时，这些蜘蛛是不可思议的织网能手，它们在马达加斯加的首都塔那那利佛四处编织巨大的蛛网，无论是在树上还是在电线杆上。它们趴在蛛网上，头朝下，等待猎物，蜘蛛网在阳光下闪烁着金色的光。

络新妇蛛是现存最古老的蜘蛛品种之一，迄今发现的最早的络新妇珠化石形成于1.65亿年前的中侏罗纪时代。这些化石

非常受收藏家和美术馆的青睐，这不仅是因为雌蛛艳丽的外表，还因为它们收集战利品的骇人习性：络新妇蛛会像骄傲的猎人展示鹿头一样，将蝴蝶翅膀和苍蝇的脑袋等留在网上。络新妇蛛的亚种分布于全世界，从美洲、亚洲到大洋洲。它们常编织一些恼人的横跨小径的蜘蛛网，慢跑的人很容易撞上。[4]这些误入歧途的慢跑者通常没什么大碍，若是被络新妇蛛咬了，人们也只会有轻微的恶心和头晕等症状。络新妇蛛真正的猎物通常是昆虫，但小鸟、蜥蜴，甚至不幸的雄性络新妇蛛也会惨遭杀害——它们会用毒害神经的毒液杀死黏在网上的所有生物。[5]

络新妇蛛的英文 nephila 源于两个希腊语单词，翻译过来大致是"喜爱纺线"的意思。正如其名，络新妇蛛产的丝颇有声誉。它们的网都是雌蛛织成的，面积巨大，直径可达到 2 米。络新妇蛛似乎对自己的丝制成品相当自豪：它们几乎从不离开自己的网，即使遇到攻击后也一样。此外，网被破坏后，虽然重新织一张只需半个多小时，但它们通常选择修修补补。蛛网出现破损后，雌蛛会把那里的丝吃掉，然后用新产的丝进行修补。科学家们非常赞赏它们构造精美的网，不仅具有很好的强度、精度，还有能吸引猎物上钩的独特的金色外观。雄蛛终日在网的边缘焦急地快速爬动，等待着恰当的交配时机；无论雌雄，络新妇蛛的寿命都只有几个月，因此时间十分宝贵，而雄蛛还要注意不要引起雌蛛的愤怒或是食欲。一旦交配成功，雌蛛将用更多的蛛丝将卵囊包裹起来，藏在离网不远的地方。几百只大头针大小的幼蛛将从中涌出，成长，继续繁衍下一代。[6]

蜘蛛是了不起的生物。仅用一晚，它们产出的蛛丝就能建造一张多功能的巨网。用人类来打比方，这就相当于人要织一张足球场那么大的网，而且这张网要捕获的猎物重量加起来等于一架飞机。蜘蛛最早出现于3.8亿年前，经过不断的进化，现在已有超过4万个品种。（作为比较，人类仅在700万年前才从大猩猩中分化出来，而灵长类动物总共只有400种。）[7]

所有蜘蛛在一生中的某段时间都会使用蛛丝，并且每只蜘蛛都能产出不同的丝，这取决于蛛网的用途：在地里建造避难所、为卵囊做茧，或者裹住猎物。即使同一张网也是用不同的丝织成的。放射状的辐线主要是大壶状腺丝，这是最强的蛛丝，也是蜘蛛逃生时快速下降所使用的丝。圈形的线则是鞭状腺丝，这种线颇具延展性而反弹速度慢，因此猎物不会从网上弹开；不过蜘蛛还会在网上滴下特殊的黏液作为第二重保险。[8]

蛛网的每股线都是由不断重复的长而复杂的特殊蛋白质构成的，这种成分来自蜘蛛腹部上100多个半透明的腺体。这些腺体连接着在显微镜下才能看清的吐丝器，蜘蛛将蛋白质液体从中吐出，形成丝状纤维。除了体积大，易变是蛛丝蛋白质的另一个特点。蛋白质分子会在蜘蛛吐丝的瞬间从液态变成固态，其形状随吐丝器内部的形状和排出体外时的压力而变化。[9]

蛛丝与蚕丝类似，但比蚕丝更高级。在分子层面上，蛛丝更精致均匀，因此它纺成线、织成布后更软、更轻。[10]虽然蛛丝比头发还要精细，但有些蛛丝的强度可达到同样重量的钢丝的五倍。此外，蛛丝极具弹性，不会引起人体过敏，还能吸收大量的动能。如此多的优点集于一身，这使得研究蛛丝的人设法试图将其应用于各种场合中：建筑防爆保护、制作防弹背心、生产可生物降解的钓鱼线、构建人工肌腱，以及制造世界上最优质的丝质衬衫。[11]

古老的丝

我为你织网，是因为我喜欢你。毕竟说到底，生活是什么呢？

我们出生，我们活上一会儿，然后我们死去。

——E. B. 怀特，《夏洛的网》，1952 年

人类发展的历史一直有蜘蛛的陪伴。在我们拼命试图学会使用工具来打猎、做饭、缝纫的过程中，我们身边始终都有新织成的蜘蛛网的存在，其创造者就吊在上面。因此，这种生物深深地刻在我们的心灵中也就不足为奇了。蜘蛛身上有太多东西值得过去的人类学习：它们能自给自足，工作效率很高，还颇具创造力，最重要的可能是它们拥有无与伦比的产丝技术。出生于约公元前 460 年的古希腊哲学家德谟克利特认为，人类正是观察了蜘蛛织网及用丝包裹卵囊的过程，才有了纺织的想法。两者之间无疑存在某种联系。有些人认为蜘蛛（spider）原先的名字是"spinder"，这个名字源于"纺线"（spin）一词。[12]

观察蜘蛛的并非只有纺织者。我们很难不去猜测，猎人和渔夫会发明和使用渔网、圈套和诱饵，在某种程度上便是受到

蜘蛛的启发。也许因为蛛形纲生物同时具有制造者和毁灭者的身份，所以它们常出现在一些文化的创世神话之中，有此传说的民族包括哥伦布时代前的秘鲁人、加纳的阿坎人及美国的一些原住民部落。例如，在霍皮人和纳瓦霍人的想象中，世界是由一位半人半蛛的神祇用云朵和彩虹在巨大的织布机上编织而成的，她无私地献出自己的智慧和技术，让人类得以在地球上繁衍；而这些部落的编织工干活前会将蜘蛛网放在手上摩擦，希望获得蜘蛛的技术。古埃及的智慧女神、狩猎女神和纺织女神奈斯与蜘蛛也有关联，苏美尔神话中掌管一切女性事务的女神乌特图同样如此。（乌特图与蜘蛛的联系非常紧密，表示她名字的符号也用来表示"蜘蛛"。）在中国，蜘蛛在传统上被视为生产的象征，被认为能带来好运。[13]

在西方大众文化中，蜘蛛同样具有正面的形象。儿歌《小小蜘蛛》*教育孩子们面对困难要懂得坚持，不轻言放弃。在《夏洛的网》中，蜘蛛夏洛是小猪威尔伯的救命恩人。而自从漫画《蜘蛛侠》在 1962 年夏天开始连载后，友善的彼得·帕克斯的另一重人格蜘蛛侠就成了广阔的漫画宇宙中最受欢迎的角色之一。创造这个角色的斯坦·李经常说，他的灵感来自一次看着蜘蛛爬上竖直的墙的经历。蜘蛛侠不仅具有这项能力，还能从腕处射出网状的绳子，用来绑住罪犯以及在城市丛林的上空穿行。

---

* 原文名为"Itsy Bitsy Spider"，这首儿歌讲述了蜘蛛经历困难但仍然向上爬的故事。

然而，对蜘蛛的赞赏常常伴随着厌恶和恐惧，有时后者还会占上风。听到小穆芙特小姐的故事后*，我们对小小蜘蛛的同情立刻就消失了。另一个更凶险而恐怖的描述来自瑞士作家雷米阿斯·戈特赫尔夫 1842 年的中篇小说《黑蜘蛛》。在他讲述的故事中，一只蜘蛛在被恶魔亲吻的脸颊上阴险地生长。最终它繁衍开来，在周边地区大肆破坏，滥杀牛群与居民。蜘蛛形态的女性尽管被人们与创造联系到一起，却不总是善的代表：日本江户时期的传说中，络新妇（字面意思是"荡妇蜘蛛"）会伪装成诱人的女性来欺骗天真的武士，得手后，她们会将后者用蛛丝包裹起来并吃掉。这一形象与谋杀轻信自己的配偶的"黑寡妇"形象相呼应，如《亚当斯一家的价值观》中的黛比、贝蒂·卢·比斯和玛丽·伊丽莎白·威尔逊。"黑寡妇"这个比喻是合理的，也是尖刻的，因为事实上，在许多蜘蛛品种当中（包括马达加斯加络新妇蛛），将异性吃掉的现象并不少见。[14]

　　女性和蜘蛛之危险的文化联结的另一个例子，是古希腊神话中阿拉克涅的故事。正如许多被一再传诵的神话那样，这个故事有许多不同的版本，但开头总是一样的：贫穷的年轻女子阿拉克涅从小就有超乎寻常的编织手艺。[15]然而，她对自己的才华十分骄傲，传统故事中的这类女性通常不会有好下场。当同家族的一位朋友暗示说，她的手艺一定是理性和艺术的女神雅典娜教的，阿拉克涅嗤之以鼻。她夸下海口，说关于编织她还

---

*　这是指另一首儿歌"Little Miss Muffet"，讲的是小女孩被蜘蛛吓跑的故事。

能指点雅典娜一二呢。

天上的神在惩罚傲慢的凡人这件事上从不迟疑。雅典娜易装后出现在农庄门口，向阿拉克涅发起挑战，提出比赛纺织，输的人到死都不能再碰织布机或纺锤。自然，女神获得了胜利，但看到阿拉克涅因不能再展示自己的手艺表现得悲痛万分，她动了恻隐之心。然而，雅典娜的宽恕中带有一抹恶意：为了不违反定下的规则，又要让阿拉克涅仍能随心纺织，她把阿拉克涅从一位漂亮的女性变成了蜘蛛。[16]

蛛丝纺线

据说，这种纤维将来一定会在商业上大获成功。

——J. F. 达西，1885 年

模仿与直接挪用只有一线之隔。尽管蜘蛛令我们作呕，也存在着无穷无尽的难题，但人类从未停止过尝试利用蛛丝。西南太平洋上的岛民有用蛛丝做钓鱼线的传统；非洲大陆各处的居民都会收集蜘蛛网或蛛丝裹的茧，用来制作钱包、帽子等物品——大英博物馆里就有一顶来自博茨瓦纳的蛛丝帽子，上面还插着一根醒目的鸵鸟羽毛。很多不同文化的人都曾用蛛丝包扎伤口，这在莎士比亚时代就已很普遍了。《仲夏夜之梦》中的织工波顿说："很希望跟您交个朋友，好蛛网先生；要是指头割破了，咱要大胆用您包扎。"（事实上，蛛丝确实有杀菌的作用。）18 世纪的欧洲人对中国紧紧把握着制丝业十分不满，迫切希望生产出替代品，于是他们将建立自己制丝业的希望寄托在蜘蛛身上。但因为单根蛛丝非常细，人们直到 1960 年代都只是用它来制作枪械瞄准器上的准星。[17]

人们虽然找到了蛛丝如此丰富的用途，但将其用于商业生产的尝试总以失败告终。问题在于，提高蛛丝的产量极其困难。若想将蛛丝作为蚕丝的有效替代品，仅仅收集蜘蛛网和蛛丝缠的茧是不够的。必须直接从源头获得大量蛛丝才行。

法国贵族弗朗索瓦·泽维尔·邦是第一位认真尝试饲养蜘蛛来产丝的人。他于 1709 年发表了一篇法语写成的长报告，在其中记录了他的发现，后来这份报告被翻译成英语。他遇到的阻碍主要是他对蜘蛛缺乏基本的了解。例如他写道，蜘蛛都是雌雄同体的，并且通常是雄性产卵。他在描述吐丝器时也遇到了困难，最后姑且使用人类的器官来进行比喻："所有的蜘蛛都从肛门将丝吐出，肛门附近有五个小乳头。"但他一直坚持不懈。他在"窗边、地窖里或是屋檐下"收集蜘蛛的卵囊（他称之为"袋子"），得到了足够多的蛛丝，用其制造了一双长筒袜和一副手套。他激动地将成品展示给科学家们，以证明蚕丝的时代终将进入尾声。[18]

虽然这一开端看似光明，但很快，人们便发现其中实在有太多的阻碍，于是这种尝试搁浅了。比如，据估计，需要 12 只蜘蛛才能达到一只家蚕生成的蚕茧的产丝量；要想产出一磅的蛛丝，则需要 27648 只蜘蛛。人们还发现，蜘蛛顽固地拒绝被饲养。首先，人们几乎不可能捉到足够多的苍蝇来喂饱如此多的蜘蛛；更糟糕的是，当蜘蛛被关在一起时，它们很容易彼此攻击、杀戮。一位研究者绝望地写道："每次我察看它们，我都能看到小个蜘蛛成为大个蜘蛛的猎物，再过一段时间，每个盒子里都只剩下一两只了。"[19]

但这个念头仍然没有从人们的心中消失。发明家和科学家不停地将精力投入其中，并且总对前人的尝试经验视而不见，每个人都以为自己找到了面料行业的圣杯——可以媲美中国蚕丝的线。他们将礼物或蛛丝做的珍贵物品送给权贵，希望后者能够资助自己继续研究。据说弗朗索瓦·泽维尔·邦曾将一双长筒袜赠送给勃艮第公爵夫人，将一副手套送给德国和奥地利的女皇，将一件马甲送给国王路易十四。

历史上最接近成功的一次尝试来自19世纪末马达加斯加的法国殖民政府。在这座岛屿上居住的法国传教士雅各布·保罗·甘布耶在18世纪末首创了从活蜘蛛身上获取蛛丝的方法。最初，他尝试用获得蚕丝的传统方法，从茧上将丝剥下来，但发现50颗茧只能产出一克重的蛛丝。然而，如果将蜘蛛固定，直接将丝从其吐丝器中扯出，获得的蛛丝可达80—700米。甘布耶的同僚诺格先生制造了一个精妙的装置，可以同时从多只马达加斯加络新妇蛛身上获得蛛丝而使其不受伤害，不过这个装置看上去有些邪恶。以此方式收集的丝线在塔那那利佛被制成床帘，在1900年的巴黎世界博览会上展出，引起热议，然后不见了踪影。[20]

对生活在马达加斯加、从事织物生产的西蒙·皮尔斯而言，这座岛上过去曾有人用蛛丝纺织的传说如同童话故事一般——常常听到，但不能全信。不过，他被这个故事深深迷住了。在1990年代，他模仿诺格先生精妙的抽丝设备制作了一件极为复杂的装置，它可以在保证蜘蛛安全的前提下固定20多只蜘蛛，然后抽出蛛丝，织成松散的线。不过，直到多年后尼古拉斯·各德利资助并鼓励这个项目，皮尔斯才真正开始了制作蛛丝织物的工作。他们的第一件织物于2008年完成。[21]

他们又花了三年才达到目标：做一件完全由蛛丝制成的衣服。尽管这两个人累积了大量得来不易的经验，他们的团队也有娴熟的技术，这项工作仍然十分艰难。这一部分是因为他们感到前人失败的历史给自己带来的负担太重了——人们几百年来的梦想如果得以实现，成果必须足够出众。为了做出一件真正令人惊艳的衣服，他们使用了两种编织方式，并在布料的整个表面覆盖了精致的刺绣和贴花。光是装饰工作就花费了上万个小时的缝制，全部由手工完成。

这些工艺无疑表达了他们的立场，但即使最基本的用来缝边的线也是甜蜜的负担。因为极为精细，每一根蛛丝几乎都无法单独使用：每根线都要由24只蜘蛛的丝编成。这还只是其中最普通的线，刺绣需要更为精致的丝线，每根经纱由96根单独的线构成，而纬纱由两倍经纱的线构成——考虑到获得一盎司的蛛丝需要14000只蜘蛛，这无疑是极大的工作量。每天早上，一支由30—80人组成的队伍去塔那那利佛的树上和电线杆上捉取蜘蛛，数目有时达到3000只。[22]这些蜘蛛会被放进类似西蒙·皮尔斯多年前制造的装置里，它们的丝被抽出后，它们会在下午被放回原地。这些蛛丝被耗尽的蜘蛛要花一周左右恢复自己的产丝能力，而那时它们会被再次捉来产丝。[23]

当这件斗篷终于制成，并于 2012 年在维多利亚与艾伯特博物馆展出 6 个月时，它给观看的人留下了难以磨灭的印象。对很多人而言，即使展览结束，金斗篷被放进仓库，蛛丝那可望而不可即的诱惑仍然存留着。诚然，有人做出了一件衣服，然而这件衣服花费巨大，并且需要几百人组成的团队完成。更大的挑战仍在前方：制造更多的蛛丝，完全释放其潜能，使其不再只能用来制作面向博物馆展览的一次性作品，而是进入日常穿着的面料当中。

皇帝的新线

事实证明，蛛丝和羊奶没什么太大的区别。

——杰弗里·特纳博士，

内克夏生物科技公司 CEO，2001 年

在千禧年的第一个月，内克夏生物科技公司（Nexia Biotechnologies）——这是一家有些神秘的公司，位于加拿大农村地区一座枫树农庄中——发布了一项声明，宣布他们率先找到了可以大量生产蛛丝的方式。[24]

他们的秘密方法并不是依靠一只十分驯服的或是一只十分巨大的蜘蛛，而是依靠完全不同的动物：山羊。[25] 内克夏公司将金丝圆蛛基因中产丝的片段拼接到山羊的基因组成当中。当这些雌性山羊（最有名的 3 只叫雀斑、布丁、甜心）产奶时，它们的乳汁中就会含有蛛丝蛋白。内克夏公司给这些山羊挤奶，然后将蛛丝蛋白提取出来，再纺成丝线。他们给这种丝线起了一个颇为恰当的漫威风格的名字——生物钢。（这一项目的资金支持来自美国军方，当他们发现有些蛛丝的强度可达到制作防弹衣的凯夫拉纤维的 5 倍时，立刻产生了兴趣。）最初，全世界

都兴奋不已：终于，蜘蛛花了 3.8 亿年不断完善的丝线，人类可以亲自制造了。但悲哀的是，用母羊的奶来无限量制造蛛丝的故事只是一场海市蜃楼。2009 年，内克夏公司破产了。[26]

在科学家和各家公司试图复制蛛丝的过程中，根本难题在于如何取得足量的制作这种丝线所需的结构复杂的蛋白质。这些蛋白质之间存在巨大的差别，它们随着蜘蛛品种的不同、进食情况不同、产出的蛛丝类别不同而变化。但有一点是相同的：其分子结构往往由多种蛋白质以复杂的序列组成，极难在实验室里复制。另一个阻碍是蛛丝的形态不稳定。蛛丝刚形成时是液体，但一直处于固化的边缘；而在蜘蛛体内，蛛丝固化的过程只在其通过吐丝器时完成，吐丝器会施加一种机械性压力，其机制现在人类还不完全清楚。对蛛形纲生物而言，这种液体到固体的变化非常简单，因为它们可以将液体原料储存于体内，在需要时随时纺成线。然而对模仿它们的人类来说，这是个让人头痛的难题，目前还无法在机械中复制这一过程。[27]

面对这些困难，内克夏远不是唯一一家甘冒破产和被舆论嘲笑的风险也要将其攻克的公司。犹他州立大学的分子生物学家兰迪·刘易斯博士于 2009 年购买了这些转基因山羊，继续沿着这个方向进行研究。不过，他并没有把所有的卵囊放到一个篮子里。雀斑和布丁是他的实验对象中曝光率最高的，但刘易斯博士还试图对其他生物体的基因进行编辑，使其成为意想不到的产丝来源：有土豆、紫花苜蓿———一种豆科植物——甚至还有可能引起食物中毒的大肠杆菌。

还有一些公司在尝试一种更简单的解决方案，那就是培育转基因蚕。家蚕目前已经是产量惊人的造丝生物：产丝的腺体大概占其体重的40%，而且养蚕技术已经广为传播。如果能够成功改造家蚕的基因使其产出蛛丝，这种成果就可以直接进入现有的供应链当中。[28]

并非所有人都像刘易斯博士一样乐观。德裔生物学家弗里茨·沃拉斯研究蜘蛛和蛛丝已有20年，他最著名的研究项目大概要数给蜘蛛使用各种药物——致幻剂、安非他命、咖啡因等等——然后察看这对它们织出的网会产生什么影响。（顺便一提，使用了咖啡因的蜘蛛织出的网是最杂乱的。）沃拉斯教授目前在牛津大学的丝类研究小组担任组长。这个实验室小组已经成立了15年，一直专注于研究各种丝的化学特性、物理特性、进化历程和生态特性，他们的实验对象是一大批金丝圆蛛，它们被饲养在牛津一座改建暖房的屋顶上。[29]

与刘易斯博士和许多其他从事蛛丝产品制造的公司不同，沃拉斯教授要悲观得多。他对用人工丝制造肌腱的看法是"比白日梦更不切实际"。对用人工蛛丝取代凯夫拉，他表达得更为直接："这就是放屁。人们对此很期待，是因为人们很蠢。"他认为，蛛丝的强度确实足以挡住子弹，但只有子弹穿过身体时才可以，因为蛛丝具有延展性，才让它可以阻挡物体运动的力道。不过，他对人造蛛丝沸沸扬扬的宣传最大的意见不在人们声称可以用其做成的东西，而在于合成蛛丝本身。[30]

他主张，无论科学家们在媒体上怎么说，他们其实都无法真正复制蛛形纲动物产出的丝，因为它实在太过复杂了。在他看来，这些人真正的成果只是从庞大的蛛丝蛋白序列中复制出一小段肽"图样"。沃拉斯教授说："把用蛛丝的一部分原料制成的东西称为'蛛丝'，这就是我们如今所说的'另类事实'。"即使找到方法使山羊、大肠杆菌或土豆生成蛛丝蛋白质片段，也不代表有了可用的生产途径。将复制自蜘蛛的蛋白质从另一种物质中提取出来，这是个艰难的过程，很可能要用到酸浴的处理方法；但这一步骤会使蛋白质变性，并将其杀死，导致无法纺丝成线。[31]

关于蛛丝未来发展的不同观点之间的纷争不断加剧，这是因为这一研究领域不仅新，而且小众。另一个原因是致力于生产蛛丝制品的商业公司信息不够透明。实验获得成功的报道后，常常跟随着几个月甚至几年的沉默。保持怀疑态度无疑是合理的，但即使唱反调的人也认为蛛丝仍值得研究。研究者和各公司试图制造蛛丝的过程极大地扩宽了我们对于生物高分子的了解（即使用蛛丝图样生成的蛋白质），并且为以后的研究奠定了基础。牛津丝类研究小组还发明了一种将蛛丝抽出的方法：在保证蜘蛛安全的前提下，将蜘蛛倒吊起来，然后用一个慢慢转动的机械曲柄将蛛丝卷在线轴上。有些蜘蛛在此过程中可连续吐丝 8 小时。[32]

诚然，沃拉斯教授面对蛛丝被人们赋予的诸多价值时显得愤世嫉俗，但他仍然认为有的路径值得探索，其中大多数是医学方面的。蛛丝天然具备抗菌和防腐的功能，并且和人类细胞相容度很高，因此我们的身体对其没有排异反应。沃拉斯教授的研究小组有一家衍生公司——牛津生物材料公司。这家公司目前正在测试用蛛丝为神经再生"搭桥"，同时实验使用蛛丝生成心肌。他们最终的目标是用蛛丝修复受伤的脊髓。[33]

纺线专家

在试管里做什么都能成功，但大规模生产的要求可就高得多了。

——杰米·班布里奇，
闪线公司产品研发副总裁，2016 年

闪线（Bolt Threads）是最新进入蛛丝生产这片战场的公司，也是公司形象最迷人的一家，他们有不一样的目标。这家公司的管理者是三位科学家，他们于大学相识；公司总部设在美国加利福尼亚州的埃默里维尔，其建筑设计没有采用一般的纺织厂或车间的风格，而是转向科学实验室与充满干劲的科技创业公司相结合的风格。所有的会议室都是以各种面料命名的：天鹅绒、丝绸、提花布等；而大厅的桌子上放着一本《夏洛的网》。坐在办公桌前的员工穿着硅谷的"标准服装"——卫衣和牛仔裤。冰箱里装满了免费的瓶装饮料，并且都是无糖的。在实验室里，所有人必须穿戴有机玻璃护目镜和定制的白大褂，低声细语，屋里只能听到敲击烧杯的声音和机器运转的声音——这些机器在某个房间里以木星的卫星命名，在另一个房间里则以漫画角色命名。

2015 年 6 月 16 日，闪线的联合创始人、首席执行官丹·维德迈尔得意地公布，他们的团队在研究了 6 年后"解开了大自然最难解的一道谜题"：不用蜘蛛就能制造蛛丝。[34]

他们抛弃了山羊、紫花苜蓿、大肠杆菌等生物，改用糖、水、盐和酵母的组合来制造蛛丝。虽然承认人工合成蛛丝面临很多挑战，但闪线坚定地宣布，他们最终找到了可以进行商业用蛛丝的制造方法。从在加州大学旧金山分校上学时起，制造人工蛛丝就一直是丹·维德迈尔的目标。在学校时，他最多只制造出 100 毫升的蛛丝，于是他确信，只有自己创业才能得到足够多的资源。[35]

如今，闪线公司声明自己已成功制出不同品种的蜘蛛产出的 4000 种蛛丝。他们的支柱产品是模仿一种金蛛属圆蛛的避敌丝制成的，他们用这种丝制造了多种面料，希望推向市场。按维德迈尔的说法，这使他们得以制造"可编程的高分子材料……并能赋予其数不清的特性"。理论上，他们可以通过技术调整使产出的丝线具有防臭、抗菌、轻盈、耐用、弹性强等特点，视具体用途而定。但价格方面，闪线公司无法与棉或聚酯纤维竞争。（闪线负责产品研发的副总裁杰米·班布里奇解释道："聚酯纤维价格地道，一千克只要一两美元，但我们的产品不是日常消费品，而是高级产品。"）他们对自己的技术情有可原地保持神秘感，不过班布里奇很有信心，认为他们已经解决了蛋白质提取这一棘手问题，并将使蛋白质从液体变为固体这一处理工序打磨得很成熟，可以进行商业生产。维德迈尔说，这一步的关键在于用蜘蛛无法提供的压力和温度对丝线黏液进行加工。

蛛丝蛋白质的基本形态和奶粉类似。这种蛋白质必须要放入酸溶液中溶解，然后在另一种溶液中重新固化、纺成丝。我去实地参观时，一寸寸生成的丝线正呈现出一种明亮的金黄色。实验室的桌面上展示着一卷卷其他颜色的线——青色的、粉色的、珍珠白色的，还有一些织物样品。（和难以染色的蚕丝不同，闪线公司的产品要容易着色得多。）[36]

闪线产出的纤维具有足够的粗度和强度，可以适应标准化的商用编织、针织设备。目前其制造的单品多数是针织的，比如限量发售的亮面领带和羊毛混纺的帽子。他们的销售渠道包括他们于 2017 年 7 月悄悄注册的服装品牌 Best Made，以及与斯特拉·麦卡特尼（Stella McCartney）联名发布商品。2017 年 10 月，在巴黎时装周的秀场后台，斯特拉展示了一套用紫罗兰和棕色蛛丝的针织材料制作的紧身衣和长裤。她还设计了一条金色长裙，在纽约现代艺术博物馆展出。[37]

虽然闪线公司距离大量生产人工蛛丝似乎只有令人期待的一步之遥，但其生产速度还是太慢，而人们已经急不可耐。什么时候才能在商场里看到蛛丝制的衣服？班布里奇说："我愿意花钱请所有记者都不要再问这个问题了。"[38] 这家公司的研究仍在进行，科学需要时间。或许有一天闪线或别的公司将获得成功——德国的 AMSilk 和日本的 Spiber 等公司也在朝这一目标逐渐迈进——但在这以前，蛛丝制服装仍然只能是博物馆馆藏品和新鲜事物。金色斗篷这件由超过 100 万只金丝圆蛛贡献蛛丝才制成的衣服，现在已经在伦敦的储藏室中，大众不得而见了；不过，它未来将在加拿大等国家陆续展出。"但这绝不是故事的尾声，"西蒙·皮尔斯坚定而乐观地告诉我，"这件斗篷和这种织物未来还大有可为，不过，这会是一段正在进行中的冒险故事。"[39]

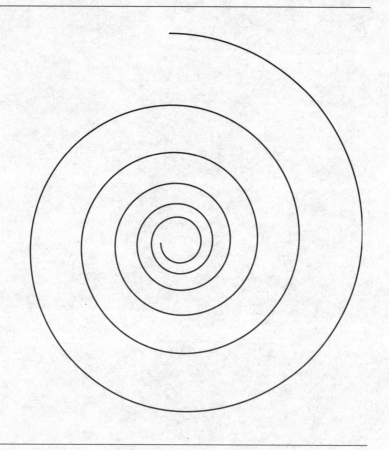

尾声

A Coda

金线

这些纱线看起来并无不同，怎么就织成了四边辽阔的布匹，像是暴风雨过后无际的天空，阳光乍现，一道巨大的彩线横空出世，一千种颜色闪耀着，肉眼却看不出这种变化。看，上面又添了一些金线，而古老的故事正在编织。

——奥维德，《变形记》第六卷

即使在古典时期，金羊毛的传说也已不是新鲜事了。这则故事以经典的元素开始：国王、他的两个孩子和一个恶毒的继母。国王的领地遭受饥荒时，他的新妻子劝说他，若将他的孩子献祭给宙斯，庄稼就会重新生长。或是出于软弱，或是出于更高的责任心，国王同意了。但在最后一刻，他的孩子被一头金公羊救了下来。孩子们爬上了公羊的背，抓住它卷曲的金羊毛，飞向了天空。之后，公羊被献祭给宙斯，它的羊毛被挂在神圣丛林里一棵树的树枝上。再之后，一只毒龙开始看管金羊毛，而英雄伊阿宋为拿回自己的王位，和阿尔戈英雄们踏上寻找金羊毛的旅程。

黄金织物以及到处流传的关于黄金织物的故事，是一种意蕴丰富的全球性传统里最独特、最重要的部分。金羊毛的传说很可能源于美索不达米亚平原的宗教信仰，据信这一信仰可追溯到公元前 20 世纪。在宗教仪式中，神像会被披上一层厚厚的毛织面料，面料上面绣有小圈的金线，若加上一点想象力，金线看起来就很像是打卷的厚羊毛。[1] 在 15 世纪的欧洲，勃艮第公爵菲利普三世，也就是"好人菲利普"，以金羊毛为灵感创立了新的骑士团：金羊毛骑士团。其成员穿戴金色的领子，金领上面饰有公羊挂在树枝上的图案。[2]

全世界的贵族阶层都通过金线织成的布或是绣有金线的布来获得别人的崇敬，或是巩固自己在社会中的崇高地位。12 世纪时，中国的金章宗完颜璟颁布了服装制度，明确将带有金色装饰的服装作为阶级区隔的标志。例如，三等官员应穿着绣有金线图案的黑色衣服；而未嫁的女性应当穿红色、银色或金色布料的裙子，再配以彩色的领子。到了 14 世纪，元朝的宫廷则偏爱织法精密的闪亮织物，其中很多使用了中亚传播而来的织法或图案，这说明伊朗东部的编织工可能受到工作机会和报酬的诱惑来到了中国。[3]

在传统穆斯林文化中，人们会用闪烁着贵金属光泽的布料划分地位，或庆祝特殊的日子，或将其作为嫁妆。并且，这种布料吸收并反射光的特性使人们赋予了这种布料以及穿着这种布料的人神性。统治者们精心挑选金银线编织的布料，来巩固自己神圣的权力。一位编年史学家在其 19 世纪早期的作品中一语中的地写道："统治者穿着带有刺绣的昂贵长袍，戴着镶有珍珠的饰品，而这些衣物的光芒甚至超过照亮地球的太阳。"[4]

　　欧洲人也很热衷金色布料。法国和英国在中世纪的大部分时间都在打仗，但在 1520 年的夏天，两位年轻的君主，即英国的亨利八世和法国的弗朗索瓦一世，决定见面停止争端。会见仪式在中立地区举行，大部分时间是举行骑马比武、食物盛宴和慷慨的礼物交换等。然而两位统治者都急于在对方面前炫耀并且超过对方，因此他们使用了大量的金子。金子装饰着他们的小帐篷、大帐篷、马匹和扈从的长袍。他们挥霍得太厉害，以致两个国家都险些破产，这次会见后来被称为"金缕地会盟"。

　　此类织物有很多是沿着繁荣的贸易道路从东方出口到欧洲的。例如，当西班牙的商船于 1573 年到达马尼拉港时，中国产的金色织物就在他们贸易清单的前列。当地的官员安东尼奥·德·莫伽记录道：西班牙人用银子来交换布料，包括"大量的天鹅绒……它们本身就是金色的，还用金线绣了花纹；还有用金银线在多种颜色和图案的丝绸上编织的锦缎；以及许多束金线和银线……。"[5]

　　除了挥霍黄金，人们长久以来也致力于发明看上去像是用金线纺成的面料。古埃及人大概在公元前 1600 年发明了用玻璃细丝制成的纤维，而 19 世纪的纺织者用这种纤维制作了仿金的锦缎，其光泽度和真金别无二致。美国俄亥俄州一家玻璃制造商甚至为女演员乔治亚·凯凡和茵凡塔·尤拉利制作了礼服裙，并在 1893 年的芝加哥世界博览会上展示。尽管这种衣服极易损坏，且穿上后行动很不方便，但《纽约时报》仍然充满信心地预测，玻璃礼服将成为未来的"风尚"。[6]

另一种金色的纤维则更耐用。荷马在《奥德赛》描述奥德修斯时，提到他穿着一件束腰外衣，这件外衣"像干洋葱皮一样柔软而具有光泽，像太阳一样闪耀"。虽然无法确定，但这听起来很像是海丝，据《圣经·出埃及记》记载，所罗门王也穿过这种面料。海丝的原材料极罕见而昂贵，它是尖角江珧蛤的分泌液固化后形成的线，这种蛤生活在撒丁岛周围的地中海水域中。这些线是尖角江珧蛤用来将自己固定在岩石之间的工具，收割和编织都有很大的难度，需要很长时间；但若经过专家处理，成果会十分惊艳：浅棕色的线会在阳光下闪烁金色的光芒。如今，世界上只有一位女性能够收割并制作海丝——基娅拉·维戈从祖母那里学会了这个秘密技能，又传给女儿。"我的家族编织海丝已经有几个世纪的历史，"基娅拉说，"对我的家人来说，最重要的线莫过于这一缕相传的历史与传统。"[7]

如今，大多数人都不可能有机会看到海丝布料或是金线布料，更不要说穿着它们了。多数人也不会乘着毛织船帆驱动的船跨越海洋、学习制作花边，或给产出蛛丝的转基因山羊挤奶。然而，各种各样的织物对我们的生活和文化仍有着至关重要的意义。衣服的发明促进了人类文明与文化的发展。当亚当和夏娃尝了禁果后，他们意识到自己赤身裸体，并立刻尝试用无花果叶制成衣服。如今，衣服和家纺使我们可以在各种不友好的温度中生存（甚至在外太空），并成为身份和渴望的象征。我们选择什么面料，以及我们在哪里获得这些面料，仍然会对其制造者和我们身边的世界产生蝴蝶效应。或许我们不应该再像早期的埃及学家那样，急于拆开木乃伊的亚麻布以获得其中可能包裹的财宝，而是去研究古埃及人保存遗体的工艺本身。我们人类已经有远超 30000 年的纺线史，接着又将线纺成、织成、编成各种了不起的物品。对其中的细节多些关注，这应该不算是过分的要求。

致谢

在我做研究和写作本书的过程中，我不时感觉到关注面料——其本质、其来源、其过去和现在的制造者、其被丢弃后的处理——是项颇让人感到愉悦的事业。我非常开心可以收到下面这封电子邮件："我和你一样，常常因为人们将织物视作理所当然的事物感到惊讶。织物是与人体接触最多的物品，然而绝大多数人完全不了解它们是如何生产的，以及它们都有哪些用途。"这封信来自比尔·迪特尔，NASA 的分包商 Terrazign 公司的总裁。

写这本书的过程十分特别，这在很大程度上是因为我得以和比尔这样对面料着迷的人交谈。我对你们致以最深的感谢，并衷心希望通过这本书，我能够将你们的热情和智慧传递出去。

我要感谢的人非常多，因此我很害怕会漏掉一些人，但也知道这是不可避免的。我这就开始：谢谢我的经纪人伊莫根·佩勒姆；谢谢我耐心而宽容的编辑乔治娜·莱科克，她督促我将这部作品打磨得更好；谢谢亚辛·贝尔科切米、詹姆斯·埃德加和约翰·默里出版社的每个人，他们辛勤地工作，将这本书送到了你的手上。

我对一路上给予我建议、鼓励、意见和指导的人深表感激：比尔·迪特尔、皮尔斯·弗兰科潘、海伦·霍尔曼、休·埃巴特、奥利弗·考克斯、西蒙·阿卡姆、蒂姆·克罗斯。还要感谢保罗·拉尔森、乔·伍尔夫和露西·欧文与我分享热情与知识。感谢尼夫·阿隆帮助我追踪一位难以寻找的古埃及女士的记录。感谢丹·维德迈尔，谢谢你详细地和我分享你的工作。弗里茨·沃拉斯、兰迪·刘易斯和西蒙·皮尔斯，谢谢你们回答了我那么多问题。感谢格雷格·斯特格在奥地利的山顶和我通话，感谢史蒂夫·弗尼斯和乔·桑特里牺牲了在节礼日和家人相处的时间，感谢史都·艾萨克愿意在冬至前夜把车停在路边。感谢贝基·阿德林顿在一月一个悲惨的早上陪伴我。我还要感谢朱迪斯·诺埃尔、艾德·朗福德和约翰·马丁。感谢伦敦动物园昆虫馆的工作人员，尤其是本、戴夫和保罗。

感谢马利卡、约翰尼、苏菲和杰西卡为我提供住所以及超级棒的食物和饮料。还有奥利维尔，谢谢你总是理解我，并阅读每一个字！

词汇表

A

Acrylic 腈纶：即聚丙烯腈纤维，以丙烯酸树脂为原料制成的人造纤维，性质蓬松，常用作羊毛的替代品。

Alum 明矾：一种媒染剂。明矾很难制造，需要将明矾石或其他金属盐焙烧、水浇几个月，然后煮沸并最终获得结晶。

B

Baize 粗呢：粗糙的毛织面料，绒毛较长，现在常用作衬布。

Basket Weave 方平织：一种独特的编织方法，使用类似菜篮子的规律性交织图案。

Bast 韧皮纤维：亚麻等植物内部强韧有弹性的纤维。

Batik 蜡染：一种染色方法，将面料一部分涂上蜡，使此部分染色时不会着色，以获得想要的图案。

Bobbin 线轴：一根棍子或卷轴，用来将线缠在上面。

Boiled Wool 水煮羊毛：一种非常保暖的面料，是用缩绒羊毛织成的。

Bombazine 邦巴辛毛葛：一种斜纹面料，用于制作礼服，通常为丝绸和精纺毛料，常染成黑色，用作丧服。

Broadcloth 绒面呢：于 13 世纪在佛兰德斯地区发明的在宽大织布机上织成的面料，宽度可达三米。经过深度缩绒处理，质地十分光滑。

Brocade 锦缎：表面织有凸起花纹的面料，花纹常用金、银丝线织成。

C

Calico 白棉布：指从东方尤其印度进口的棉布，也指欧洲模仿印度织物制造的面料。其英文名 calico 源自出口这些面料的港口——印度的卡利卡特（Calicut）。

Cambric 细棉（亚麻布）：紧密编织的轻盈棉布或亚麻布，最初制于佛兰德斯的康布雷。

Canvas 帆布：高强度、耐用、粗糙的面料，用未经漂白的棉、大麻、亚麻等织维制成。常用来制作船帆、帐篷或油画画布。

Carding 粗梳：用类似梳子的工具将羊毛的打结部分去掉的处理过程，经处理的羊毛纤维仍是蓬松的。用金属钉制作的手工毛梳用于处理短绒羊毛，而更为精细的毛梳可以进一步梳开羊毛，制作更精细的毛线。

Chintz 印花棉布：原意是从印度进口的白棉布，后来用以指模仿印度风格但产自欧洲的面料；特征是有多种颜色的小花图案。英文名 Chintz 源自印地语 chint，意思是"明亮的"。

Combing 精梳：作为羊毛纤维纺织前的加工步骤已被弃用。但仍用于处理长绒羊毛。

Count 纱线支数：衡量纱线粗细的系统。以前不同的纤维使用不同的支数，后来被公制系统取代。

D

Damask 花缎：一种奢侈的面料，最初用丝制成，后来也使用其他纤维。表面覆盖着精细的花纹，通常色彩丰富。英文名 damask 指大马士革，因为人们认为花缎是从那里传入欧洲的。

Denim 丹宁布：最初是一种厚哗叽布，以产于法国尼姆而闻名（丹宁是"产自尼姆"这个短语的英语发音），现在指一种耐磨的斜纹棉布，用于制造工装服及裤子。

Distaff 卷线杆：形态为棍子或板子，可以将纺成线

389

前的纤维绑在上面。

F

Fastness 坚牢度：指染色面料在接触水、肥皂、洗涤剂或阳光等条件下仍能保持不褪色或变色的性质。

Fells 羊生皮：带有羊毛的羊皮。

Felt 毛毡：将羊毛轧制而成的布料，制作过程中常借助热而湿的环境，来使纤维纠缠在一起。

Flax 亚麻：一种草本植物，多开天蓝色花。最初为野生植物，现在已经人工种植。其种子和茎秆内层的纤维具有用途。

Fulling 缩绒：一种使毛织面料增加强度的处理方法。将毛织物打湿、搓揉，使纤维粘在一起或织在一起。

Fustian 粗棉麻布：棉或麻制成的粗糙布料。现在多是棉制的斜纹厚布，通常染成暗色。

H

Heckling 栉梳：将亚麻或大麻的纤维分开、梳直，以准备纺纱。

Holland 霍兰德亚麻：产自荷兰霍兰德省的亚麻面料。

J

Jacquard loom 雅卡尔织布机：使用专门的系统程序来织出带有图案的面料的织布机。此程序由法国里昂的约瑟夫·玛丽·雅卡尔发明。

Jersey 平针织物：最初是产自泽西岛的针织面料，常用来制作长身上衣。后来指精良的针织面料。

L

Loom 织布机：一种工具或装置，纱或线在上面被制成布。

Lustring 光亮绸：一种闪闪发亮的丝绸面料。

M

Mercer 绸布商：经销织物，尤其是奢华的丝绸或绒布的人。

Mordant 媒染剂：用来将染料固定在面料上，使其久穿清洗后不易褪色的物质。见明矾、草木灰。

Muslin 平纹细布：平织的轻盈棉布。

N

Nankeen 南京棉布：一种淡黄色的棉布，最初产自中国南京，其原料棉花呈自然的金色。

Nap 绒毛：面料表面凸起的毛。

O

Osnaburg 粗口袋布：一种粗糙的布料，常用来制作口袋或是最便宜的衣服。最初产自德国的奥斯纳布吕克。

P

Pile 绒面：面料表面凸起的部分。

Plain weave 平织：最普通的编织方式，纬纱一上一下地交替穿过经纱。

Ply 股：指一束纱线，用以记录织物是用几束纱线制成的单位。

Polyester 聚酯纤维：一种人工面料，由提取自化工产品的高强度热塑性纤维制成。

Potash 草木灰：一种媒染剂，常用于靛蓝色染色。

R

Rayon 人造丝：由再生纤维素制成的人造纤维。有人工丝、纤维胶、竹纤维等商品名称。

Ret 沤麻：将亚麻等植物泡在水里使其变软。

Rib 罗纹：编织面料过程中制造的隆起。

Rippling 削麻：将大麻或亚麻里面的种子用梳子削掉。

Rove 粗纱：一束被拉长、轻捻过的准备纺成纱线的织物纤维。

S

S-Twist S 捻：逆时针捻成的线。

Sack 麻布袋：英国记录羊毛重量的单位，约等于 166 千克或 364 磅。

Sarpler 萨普拉：一捆打包的棉花货物。在中世纪 1 萨普拉约等于 1/2 麻布袋，到 15 世纪后期则可达 2.5 麻布袋。

Sarsenet 薄绸：精良而柔软的丝制品，可能是平织的也可能是斜织的。现主要用作衬里。

Satin 缎子：使用经面缎纹织成的织物，通常是丝制，以使面料具有光滑闪亮的表面。

Scouring 洗涤：编织布料染色前的清理过程，过去常使用久放的尿液。

Shearing 修剪：对布料而言，指用特制的长剪刀修剪布料表面拉长的绒毛，以制造更为光滑、奢华的表面。对羊毛而言，指将羊毛从羊身上剪下的过程，通常在底层绒毛长出时进行。

Shed 梭口：将经纱拉直而不拉紧后，经纱之间形成的缝隙，编织面料过程中纬纱由此穿过。

Scutching 扞麻：用棍子或鞭子抽打亚麻。

Shuttle 梭子：编织过程中使用的工具，用以将纬纱从成排经纱的一端穿到另一端。

Slub 粗节：线上的结块部分，可能由线打结形成，也可能源自纤维本身的缺陷或纺线时的失误。

Spin 纺线：将纤维拧成线。

Spindle 纺锤：用来将纤维纺成线的棍子。纺成的线可以顺势缠绕在纺锤上，以免在后续纺线过程中打结。

Staple 羊毛绺：一段羊毛纤维。可指短至两英寸的卷毛，也可以指超过五英寸的羊毛。

T

Teasel 起绒草：一种带带刺的植物，在过去起类似刷子的作用，将布料表面的绒毛拉长，准备修剪。

Tenterhooks 张布钩：用来将湿布挂在张布钩上的铁钩。这个过程可以将布料拉长、重新定型。

Textile 织物：用细丝、纤维或纱线制成的物品。英语词 textile 来自拉丁语单词 textere，意思是"编织"。

Tow 短麻屑：短而碎的韧皮纤维，尤指亚麻纤维。英语单词 tow 也可指"浅黄色头发"。

Tulle 薄纱：精良的网状织物，用来做礼裙、面纱或帽子，原产自法国西南部的小镇蒂勒。

Twill 斜纹布：一种机织面料，特点是有成排的倾斜纹路。纹路产生的原理是编织时将纬纱覆在一根经纱上面，再将两根经纱压在这根纬纱上面。

Twine 线绳：由至少两股线拧成的线或绳。现通常指强韧而耐用的绳子。

V

Velvet 天鹅绒：一种织物，通常由丝制成，特点是有稠密而光滑的绒面。

W

Warp 经纱：编织过程中的一组线，通常纵向紧紧绷在织布机上，以便织工操作。

Weave 编织：将一组组的线彼此交错以形成织物的方法。

Weft 纬纱：织布时穿过经纱的线。其构词（weft）来自编织（weave）古时的过去时态。

Whorl 纺轮：小型的圆形重物，中间带孔，装在纺锤的顶端以使纺线的捻力更强、更持续、更稳定。

Woollen 毛织品：短绒羊毛织品。通常经过缩绒处理，以增加强度。

Worsted 精纺毛料：用精细地梳理过的羊毛纤维制成的耐久面料，表面光滑。也指用长绺羊毛制成的轻盈面料，强度高、略粗糙。以诺威奇附近的小镇命名。与毛织品不同，精纺毛料很少进行缩绒处理，因此编织纹路明显。

Yarn 纱线：用纤维纺成的线，可以用于编织及针织。

Z

Z-Twist Z 捻：顺时针捻成的线。

参考书目

A

Ackerman, Susan, 'Asherah, the West Semitic
Goddess of Spinning and Weaving?', *Journal of
Near Eastern Studies*, 67 (2008), 1–30 <https://doi.
org/10.1086/586668>

Adams, Tim, 'Fritz Vollrath: "Who Wouldn't Want
to Work with Spiders?"', the *Observer*, 12 January
2013, section Science <https://www.theguardian.
com/science/2013/jan/12/fritz-vollrath-spiders-
tim-adams> [accessed 13 February 2017]

Adlington, Rebecca, interview with author, 2018

'Advertisement: Courtauld's Crape Is Waterproof',
Illustrated London News, 20 November 1897,
p. 737

'Advertisement: Dry Goods, Clothing, &c.', *Daily
Morning News* (Savannah, Georgia), 21 September
1853, p. 1

'Advertisement for Augusta Clothing Store', *Augusta
Chronicle & Georgia Advertiser* (Augusta), 26
November 1823, p. 1

Ainley, Janine, 'Replica Clothes Pass Everest Test',
BBC, 13 June 2006, section Science and
Technology <http://news.bbc.co.uk/1/hi/sci/tech
/5076634.stm> [accessed 16 June 2017]

'A Lady of the Twelfth Dynasty: Suggested by the
Exhibition of Egyptian Antiquities in the
Metropolitan Museum of Art', the *Lotus Magazine*,
3 (1912), 99–108

Albers, Anni, *On Weaving* (Princeton: Princeton
University Press, 1995)

Aldrin, Buzz, and McConnell, Malcolm, *Men From
Earth* (London: Bantam, 1990)

Alexander, Caroline, 'The Race to the South Pole',
National Geographic, September 2011, 18–21

Ali Manik, Julfikar, and Yardley, Jim, '17 Days in
Darkness, a Cry of "Save Me", and Joy', *New York
Times*, 11 May 2013, section Asia Pacific, p. A1

———, 'Building Collapse in Bangladesh Kills
Scores of Garment Workers', *New York Times*, 24
April 2013, section Asia Pacific, p. 1

Allon, Niv, 'Re: I'm Searching for Senbtes, Can You
Help?', 5 June 2017

Anderson, E. Sue, 'Captive Breeding and Husbandry
of the Golden Orb Weaver Nephila Inaurata
Madagascariensis at Woodland Park Zoo',
Terrestrial Invertebrate Taxon Advisory Group,
2014 <http://www.titag.org/2014/2014papers/
GOLDENORBSUEANDERSEN.pdf> [accessed
3 January 2017]

An Individual's Guide to Climatic Injury (Ministry of
Defence, 2016)

'A Norse-Viking Ship', the *Newcastle Weekly Courant*
(Newcastle-upon-Tyne, 5 December 1891),
section News

'Apollo 11 – Mission Transcript', *Spacelog* <https://
ia800607.us.archive.org/28/items/
NasaAudioHighlightReels/AS11_TEC.pdf>
[accessed 7 December 2017]

Appleton Standen, Edith, 'The Grandeur of Lace',
the *Metropolitan Museum of Art Bulletin*, 16
(1958), 156–62 <https://doi.org/10.2307/
3257694>

Arbiter, Petronius, *The Satyricon*, ed. by David
Widger (Project Gutenberg, 2006) <http://www.
gutenberg.org/files/5225/5225-h/5225-h.htm>
[accessed 14 August 2017]

Arena, Jenny, 'Reboot the Suit: Neil Armstrong's
Spacesuit and Kickstarter', National Air and
Space Museum, 2015 <https://airandspace.
si.edu/stories/editorial/armstrong-spacesuit-
and-kickstarter> [accessed 7 December 2017]

Arnold, Janet (ed.), *Queen Elizabeth's Wardrobe
Unlock'd: The Inventories of the Wardrobe of Robes
Prepared in July 1600*, Edited from Stowe MS
557 in the British Library, MS LR 2/121 in the
Public Record Office, London, and MS v.6.72 in
the Folger Shakespeare Library, Washington DC
(London: W. S. Maney and Son, 1989)

'Artificial Silk', *The Times*, 7 December 1925, p. 7

'Artificial Silk Manufacture', *The Times*,

12 September 1910, p. 8

Associated Press, 'DuPont Releases Nylon', *New York Times*, 7 August 1941, section News, p. 6

——, 'Is Rio the End of High-Tech Swimsuits?', *Chicago Tribune*, 5 August 2016 <http://www.chicagotribune.com/business/ct-olympics-swimsuits-20160805-story.html> [accessed 17 December 2017]

——, 'Roger Bannister's Sub Four-Minute Mile Running Shoes Sell for £266,500', the *Guardian*, 11 September 2015, section UK news <http://www.theguardian.com/uk-news/2015/sep/11/roger-bannisters-sub-four-minute-mile-running-shoes-sell-for-266500> [accessed 6 January 2018]

'Astronauts' Dirty Laundry', NASA <https://www.nasa.gov/vision/space/livinginspace/Astronaut_Laundry.html> [accessed 12 December 2017]

B

Bailey, Ronald, 'The Other Side of Slavery: Black Labor, Cotton, and Textile Industrialization in Great Britain and the United States', *Agricultural History*, 68 (1994), 35–50

Bainbridge, Jamie, VP of Product Development at Bolt Threads, Skype interview with author, October 2016

Bajaj, Vikas, 'Fatal Fire in Bangladesh Highlights the Dangers Facing Garment Workers', *New York Times*, 25 November 2012, section Asia Pacific, p. A4

Balter, Michael, 'Clothes Make the (Hu) Man', *Science*, 325 (2009), 1329

'Bangladesh Factory Collapse Death Toll Tops 800', the *Guardian*, 8 May 2013, section World news <http://www.theguardian.com/world/2013/may/08/bangladesh-factory-collapse-death-toll> [accessed 4 October 2017]

Bar-Yosef, Ofer, Belfer-Cohen, Anna, Mesheviliani, Tengiz, et al., 'Dzudzuana: An Upper Palaeolithic Cave Site in the Caucasus Foothills (Georgia)', *Antiquity*, 85 (2011), 331–49

Bard, Kathryn A. (ed.), *Encyclopedia of the Archaeology of Ancient Egypt* (London: Routledge, 2005) <https://archive.org/stream/Encyclopedia OfTheArchaeologyOfAncientEgypt/Encyclopedi aOfTheArchaeologyOfAncientEgypt_djvu.txt>

Barras, Colin, 'World's Oldest String Found at French Neanderthal Site', *New Scientist*, 16 November 2013 <https://www.newscientist.com/article/mg22029432-800-worlds-oldest-string-found-at-french-neanderthal-site/> [accessed 15 March 2018]

Bayly, C. A., 'The Origins of Swadeshi (Home Industry)', in *Material Culture: Critical Concepts in the Social Sciences* (London: Routledge, 2004), II, 56–88

Beckert, Sven, 'Empire of Cotton', *The Atlantic*, 12 December 2014 <https://www.theatlantic.com/business/archive/2014/12/empire-of-cotton/383660/>

——, *Empire of Cotton: A Global History* (New York: Vintage Books, 2014)

Bedat, Maxine, and Shank, Michael, 'There Is A Major Climate Issue Hiding In Your Closet: Fast Fashion', *Fast Company*, 2016 <https://www.fastcompany.com/3065532/there-is-a-major-climate-issue-hiding-in-your-closet-fast-fashion> [accessed 5 October 2017]

Bender Jørgensen, Lise, 'The Introduction of Sails to Scandinavia: Raw Materials, Labour and Land', in *N-TAG TEN: Proceedings of the 10th Nordic TAG Conference at Stiklestad, Norway, 2009* (Oxford: Archaeopress, 2012), pp. 173–81

Benns, Whitney, 'American Slavery, Reinvented', *The Atlantic*, 21 September 2015 <https://www.theatlantic.com/business/archive/2015/09/prison-labor-in-america/406177/>

Berkin, Carol, Miller, Christopher, Cherny, Robert and Gormly, James, *Making America: A History of the United States*, 5th edn (Boston: Houghton Mifflin, 2008), I

Bilefsky, Dan, 'ISIS Destroys Part of Roman Theater in Palmyra, Syria', *New York Times*, 20 January 2017, section Middle East, p. 6

Birkeboek Olesen, Bodil, 'How Blue Jeans Went Green: The Materiality of An American Icon', in *Global Denim*, ed. by Daniel Miller and Sophie Woodward (Oxford: Berg, 2011), pp. 69–85

Blanc, Paul David, *Fake Silk: The Lethal History of Viscose Rayon* (New Haven: Yale University Press, 2016)

Blanchard, Lara C. W., 'Huizong's New Clothes', *Ars Orientalis*, 36 (2009), 111–35

Bleser, Carol (ed.), *Secret and Sacred: The Diaries of James Henry Hammond, A Southern Slaveholder* (New York: Oxford University Press, 1988)

Bon, Monsieur, 'A Discourse Upon the Usefulness of the Silk of Spiders', *Philosophical Transactions*, 27 (1710), 2–16

Booker, Richard, 'Notices', *Virginia Gazette* (Virginia, 24 December 1772), p. 3

Boopathi, N. Manikanda, Sathish, Selvam, Kavitha, Ponnaikoundar, et al., 'Molecular Breeding for Genetic Improvement of Cotton (Gossypium Spp.)', in *Advances in Plant Breeding Strategies: Breeding, Biotechnology and Molecular Tools* (New York: Springer, 2016), pp. 613–45

Borman, Frank, Lovell, James, and NASA, *Gemini VII: Air-to-Ground, Ground-to-Air and On-Board Transcript, Vol. I* (NASA, 1965) <https://www.jsc.nasa.gov/history/mission_trans/GT07_061.PDF>

Brady, Tim (ed.), *The American Aviation Experience: A History* (Carbondale: Southern Illinois University Press, 2000)

Branscomb, Mary, 'Silver State Stampede Revived 15 Years Ago', *Elko Daily Free Press* (Elko, Nevada, 9 July 2002) <http://elkodaily.com/silver-state-stampede-revived-years-ago/article_ca661754-83ec-5751-93a0-ba285f4fe193.html> [accessed 3 April 2018]

Bremmer, Jan, 'The Myth of the Golden Fleece', *Journal of Ancient Near Eastern Religions*, 2007, 9–38

Brennan, Christine, 'Super Outfits Show Fairness Is Not Swimming's Strong Suit', *USA Today*, 29 July 2009, section Sports <https://usatoday30.usatoday.com/sports/columnist/brennan/2009-07-29-swimming-suits_N.htm> [accessed 4 January 2018]

Brewer, J.S. (ed.), *Letters and Papers, Foreign and Domestic, Henry VIII* (Her Majesty's Stationery Office, 1867), III <http://www.british-history.ac.uk/letters-papers-hen8/vol3/pp299-319> [accessed 17 April 2018]

Brindell Fradin, Dennis, *Bound for the North Star: True Stories of Fugitive Slaves* (New York: Clarion Books, 2000)

Brinson, Ryan, 'Jose Fernandez: The Man Sculpting and Shaping the Most Iconic Characters in Film', *Bleep Magazine*, 2016 <https://bleepmag.com/2016/02/18/jose-fernandez-the-man-sculpting-and-shaping-the-most-iconic-characters-in-film/> [accessed 12 December 2017]

Brook, Timothy, *The Confusions of Pleasure: Commerce and Culture in Ming China* (Berkeley: University of California, 1999)

Brown Jones, Bonny, 'How Much Cotton Does It Take to Make a Shirt?', *Livestrong*, 2017 <https://www.livestrong.com/article/1006170-much-cotton-make-shirt/> [accessed 27 November 2017]

Brown, Mark, 'George Mallory and Everest: Did He Get to the Top? Film Revisits 1920s Climb', the *Guardian*, 27 August 2010, section World news <https://www.theguardian.com/world/2010/aug/27/george-mallory-everest-new-film>

Brown, Rosellen, 'Monster of All He Surveyed', *New York Times*, 29 January 1989, p. 22

Buckley, Chris, and Piao, Vanessa, 'Rural Water, Not City Smog, May Be China's Pollution Nightmare', *New York Times*, 12 April 2016, section Asia Pacific, p. A4

Burgess, Colin (ed.), *Footprints in the Dust: The Epic Voyages of Apollo, 1969–1975* (Lincoln: University of Nebraska Press, 2010)

Burn-Murdoch, John, 'Rio Olympics 2016: Is Michael Phelps the Most Successful Olympian?', the *Financial Times*, 8 August 2016 <https://www.ft.com/content/8ac4e7c2-5d7f-11e6-bb77-a121aa8abd95> [accessed 4 January 2018]

C

Caesar, Ed, 'Nike's Controversial New Zoom Vaporfly 4% Shoes Made Me Run Faster', *Wired*, 2017 <https://www.wired.com/2017/03/nikes-controversial-new-shoes-made-run-faster/> [accessed 10 January 2018]

Campbell, Jule, 'Light, Tight and Right for Racing', *Sports Illustrated*, 12 August 1974 <http://www.si.com/vault/1974/08/12/616563/light-tight-and-right-for-racing> [accessed 7 January 2018]

Carey, Juliet, 'A Radical New Look at the Greatest of Elizabethan Artists', *Apollo*, June 2017, pp. 29–30

Carter, Robert A., 'Boat Remains and Maritime Trade in the Persian Gulf During Sixth and Fifth Millennia BC', *Antiquity*, 80 (2006), 52–63

Carter, Howard, and Mace, Arthur C., 'Excavation Journals and Diaries' <http://www.griffith.ox.ac.uk/discoveringTut/journals-and-diaries/season-4/journal.html> [accessed 30 May 2017]

———, *The Tomb of Tut-Ankh-Amen: Discovered by the Late Earl of Carnavon and Howard Carter*, 3 vols (London: Cassell & Co., 1923), I

———, *The Tomb of Tut-Ankh-Amen: Discovered by the Late Earl of Carnavon and Howard Carter*, 3 vols (London: Cassell & Co., 1927), II

Case, Mel, Senior Design Engineer ILC Industries, and Shepherd, Leonard, Vice President of Engineering, ILC Industries, NASA Oral History Project, 1972

Chapman, Paul, 'Brand Name That Took Hillary to the Top Goes Back in the Closet', the *Daily Telegraph*, 17 September 2003, section World News <http://www.telegraph.co.uk/news/worldnews/australiaandthepacific/newzealand/1441788/Brand-name-that-took-Hillary-to-the-top-goes-back-in-the-closet.html> [accessed 11 June 2017]

———, 'Who Really Was First to Climb Mount Everest?', the *Daily Telegraph*, 19 May 2010, section World News <http://www.telegraph.co.uk/news/worldnews/australiaandthepacific/australia/7735660/Who-really-was-first-to-climb-Mount-Everest.html> [accessed 11 June 2017]

Ch'ien, Ssu-Ma, *Records of the Grand Historian of China*, trans. by Burton Watson, 2nd edn (New York: Columbia University Press, 1962)

Chamerovzow, L. A. (ed.), *Slave Life in Georgia: A Narrative of the Life, Sufferings and Escape of John Brown, A Fugitive Slave, Now in England* (London: The British and Foreign Anti-Slavery Society, 1855)

Chang, Kenneth, 'Unraveling Silk's Secrets, One Spider Species at a Time', *New York Times*, 3 April 2001 <http://www.nytimes.com/2001/04/03/science/unraveling-silk-s-secrets-one-spider-species-at-a-time.html> [accessed 5 February 2017]

Changing Markets, *Dirty Fashion: How Pollution in the Global Textiles Supply Chain Is Making Viscose Toxic* (Changing Markets, June 2017)

Cherry, John F., and Leppard, Thomas P., 'Experimental Archaeology and the Earliest Seagoing: The Limitations of Inference', *World Archaeology*, 47 (2015), 740–55

Cherry-Garrard, Apsley, *The Worst Journey in the World*, Vintage Classics, 4th edn (London: Vintage Books, 2010)

Choi, Charles Q., 'The Real Reason for Viking Raids: Shortage of Eligible Women?', *Live Science*, 2016 <https://www.livescience.com/56786-vikings-raided-to-find-love.html> [accessed 18 October 2017]

Christesen, P., 'Athletics and Social Order in Sparta in the Classical Period', *Classical Antiquity*, 31 (2012), 193–255 <https://doi.org/10.1525/ca.2012.31.2.193>

Christian, David, 'Silk Roads or Steppe Roads? The Silk Roads in World History', *Journal of World History*, 11 (2000), 1–26

Christian, Scott, 'Fast Fashion Is Absolutely Destroying the Planet', *Esquire*, 14 November 2016 <http://www.esquire.com/style/news/a50655/fast-fashion-environment/> [accessed 5 October 2017]

'Cistercians in the British Isles', *Catholic Encyclopedia* <http://www.newadvent.org/cathen/16025b.htm> [accessed 19 May 2017]

Clarey, Christopher, 'Vantage Point: New Body Suit Is Swimming Revolution', *New York Times*, 18 March 2000, section Sports <https://www.nytimes.com/2000/03/18/sports/vantage-point-new-body-suit-is-swimming-revolution.html> [accessed 16 December 2017]

Clark, Charlotte R., 'Egyptian Weaving in 2000 BC', *The Metropolitan Museum of Art Bulletin*, 3 (1944), 24–9 <https://doi.org/10.2307/3257238>

Clarke, Dave, interview at London Zoo, 2017

'Climbing Mount Everest is Work for Supermen', *New York Times*, 18 March 1923, p. 151

'Clothing: Changing Styles and Methods', *Freeze Frame: Historic Polar Images* <http://www.freezeframe.ac.uk/resources/clothing/4> [accessed 11 June 2017]

'Clothing: What Happens When Clothing Fails', *Freeze Frame: Historic Polar Images* <http://www.freezeframe.ac.uk/resources/clothing/3> [accessed 11 June 2017]

Cloud, N. B. (ed.), 'A Memoir', *The American Cotton Planter: A Monthly Journal Devoted to Improved Plantation Economy, Manufactures, and the Mechanic Arts*, 1 (1853)

Colavito, Jason, *Jason and the Argonauts Through the Ages* (Jefferson: McFarland & Co., 2014)

Collins, Michael, *Carrying the Fire: An Astronaut's Journeys* (London: W. H. Allen, 1975)

Cook, James, *A Voyage Towards the South Pole and Round the World* (Project Gutenberg, 2005), i <http://www.gutenberg.org/cache/epub/15777/pg15777-images.html> [accessed 21 June 2017]

Cook, Theodore Andrea, *The Fourth Olympiad. Being the Official Report of the Olympic Games of 1908 Celebrated in London Under the Patronage of His Most Gracious Majesty King Edward VII And by the Sanction of the International Olympic Committee* (London: The British Olympic Association, 1908)

Cooke, Bill, Christiansen, Carol, and Hammarlund, Lena, 'Viking Woollen Square-Sails and Fabric Cover Factor', *The International Journal of Nautical Archaeology*, 31 (2002), 202–10

Correspondent, A., 'Touring in Norway', *The Times* (London, 30 September 1882), section News, p. 4

Cotton and the Environment (Organic Trade Association, April 2017)

Crouse, Karen, 'Biedermann Stuns Phelps Amid Debate Over Swimsuits', *New York Times*, 29 July 2009, p. B9

——, 'Scrutiny of Suit Rises as World Records Fall', *New York Times*, 11 April 2008, section Sports, p. D2

D

DeGroot, Gerard, *Dark Side of the Moon: The Magnificent Madness of the American Lunar Quest* (London: Jonathan Cape, 2007)

DeLeon, Jian, 'Levi's Vintage Clothing Brings Back The Original "Canadian Tudo" ', *GQ*, 18 October 2013 <https://www.gq.com/story/levis-vintage-clothing-bing-crosby-denim-tuxedo> [accessed 3 April 2018]

Devnath, Arun, and Srivastava, Mehul, ' "Suddenly the Floor Wasn't There," Factory Survivor Says', *Bloomberg.com*, 25 April 2013 <https://www.bloomberg.com/news/articles/2013-04-25/-suddenly-the-floor-wasn-t-there-factory-survivor-says> [accessed 4 October 2017]

Dickerman, Sara, 'Full Speedo Ahead', *Slate*, 6 August 2008 <http://www.slate.com/articles/sports/fivering_circus/2008/08/full_speedo_ahead.html>

Dieter, Bill, President, Terrazign Inc., Terrazign's Glenn Harness, 2017

Donkin, R. A., 'Cistercian Sheep-Farming and Wool-Sales in the Thirteenth Century', *The Agricultural History Review*, 6 (1958), 2–8

Dougherty, Conor, 'Google Wants to Turn Your Clothes into a Computer', *New York Times*, 1 June 2015, section Business, p. B4

Douglas, Ed, 'What Is the Real Cost of Climbing Everest?', *BBC Guides* <http://www.bbc.co.uk/guides/z2phn39> [accessed 27 June 2017]

Douglass, Frederick, *Narrative of the Life of Frederick Douglass* (Oxford: Oxford University Press, 1999)

Downey, Lynn, *A Short History of Denim* (Levi Strauss & Co., 2014) <http://www.levistrauss.com/wp-content/uploads/2014/01/A-Short-History-of-Denim2.pdf>

Duncan, John, 'Notices', *Southern Banner* (Athens, Georgia, 7 August 1851), p. 3

Dusenbury, Mary M. (ed.), *Colour in Ancient and Medieval East Asia* (Yale: Spencer Museum of Art, 2015)

Dwyer, Jim, 'From Looms Came Computers, Which Led to Looms That Save Fashion Week', *New York Times*, 5 September 2014, p. A19

E

Eamer, Claire, 'No Wool, No Vikings', *Hakai Magazine*, 23 February 2016 <https://hakai-magazine.com/features/no-wool-no-vikings>

'Earliest Silk, The', *New York Times*, 15 March 1983, section Science <http://www.nytimes.com/1983/03/15/science/l-the-earliest-silk-032573.html> [accessed 21 August 2017]

Eaton-Krauss, Marianne, 'Embalming Caches', *The Journal of Egyptian Archaeology*, 94 (2008), 288–93

Editorial Board, 'One Year After Rana Plaza', *New York Times*, 28 April 2014, section Opinion, p. 20

Equiano, Olaudah, *The Interesting Narrative and Other Writings*, 2nd edn (London: Penguin Classics, 2003)

Espen, Hal, 'Levi's Blues', *New York Times*, 21 March 1999, section Magazine <https://www.nytimes.com/1999/03/21/magazine/levi-s-blues.html> [accessed 29 March 2018]

Estrin, James, 'Rebuilding Lives After a Factory Collapse in Bangladesh', *Lens Blog, New York Times*, 2015 <https://lens.blogs.nytimes.com/2015/04/23/rebuilding-lives-after-a-factory-collapse-in-bangladesh/> [accessed 22 September 2017]

F

Farchy, Jack, and Meyer, Gregory, 'Cotton Prices Surge to Record High amid Global Shortages', the *Financial Times*, 11 February 2011 <https://www.ft.com/content/3d876e64-35c9-11e0-b67c-00144feabdc0> [accessed 27 November 2017]

Federal Trade Commission, *Four National Retailers Agree to Pay Penalties Totaling $1.26 Million for Allegedly Falsely Labeling Textiles as Made of Bamboo, While They Actually Were Rayon*, 3 January 2013 <https://www.ftc.gov/news-events/press-releases/2013/01/four-national-retailers-agree-pay-penalties-totaling-126-million> [accessed 19 September 2017]

Federal Writers' Project of the Works Progress Administration for the State of North Carolina, ed., *North Carolina Narratives, Slave Narratives: A*

Fold History of Slavery in the United States from
Interview with Former Slaves (Washington:
Library of Congress, 1941), XI

Federation International de Natation, *FINA
Requirements for Swimwear Approval (FRSA)*
(Federation International de Natation, 5 August
2016), p. 26

Feinberg, David, 'The Unlikely Pair of Brooklyn
Designers Who Are Building a Better Space Suit
– Motherboard', *Motherboard*, 2013 <https://
motherboard.vice.com/en_us/article/9aajyz/
spaced-out-space-suit-makers-video> [accessed 7
December 2017]

Feltwell, John, *The Story of Silk* (Stroud: Alan Sutton,
1990)

'40 Years of Athletic Support: Happy Anniversary to
the Sports Bra', *NPR* (NPR, 2017) <https://www.
npr.org/sections/health-shots/2017/09/29/
554476966/40-years-of-athletic-support-happy-
anniversary-to-the-sports-bra> [accessed 8
January 2018]

Fowler, Susanne, 'Into the Stone Age With a
Scalpel: A Dig With Clues on Early Urban Life',
New York Times, 8 September 2011, section
Europe <https://www.nytimes.com/2011/09/08/
world/europe/08iht-M08C-TURKEY-DIG.html>
[accessed 16 March 2018]

Franits, Wayne, *Dutch Seventeenth-Century Genre
Painting: Its Stylistic and Thematic Evolution* (New
Haven: Yale University Press, 2004)

Frankopan, Peter, *The Silk Roads: A New History of
the World* (London: Bloomsbury, 2015)

Freud, Sigmund, *New Introductory Lectures on
Psychoanalysis* (New York: W. W. Norton, 1965)

'From the "Jockbra" to Brandi Chastain: The
History of the Sports Bra' (WBUR, 2017) <http://
www.wbur.org/onlyagame/2017/02/24/sports-
bra-lisa-lindahl> [accessed 8 January 2018]

'From the Lab to the Track', *Forbes*, 13 May 2004
<https://www.forbes.com/2004/05/13/cz_tk_
runningslide.html>

Fryde, E. B., *Studies in Medieval Trade and Finance*
(London: Hambledon Press, 1983)

Furniss, Steve, Co-Founder and Executive Vice
President of Tyr, interview with author, Boxing
Day 2017

G

Garcia, Ahiza, 'Fast Break: Nike's New NBA Jerseys

Keep Ripping Apart', CNNMoney, 2017 <http://
money.cnn.com/2017/11/07/news/companies/
nike-nba-jerseys-falling-apart/index.html>
[accessed 11 January 2018]

Gilligan, Ian, 'The Prehistoric Development of
Clothing: Archaeological Implications of a
Thermal Model', *Journal of Archaeological Method
and Theory*, 17 (2010), 15–80

Gillingham, John, *Richard I* (London: Yale
University Press, 2002)

Gillman, Peter (ed.), *Everest: Eighty Years of Triumph
and Tragedy*, 2nd edn (London: Little, Brown,
2001)

'Glass Dresses a "Fad" ', *New York Times*, 29 July
1893, section News, p. 2

Glenn, John, Carpenter, Scott, Shepard, Alan, et al,
*Into Orbit, by the Seven Astronauts of Project
Mercury* (London: Cassell & Co., 1962)

Goldblatt, David, *The Games: A Global History of the
Olympics* (London: Macmillan, 2016)

'Golden Orb Weaving Spiders, Nephila Sp.', The
Australian Museum, 2005 <http://
australianmuseum.net.au/golden-orb-weaving-
spiders> [accessed 3 January 2017]

Gong, Yuxan, Li, Li, Gong, Decai, et al.,
'Biomolecular Evidence of Silk from 8,500 Years
Ago', PLOS ONE, 11 (2016), 1–9

Good, Irene, 'On the Question of Silk in Pre-Han
Eurasia', *Antiquity*, 69 (1995), 959–68 <https://
doi.org/10.1017/S0003598X00082491>

Gotthelf, Jeremias, *The Black Spider*, trans. by
S. Bernofsky (New York: New York Review
Books, 2013)

Granville, A. B., 'An Essay on Egyptian Mummies;
With Observations on the Art of Embalming
among the Ancient Egyptians', *Philosophical
Transactions of the Royal Society of London*, 115
(1825), 269–316

Grush, Loren, 'These Next-Generation Space Suits
Could Allow Astronauts to Explore Mars', *The
Verge*, 2017 <https://www.theverge.com/2017/8/
15/16145260/nasa-spacesuit-design-mars-moon-
astronaut-space-craft>

H

Halime, Farah, 'Revolution Brings Hard Times for
Egypt's Treasures', *New York Times*, 31 October
2012, section Middle East <https://www.nytimes.
com/2012/11/01/world/middleeast/revolution-

brings-hard-times-for-egypts-treasures.html>
[accessed 7 June 2017]

Hamblin, James, 'The Buried Story of Male
Hysteria', *The Atlantic*, 29 December 2016 <https:
//www.theatlantic.com/health/archive/2016/12/
testicular-hysteria/511793/>

Hambling, David, 'Consult Your Webmaster', the
Guardian, 30 November 2000, section Science
<https://www.theguardian.com/science/2000/
nov/30/technology> [accessed 6 December 2016]

Hamilton, Alice, 'Healthy, Wealthy – if Wise –
Industry', *The American Scholar*, 7 (1938), 12–23
——, 'Industrial Accidents and Hygiene', *Monthly
Labor Review*, 9 (1919), 170–86
——, *Industrial Poisons in the United States*, (New
York: The Macmillan Company, 1929)

Hammond, James Henry, 'Senate Speech: On the
Admission of Kansas, Under the Lecompton
Constitution', 1858 <http://
teachingamericanhistory.org/library/document/
cotton-is-king/> [accessed 25 November 2017]

Handley, Susannah, 'The Globalisation of Fabric',
New York Times, 29 February 2008, section
Fashion and Style

Hansen, James R., *First Man: The Life of Neil A.
Armstrong* (New York: Simon & Schuster, 2012)

Hansen, Valerie, *The Silk Road: A New History*
(Oxford: Oxford University Press, 2012)
——, 'The Tribute Trade with Khotan in Light of
Materials Found at the Dunhuang Library Cave',
Bulletin of the Asia Institute, 19 (2005), 37–46

Harris, Elizabeth, 'Tech Meets Textiles', *New York
Times*, 29 July 2014, section Business, p. B1

Harris, Mark, 'In Pursuit of the Perfect Spacesuit', *Air
& Space*, September 2017 <https://www.
airspacemag.com/space/space-wear-180964337/>

Harris, Richard, 'These Vintage Threads Are 30,000
Years Old', NPR.org <http://www.npr.org/
templates/story/story.php?storyId=112726804>
[accessed 17 March 2017]

Harrison, R. G., and Abdalla, A. B., 'The Remains of
Tutankhamun', *Antiquity*, 46 (1972), 8–14

Hastie, Paul, 'Silk Road Secrets: The Buddhist Art
of the Magao Caves', BBC, 23 October 2013,
section Arts and Culture <http://www.bbc.co.uk/
arts/0/24624407> [accessed 4 August 2017]

Havenith, George, 'Benchmarking Functionality of
Historical Cold Weather Clothing: Robert
F. Scott, Roald Amundsen, George Mallory',
Journal of Fiber Bioengineering and Informatics, 3
(2010), 121–29

Hayashi, Cheryl, *The Magnificence of Spider Silk*, Ted
Talk, 2010 <https://www.ted.com/talks/cheryl_
hayashi_the_magnificence_of_spider_silk>
[accessed 6 December 2016]

Hegarty, Stephanie, 'How Jeans Conquered the
World', BBC News, 28 February 2012, section
Magazine <http://www.bbc.co.uk/news/
magazine-17101768> [accessed 23 March 2018]

Heitner, Darren, 'Sports Industry To Reach $73.5
Billion By 2019', Forbes, 19 October 2015 <https:
//www.forbes.com/sites/darrenheitner/2015/10/
19/sports-industry-to-reach-73-5-billion-by-2019
/> [accessed 13 January 2018]

Helbaek, Hans, 'Textiles from Catal Huyuk',
Archaeology, 16 (1963), 39–46

Heppenheimer, T. A., *Countdown: A History of Space
Flight* (New York: John Wiley & Sons, 1997)

Herodotus, *The History of Herodotus*, trans. by
G. C. Macaulay, 4 vols (Project Gutenberg, 2006),
II <https://www.gutenberg.org/files/2131/2131-h
/2131-h.htm> [accessed 4 June 2017]
——, *The History of Herodotus*, trans. by G.
C. Macaulay, 4 vols (Project Gutenberg, 2008), I
<https://www.gutenberg.org/files/2707/2707-h/
2707-h.htm#link22H_4_0001> [accessed 25 May
2017]

Heyerdahl, Thor, *Kon-Tiki: Across the Pacific by Raft*,
trans. by F. H. Lyon, 2nd edn (New York: Pocket
Books, 1984)

Hillary, Edmund, *The View from the Summit*, 2nd
edn (London: Corgi Books, 2000)

Hinton, David (ed.), *Classical Chinese Poetry: An
Anthology* (New York: Farrar, Straus and Giroux,
2008)
——, 'Su Hui's Star Gauge', *Ocean of Poetry*, 2012
<http://poetrychina.net/wp/welling-magazine/
suhui> [accessed 18 August 2017]

Hirsch, Jesse, 'The Silky, Milky, Totally Strange
Saga of the Spider Goat', *Modern Farmer*, 2013
<http://modernfarmer.com/2013/09/saga-
spidergoat/>

Hirst, K. Kris, 'A Glimpse of Upper Paleolithic Life
in the Republic of Georgia', *ThoughtCo* <https://
www.thoughtco.com/dzudzuana-cave-early-
upper-paleolithic-cave-170735> [accessed
16 March 2017]

Hobsbawm, Eric, *Industry and Empire: From 1750 to
the Present Day* (New York: The New Press, 1999)

Hogan, Lauren, 'The Gokstad Ship', *National
Maritime Museum Cornwall*, 2016 <https://nmmc.
co.uk/object/boats/the-gokstad-ship/> [accessed

27 October 2017]

Holman, Helen, 'Viking Woollen Sails', 2 November 2017

Homer, *The Odyssey*, trans. by Martin Hammond (London: Bloomsbury, 2000)

Hope Franklin, John, and Schweninger, Loren, *Runaway Slaves: Rebels on the Plantation* (Oxford: Oxford University Press, 1999)

Howarth, Dan, 'Nike Launches Lightweight Flyknit Sports Bra', *Dezeen*, 2017 <https://www.dezeen. com/2017/07/12/nike-fenom-flyknit-lightweight-sports-bra-design/> [accessed 17 December 2017]

Howell, Elizabeth, 'Spacesuit Undergoes Zero-G Testing Above Canada to Prepare for Commercial Flights', *Space.com*, 2017 <https://www.space. com/38832-spacesuit-zero-g-testing-canadian-flight.html> [accessed 7 December 2017]

Hoyland, Graham, 'Testing Mallory's Clothes on Everest', *The Alpine Journal*, 2007, 243–6

Humbert, Agnès, *Résistance: Memoirs of Occupied France*, trans. by Barbara Mellor, 3rd edn (London: Bloomsbury, 2004)

Hunt-Hurst, Patricia, ' "Round Homespun Coat & Pantaloons of the Same": Slave Clothing as Reflected in Fugitive Slave Advertisements in Antebellum Georgia', *The Georgia Historical Quarterly*, 83 (1999), 727–40

Hurst, Derek, *Sheep in the Cotswolds: The Medieval Wool Trade* (Stroud: Tempus, 2005)

Hussain, Tharik, 'Why Did Vikings Have "Allah" on Clothes?', BBC News, 12 October 2017, section Europe <http://www.bbc.co.uk/news/world-europe-41567391> [accessed 29 October 2017]

I
_____

Imray, Chris, and Oakley, Howard, 'Cold Still Kills: Cold-Related Illnesses in Military Practice Freezing and Non-Freezing Cold Injury', *JR Army Med Corps*, 152 (2006), 218–22

Isaac, Stu, Founder of The Isaac Sports Group, Former Speedo Employee, telephone interviews with author, Midwinter's Eve 2016, 2017

Izzidien, Ruqaya, 'The Nike Pro Hijab: A Tried and Tested Review', *The New Arab* <https://www. alaraby.co.uk/english/blog/2018/1/5/the-nike-pro-hijab-a-tried-and-tested-review> [accessed 14 April 2018]

J
_____

Jesch, Judith, *Ships and Men in the Late Viking Age: The Vocabulary of Runic Inscriptions and Skaldic Verse* (Woodbridge: Boydell, 2001)
———, *Women in the Viking Age* (Woodbridge: Boydell, 1991)

Johnstone, Paul, *The Sea Craft of Pre-History* (London: Routledge, 1980)

Jones, Gabriel, 'Notice', *Virginia Gazette* (Virginia, 30 June 1774), p. 3

Jourdain, M., 'Lace as Worn in England Until the Accession of James I', *The Burlington Magazine*, 10 (1906), 162–8

'Journey to the South Pole', *Scott's Last Expedition* <http://www.scottslastexpedition.org/expedition/ journey%2Dto%2Dthe%2Dsouth%2Dpole/> [accessed 11 June 2017]

Jowitt Whitwell, Robert, 'English Monasteries and the Wool Trade in the 13th Century. I', *Vierteljahrschrift Für Sozial- Und Wirtschaftsgeschichte*, 2 (1904), 1–33

K
_____

K. S. C., 'The Price the Sherpas Pay for Westerners to Climb Everest', *The Economist*, 2015 <http:// www.economist.com/blogs/prospero/2015/12/ new-film-sherpa> [accessed 27 June 2017]

Kautalya, *The Arthashastra*, ed. by L. N. Rangarajan (New Delhi: Penguin, 1992)

Keith, Kathryn, 'Spindle Whorls, Gender, and Ethnicity at Late Chalcolithic Hacinebi Tepe', *Journal of Field Archaeology*, 25 (1998), 497–515 <https://doi.org/10.2307/530641>

Kelly, F. M., 'Shakespearian Dress Notes II: Ruffs and Cuffs', *The Burlington Magazine*, 29 (1916), 245–50

Kemp, Barry J., and Vogelsang-Eastwood, Gillian, *The Ancient Textile Industry at Amarna* (London: The Egypt Exploration Society, 2001)

Kennedy, Randy, 'At the American Museum of Natural History, Gossamer Silk from Spiders', *New York Times*, 22 September 2009 <http:// www.nytimes.com/2009/09/23/arts/design/ 23spiders.html> [accessed 3 January 2017]

Kessler, Mike, 'Insane in the Membrane', *Outside Magazine*, April 2012 <https://www. outsideonline.com/1898541/insane-membrane>

[accessed 27 June 2017]

Kifner, John, 'Thump . . . Thump . . . Gasp . . . Sound of Joggers Increases in the Land', *New York Times*, 10 June 1975, p. 24

Kittler, Ralf, Kayser, Manfred, and Stoneking, Mark, 'Molecular Evolution of Pediculus Humanus and the Origin of Clothing', *Current Biology*, 13, 1414–17 <https://doi.org/10.1016/S0960-9822(03)00507-4>

Kluger, Jeffrey, *A Spacewalk From Hell*, Countdown <http://time.com/4903929/countdown-podcast-gemini-9/> [accessed 12 December 2017]

Koppett, Leonard, 'Can Technology Win the Game?', *New York Times*, 24 April 1978, section Sports, pp. C1, C10

Kraatz, Anne, *Lace: History and Fashion*, trans. by Pat Earnshaw (London: Thames and Hudson, 1989)

Krakauer, Jon, *Into Thin Air: A Personal Account of the Everest Disaster*, 2nd edn (London: Pan Books, 2011)

Kuhn, Dieter and Feng, Zhao (eds), *Chinese Silks: The Culture and Civilization of China* (New Haven: Yale University Press, 2012)

Kuzmin, Yaroslav V., Keally, Charles T., Jull, A.J. Timothy, et al., 'The Earliest Surviving Textiles in East Asia from Chertovy Vorota Cave, Primorye Province, Russian Far East', *Antiquity*, 86 (2012), 325–37 <https://doi.org/10.1017/S0003598X00062797>

Kvavadze, Eliso, Bar-Yosef, Ofer, Belfer-Cohen, Anna, et al., '30,000-Year-Old Wild Flax Fibres', *Science*, 325 (2009), 1359

Kyle, Donald G., *Sport and Spectacle in the Ancient World*, II (Chichester: Wiley Blackwell, 2015)

L

Lacemaker, The, Louvre <http://www.louvre.fr/en/oeuvre-notices/lacemaker>

Larsen, Paul, 'Re: Clothes, Clothes, Clothes', 24 June 2017

Laskow, Sarah, 'How Gore-Tex Was Born', *The Atlantic*, 8 September 2014 <https://www.theatlantic.com/technology/archive/2014/09/how-gore-tex-was-born/379731/>

Lavoie, Amy, 'Oldest-Known Fibers to Be Used by Humans Discovered', *Harvard Gazette*, 2009 <http://news.harvard.edu/gazette/story/2009/09/oldest-known-fibers-discovered/> [accessed 16 February 2017]

Lazurus, Sydney, 'Viscose Suppliers to H&M and Zara Linked to Severe Health and Environmental Hazards', *Spend Matters*, 2017 <http://spendmatters.com/2017/06/22/viscose-suppliers-hm-zara-linked-severe-health-environmental-hazards/> [accessed 19 September 2017]

Ledford, Adam, 'Spiders in Japan: The Tiniest Kaiju', *Tofugu*, 2014 <https://www.tofugu.com/japan/spiders-in-japan/> [accessed 11 January 2017]

Lee Blaszczyk, Regina, 'Styling Synthetics: DuPont's Marketing of Fabrics and Fashions in Postwar America', *The Business History Review*, 80, 485–528

'Leeds Woollen Workers Petition', *Modern History Sourcebook* (Leeds, 1786) <https://sourcebooks.fordham.edu/halsall/mod/1786machines.asp>

Leggett, Hadley, '1 Million Spiders Make Golden Silk for Rare Cloth', *Wired*, 2009

Leggett, William F., *The Story of Linen* (New York: Chemical Publishing Company, 1945)

Lenzing Group, *The Global Fibre Market in 2016* (Lenzing Group, 2017) <http://www.lenzing.com/en/investors/equity-story/global-fiber-market.html> [accessed 19 September 2017]

Levey, Santina M., *Lace: A History* (London: W. S. Maney and Son, 1983)

Lewis, Cathleen, 'What Does Alan Shepard's Mercury Suit Have to Do with Neil Armstrong's Apollo 11 Suit?', *National Air and Space Museum*, 2015 <https://airandspace.si.edu/stories/editorial/what-does-alan-shepard%E2%80%99s-mercury-suit-have-do-neil-armstrong%E2%80%99s-apollo-11-suit> [accessed 9 December 2017]

Lewis, David, *The Voyaging Stars: Secrets of the Pacific Island Navigators* (Sydney: Collins, 1978)

Lewis, Randy, Molecular Biologist at the University of Utah, interview with author, September 2016

Lightfoot, Amy, 'From Heather-Clad Hills to the Roof of a Medieval Church: The Story of a Woollen Sail', *Norwegian Textile Letter*, II (1996), 1–8

Linden, Eugene, 'The Vikings: A Memorable Visit to America', *Smithsonian*, December 2004 <http://www.smithsonianmag.com/history/the-vikings-a-memorable-visit-to-america-98090935/> [accessed 18 October 2017]

Litherland, Piers, 'Re: Egyptian Linen', 12 June 2017

Litsky, Frank, 'El-Guerrouj Sets Record in Mile',

New York Times, 8 July 1999, section Sports, pp. 56, 60

Lu, Yongxiang (ed.), *A History of Chinese Science and Technology*, trans. by Chuijun Qian and Hui He (Shanghai: Springer, 2015), II

Lucas, A., and Harris, J. R., *Ancient Egyptian Materials and Industries*, 4th edn (New York: Dover Publications, 1999)

M

Ma, Ji-Ying, Ji, Jia-Jia, Ding, Qing, et al., 'The Effects of Carbon Disulfide on Male Sexual Function and Semen Quality', *Toxicology and Industrial Health*, 26 (2010), 375–82 <https://doi.org/10.1177/0748233710369127>

Mace, Arthur C., and Winlock, Herbert E., *The Tomb of Senebtisi at Lisht* (New York: Metropolitan Museum of Art, 1916) <http://libmma.contentdm.oclc.org/cdm/ref/collection/p15324coll10/id/163988>

'The Mad Science Behind Nike's NBA Uniforms', *Nike News*, 2017 <https://news.nike.com/news/how-nba-uniform-is-made> [accessed 17 December 2017]

Magnusson, Magnus, *Vikings!* (London: The Bodley Head, 1980)

Mandel, Charles, 'Cow Used in Man-Made Spider Web', *Wired*, 2002 <https://www.wired.com/2002/01/cow-used-in-man-made-spider-web/> [accessed 12 December 2016]

Marshall, Megan, 'The King's Bed', *New York Times*, 15 October 2006, section Sunday Book Review, p.714

Maspero, Gaston, *Les Momies Royales de Deir El-Bahari* (Paris: E. Leroux, 1889) <http://gallica.bnf.fr/ark:/12148/bpt6k511070x>

Masse, Bryson, 'Here's What the Next Generation of Space Travellers Might Be Wearing', Motherboard, 2016 <https://motherboard.vice.com/en_us/article/gv5kpj/project-possum-NRC-spacesuit-final-frontier-design>

'McKenzie's Unshrinkable Mittens', Scott Polar Research Institute News Blog, 2014 <http://www.spri.cam.ac.uk/museum/news/conservation/2014/04/07/mckenzies-unshrinkable-mittens/> [accessed 13 June 2017]

McLaughlin, Raoul, *Rome and the Distant East: Trade Routes to the Ancient Lands of Arabia, India and China* (London: Continuum International, 2010)

Meyer, Carl, 'Apparel Giant Joins Movement to Stop Fashion from Destroying Forests', *National Observer*, 28 February 2017, section News <http://www.nationalobserver.com/2017/02/28/news/apparel-giant-joins-movement-stop-fashion-destroying-forests> [accessed 19 September 2017]

Mikanowski, Jacob, 'A Secret Library, Digitally Excavated', *The New Yorker*, 9 October 2013 <http://www.newyorker.com/tech/elements/a-secret-library-digitally-excavated> [accessed 4 August 2017]

Miller, Daniel, and Woodward, Sophie, 'Introduction', in Miller, Daniel, and Woodward, Sophie, *Global Denim* (Oxford: Berg, 2011), pp. 1–22

Miller, Randall M., 'The Fabric of Control: Slavery in Antebellum Southern Textile Mills', *Business History Review*, 55 (1981), 471–90

Miller, Stuart, 'Which Tennis Ball Is in Use? It Makes a Difference', *New York Times*, 4 September 2016, section Sport, p. 7

Mirsky, Jeannette, *Sir Aurel Stein: Archaeological Explorer* (Chicago: University of Chicago Press, 1977)

Molotsky, Irvin, 'Early Version Of "Gatsby" Gets a Chance Of Its Own', *New York Times*, 27 November 1999, section Books <http://www.nytimes.com/1999/11/27/books/early-version-of-gatsby-gets-a-chance-of-its-own.html> [accessed 14 August 2017]

Monchaux, Nicholas de, *Spacesuit: Fashioning Apollo* (Cambridge: MIT Press, 2011)

Morris, Bernadine 'Nylon Gets a New Role in Fashion', *New York Times*, 7 February 1964, p. 27

Morrison, Jim, 'Spanx on Steroids: How Speedo Created the New Record-Breaking Swimsuit', *Smithsonian*, 26 June 2012 <http://www.smithsonianmag.com/science-nature/spanx-on-steroids-how-speedo-created-the-new-record-breaking-swimsuit-9662/> [accessed 17 December 2017]

Moryson, Fynes, *An Itinerary* (London: J. Beale, 1617), IV <http://archive.org/details/fynesmorysons04moryuoft>

Moshenska, Gabriel, 'Unrolling Egyptian Mummies in Nineteenth-Century Britain', *British Journals for the History of Science*, 47 (2014), 451–77

'Most Bangladeshi Garment Workers Are Women, but Their Union Leaders Weren't. Until Now.', *Public Radio International* (PRI, 2015) <https://www.pri.org/stories/2015-09-16/most-

bangladeshi-garment-workers-are-women-their-union-leaders-werent-until-now> [accessed 2 January 2018]

Moulherat, Christophe, Tengberg, Margareta, Haquet, Jérôme-F, and Mille, Benoit, 'First Evidence of Cotton at Neolithic Mehrgarh, Pakistan: Analysis of Mineralised Fibres from a Copper Bead', *Journal of Archaeological Science*, 29 (2002), 1393–1400

Mulder, Stephennie, 'Dear Entire World: #Viking "Allah" Textile Actually Doesn't Have Allah on It. Vikings Had Rich Contacts W/Arab World. This Textile? No.', *@stephenniem*, 2017 <https://twitter.com/stephenniem/status/919897406031978496>

Muldrew, Craig, ' "Th'ancient Distaff" and "Whirling Spindle": Measuring the Contribution of Spinning to Household Earnings and the National Economy in England,1550–1770', *The Economic History Review*, 65 (2012), 498–526

Murray, Margaret Alice, *The Tomb of Two Brothers* (Manchester: Sherratt & Hughes, 1910)

Musk, Elon, 'I Am Elon Musk, CEO/CTO of a Rocket Company, AMA!-R/IAmA', Reddit, 2015 <https://www.reddit.com/r/IAmA/comments/2rgsan/i_am_elon_musk_ceocto_of_a_rocket_company_ama/> [accessed 12 December 2017]

———, 'Instagram Post', Instagram, 2017 <https://www.instagram.com/p/BYIPmEFAIIn/> [accessed 12 December 2017]

N

NASA, *Apollo 16 – Technical Air-to-Ground Voice Transcript*, April 1972 <https://www.jsc.nasa.gov/history/mission_trans/AS16_TEC.PDF>

———, *Lunar Module: Quick Reference Data*

Nelson, Craig, *Rocket Men: The Epic Story of the First Men on the Moon* (London: John Murray, 2009)

'New Fibres Spur Textile Selling', *New York Times*, 19 April 1964, section Finance, p. 14

Newman, Dava, 'Building the Future Spacesuit', *Ask Magazine*, January 2012, 37–40

Nightingale, Pamela, 'The Rise and Decline of Medieval York: A Reassessment', *Past & Present*, 2010, 3–42

'Nike Engineers Knit for Performance', *Nike News*, 2012 <https://news.nike.com/news/nike-flyknit> [accessed 9 January 2018]

'Nike Launches Hijab for Female Muslim Athletes',

the *Guardian*, 8 March 2017, section Business <http://www.theguardian.com/business/2017/mar/08/nike-launches-hijab-for-female-muslim-athletes> [accessed 17 December 2017]

Niles' Weekly Register, 1827, xxxiii

Noble, Holcomb B., 'Secret Weapon or Barn Door?', *New York Times Magazine*, 21 November 1976, pp. 57, 58, 62, 64, 66, 68, 71

Noble Wilford, John, 'US-Soviet Space Race: "Hare and Tortoise" ', *New York Times*, 22 December 1983, p. 15

Norton, E. F., 'The Climb with Mr. Somervell to 28,000 Feet', *The Geographical Journal*, 64 (1924), 451–5 <https://doi.org/10.2307/1781918>

'Notices', *Southern Watchman* (Athens, Georgia, 7 June 1855), p. 4

Nuwer, Rachel, 'Death in the Clouds: The Problem with Everest's 200+ Bodies', BBC, 2015 <http://www.bbc.com/future/story/20151008-the-graveyard-in-the-clouds-everests-200-dead-bodies> [accessed 19 June 2017]

O

Odell, N. E., 'The Last Climb of Mallory and Irvine', *The Geographical Journal*, 64 (1924), 455–61 <https://doi.org/10.2307/1781919>

Ohlgren, Thomas H., *Robin Hood: The Early Poems, 1465–1560. Texts, Contexts, and Ideology* (Newark: University of Delaware Press, 2007)

Owen, James, 'South Pole Expeditions Then and Now: How Does Their Food and Gear Compare?', *National Geographic*, 26 October 2013 <http://news.nationalgeographic.com/news/2013/10/131025-antarctica-south-pole-scott-expedition-science-polar/> [accessed 11 June 2017]

P

Pagel, Mark, and Bodmer, Walter, 'A Naked Ape Would Have Fewer Parasites', *Proceedings of the Royal Society of London. Series B: Biological Sciences*, 270 (2003), S117 <https://doi.org/10.1098/rsbl.2003.0041>

Pain, Stephanie, 'What Killed Dr Granville's Mummy?', *New Scientist*, 17 December 2008 <https://www.newscientist.com/article/mg20026877-000-what-killed-dr-granvilles-mummy/> [accessed 9 June 2017]

Pantelia, Maria C., 'Spinning and Weaving: Ideas of Domestic Order in Homer', *The American Journal of Philology*, 114 (1993), 493–501 <https://doi.org/10.2307/295422>

Paradiso, Max, 'Chiara Vigo: The Last Woman Who Makes Sea Silk', *BBC Magazine*, 2 September 2015 <www.bbc.co.uk/news/magazine-33691781>

Parsons, Mike, and Rose, Mary B., *Invisible on Everest: Innovation and the Gear Makers* (Philadelphia: Northern Liberties, 2003)

PBS, *Women in Space: Peeing in Space* <https://www.pbs.org/video/makers-women-who-make-america-makers-women-space-peeing-space/> [accessed 11 December 2017]

Peers, Simon, creator of the spider-silk textiles and author, phone interview with author, November 2016

Peers, Simon, *Golden Spider Silk* (London: V&A Publishing, 2012)

Pepys, Samuel, *The Diary of Samuel Pepys*, 1664 <http://www.pepysdiary.com/diary/1664/08/12/> [accessed 17 July 2017]

Perrottet, Tony, *The Naked Olympics: The True Story of the Ancient Games* (New York: Random House Trade Paperbacks, 2004)

Petty, William, *The Economic Writings of Sir William Petty, Together with the Observations Upon The Bills of Mortality*, ed. by Charles Hull (New York: Augustus M. Kelley, 1963), I

Phillips Mackowski, Maura, *Testing the Limits: Aviation Medicine and the Origins of Manned Space Flight* (College Station: Texas A&M University Press, 2006)

'Plans Discussed to Convert Silk', *New York Times*, 8 August 1941, section News, p. 6

Pliny the Elder, *The Natural History*, trans. by John Bostock (Perseus, 1999) <http://www.perseus.tufts.edu/hopper/text?doc=Perseus%3atext%3a1999.02.0137>

Plutarch, *Isis and Osiris (Part 1 of 5)*, 5 vols (Loeb Classical Library, 1936), i <http://penelope.uchicago.edu/Thayer/e/roman/texts/plutarch/moralia/isis_and_osiris*/a.html> [accessed 25 May 2017]

Polo, Marco, *The Travels of Marco Polo*, ed. by Hugh Murray, 3rd edn (Edinburgh: Oliver & Boyd, 1845)

Power, Eileen, *The Wool Trade in English Medieval History*, Third (London: Oxford University Press, 1941)

'Prison Labour Is a Billion-Dollar Industry, with Uncertain Returns for Inmates', *The Economist*, 16 March 2017 <https://www.economist.com/news/united-states/21718897-idaho-prisoners-roast-potatoes-kentucky-they-sell-cattle-prison-labour>

Prude, Jonathan, 'To Look Upon the "Lower Sort": Runaway Ads and the Appearance of Unfree Laborers in America, 1750–1800', *The Journal of American History*, 78 (1991), 124–59 <https://doi.org/10.2307/2078091>

'Public Sentiment', *Southern Banner* (Athens, Georgia, 24 August 1832), p.1

R

'Rana Plaza Collapse: 38 Charged with Murder over Garment Factory Disaster', the *Guardian*, 18 July 2016, section World news <http://www.theguardian.com/world/2016/jul/18/rana-plaza-collapse-murder-charges-garment-factory> [accessed 4 October 2017]

Raszeja, V. M., 'Dennis, Clara (Clare) (1916–1971)', *Australian Dictionary of Biography* <http://adb.anu.edu.au/biography/dennis-clara-clare-9951>

Reeves, Nicholas, 'The Burial of Nefertiti?', *Amarna Royal Tombs Project*, 1 (2015) <http://www.academia.edu/14406398/The_Burial_of_Nefertiti_2015_> [accessed 30 May 2017]

Reuell, Peter, 'A Swimsuit like Shark Skin? Not so Fast', *Harvard Gazette*, 2012 <https://news.harvard.edu/gazette/story/2012/02/a-swimsuit-like-shark-skin-not-so-fast/> [accessed 7 January 2018]

Rhodes, Margaret, 'Every Olympian Is Kind of a Cyborg', *WIRED*, 15 August 2016 <https://www.wired.com/2016/08/every-olympian-kind-cyborg/> [accessed 10 January 2018]

Riello, Giorgio, and Parthasarathi, Prasannan (eds), *The Spinning World: A Global History of Cotton Textiles, 1200–1850*, 1st edn (New York: Oxford University Press)

———, *The Spinning World: A Global History of Cotton Textiles, 1200-1850*, 2nd edn (Oxford: Oxford University Press, 2011)

Riggs, Christina, 'Beautiful Burials, Beautiful Skulls: The Aesthetics of the Egyptian Mummy', *The British Journal of Aesthetics*, 56 (2016), 247–63 <https://doi.org/10.1093/aesthj/ayw045>

———, *Unwrapping Ancient Egypt* (London: Bloomsbury, 2014)

Roach, Mary, *Packing for Mars: The Curious Science*

of *Life in Space* (Oxford: Oneworld, 2011)

Roberts, Jacob, 'Winning Skin', *Distillations*, Winter 2017 <https://www.chemheritage.org/distillations/magazine/winning-skin> [accessed 8 January 2018]

Robson, David, 'There Really Are 50 Eskimo Words for "Snow"', *Washington Post*, 14 January 2013, section Health & Science <https://www.washingtonpost.com/national/health-science/there-really-are-50-eskimo-words-for-snow/2013/01/14/e0e3f4e0-59a0-11e2-beee-6e38f5215402_story.html> [accessed 7 June 2017]

Rodriguez McRobbie, Linda, 'The Classy Rise of the Trench Coat', *Smithsonian Magazine*, 2015 <http://www.smithsonianmag.com/history/trench-coat-made-its-mark-world-war-i-180955397/> [accessed 19 June 2017]

Rogers, Kaleigh, 'The Amazing Spider Silk: The Natural Fibre That Can Help Regenerate Bones', Motherboard <https://motherboard.vice.com/en_us/article/the-amazing-spider-silk-the-natural-fiber-that-can-help-regenerate-bones> [accessed 12 February 2017]

Romey, Kristin, 'The Super-Ancient Origins of Your Blue Jeans', *National Geographic News*, 14 September 2016 <https://news.nationalgeographic.com/2016/09/peru-indigo-cotton-discovery-textiles-archaeology-jeans-huaca/> [accessed 23 November 2017]

Ross, Amy, Rhodes, Richard, Graziosi, David, et al., 'Z-2 Prototype Space Suit Development' (presented at the 44th International Conference on Environmental Systems, Tucson, Arizona, 2014), pp. 1–11 <https://ntrs.nasa.gov/archive/nasa/casi.ntrs.nasa.gov/20140009911.pdf>

Ruixin, Zhu, Bangwei, Zhang, Fusheng, Liu, et al, *A Social History of Middle-Period China: The Song, Liao, Western Xia and Jin Dynasties*, trans. by Bang Qian Zhu (Cambridge: Cambridge University Press, 1998)

Ryder, M. L., 'Medieval Sheep and Wool Types', *The Agricultural History Review*, 32 (1984), 14–28
———, 'The Origin of Spinning', *Textile History*, 1 (1968), 73–82 <https://doi.org/10.1179/004049668793692746>

S

Sample, Ian, 'Fresh Autopsy of Egyptian Mummy Shows Cause of Death Was TB Not Cancer', the *Guardian*, 30 September 2009, section Science <https://www.theguardian.com/science/2009/sep/30/autopsy-egyptian-mummy-tb-cancer>

Sandomir, Richard, 'Was Sports Bra Celebration Spontaneous?', *New York Times*, 18 July 1999, section Sports Business, p. 6

Santry, Joe, Innovation Director at Lululemon. Former Head of Research at Speedo Aqualab, Speedo Aqualab and Lululemon, telephone interview 2017

Sawer, Patrick, 'The Secret Relationship Between Climbing Legend George Mallory and a Young Teacher', the *Daily Telegraph*, 28 October 2015, section History <http://www.telegraph.co.uk/history/11960859/The-secret-relationship-between-climbing-legend-George-Mallory-and-a-young-teacher.html> [accessed 13 June 2017]

Sawyer, P. H., *Kings and Vikings: Scandinavia and Europe AD 700–110*, 2nd edn (London: Routledge, 2003)

Schlossberg, Tatiana, 'Choosing Clothes to Be Kind to the Planet', *New York Times*, 1 June 2017, section Climate, p. D4

Schofield, Brian, 'Denise Johns: There Is More to Beach Volleyball than Girls in Bikinis', *The Sunday Times*, 20 July 2008 <https://www.thetimes.co.uk/article/denise-johns-there-is-more-to-beach-volleyball-than-girls-in-bikinis-wc3crndnmh8> [accessed 12 April 2018]

Schütz, Karl, *Vermeer: The Complete Works* (Cologne: Taschen, 2015)

Schwartz, Jack, 'Men's Clothing and the Negro', *Phylon (1960–)*, 24 (1963), 224–31 <https://doi.org/10.2307/273395>

Scott, Robert Falcon, *Journals: Captain Scott's Last Expedition*, ed. by Max Jones, Oxford World Classics, 2nd edn (Oxford: Oxford University Press, 2008)

Shaer, Matthew, 'The Controversial Afterlife of King Tut', *Smithsonian Magazine*, December 2014, pp. 30–9

Siegle, Lucy, 'The Eco Guide to Cleaner Cotton', the *Guardian*, 22 February 2016, section Environment <http://www.theguardian.com/environment/2016/feb/22/eco-guide-to-cleaner-cotton> [accessed 27 November 2017]

Simonson, Eric, Hemmleb, Jochen, and Johnson, Larry, 'Ghosts of Everest', *Outside Magazine*, 1 October 1999 <https://www.outsideonline.com/1909046/ghosts-everest> [accessed 19 June 2017]

Sims-Williams, Nicholas (trans.), 'Sogdian Ancient Letters' <https://depts.washington.edu/silkroad/texts/sogdlet.html> [accessed 10 August 2017]

Slackman, Michael, 'A Poet Whose Political Incorrectness Is a Crime', *New York Times*, 13 May 2006, section Africa <https://www.nytimes.com/2006/05/13/world/africa/13negm.html> [accessed 5 June 2017]

Slater, Matt, 'Goodhew Demands Hi-Tech Suit Ban', BBC, 20 January 2009, section Sport <http://news.bbc.co.uk/sport1/hi/olympic_games/7900443.stm> [accessed 5 January 2018]

Slonim, A. R., *Effects of Minimal Personal Hygiene and Related Procedures During Prolonged Confinement* (Wright-Patterson Air Force Base, Ohio: Aerospace Medical Research Laboratories, October 1966)

Smith, John H., 'Notice', *Daily Constitutionalist*, 9 March 1847, p. 3

Snow, Dan, 'New Evidence of Viking Life in America?', BBC News, 1 April 2016, section Magazine <http://www.bbc.co.uk/news/magazine-35935725> [accessed 18 October 2017]

'Soap-Tax, The', *The Spectator*, 27 April 1833, p. 14

Soffer, O., Adovasio, J. M., and Hyland, D. C., 'The "Venus" Figurines', *Current Anthropology*, 41 (2000), 511–37 <https://doi.org/10.1086/317381>

'Space Age Swimsuit Reduces Drag, Breaks Records', NASA Spinoff, 2008 <https://spinoff.nasa.gov/Spinoff2008/ch_4.html> [accessed 4 January 2018]

Spivack, Emily, 'Paint-on Hosiery During the War Years', *Smithsonian*, 10 September 2012 <https://www.smithsonianmag.com/arts-culture/paint-on-hosiery-during-the-war-years-29864389/> [accessed 8 April 2018]

——, 'Wartime Rationing and Nylon Riots', *Smithsonian* <https://www.smithsonianmag.com/arts-culture/stocking-series-part-1-wartime-rationing-and-nylon-riots-25391066/> [accessed 8 April 2018]

St Clair, Kassia, *The Secret Lives of Colour* (London: John Murray, 2016)

Statutes of the Realm. Printed by Command of His Majesty King George the Third in Pursuance of an Address of The House of Commons of Great Britain, The (London: Dawsons of Pall Mall, 1963), I

Stein, Aurel, 'Central-Asian Relics of China's Ancient Silk Trade', *T'oung Pao*, 20 (1920), 130–41

——, 'Explorations in Central Asia, 1906–8', *The Geographical Journal*, 34 (1909), 241–64 <https://doi.org/10.2307/1777141>

Stein, Eliot, 'Byssus, or Sea Silk, Is One of the Most Coveted Materials in the World', *BBC Magazine*, 6 September 2017 <www.bbc.com/travel/story/20170906-the-last-surviving-sea-silk-seamstress>

Steyger, Greg, Global Category Manager, Arena, telephone interview with author, 2018

Strauss, Mark, 'Discovery Could Rewrite History of Vikings in New World', *National Geographic News*, 2016 <http://news.nationalgeographic.com/2016/03/160331-viking-discovery-north-america-canada-archaeology/> [accessed 18 October 2017]

Stubbes, Philip, *Anatomy of Abuses in England in Shakespeare's Youth* (London: New Shakespeare Society, 1879)

Suetonius, *The Lives of the Caesars*, trans. by John Carew Rolfe, 2 vols (London: Loeb Classical Library, 1959)

'Sulphur and Heart Disease', *The British Medical Journal*, 4 (1968), 405–6

'Summary Abstracts of the Rewards Bestowed by the Society, From the Institution in 1754, to 1782, Inclusive, with Observations on the Effects of Those Rewards, Arranged under the Several Classes of Agriculture, Chemistry, Colonies & Trade, Manufactures, Mechanicks, Polite Arts, and Miscellaneous Articles', *Transactions of the Society, Instituted at London, for the Encouragement of Arts, Manufactures, and Commerce*, 1 (1783), 1–62

'Swimming World Records in Rome', BBC, 3 August 2009, section Sport <http://news.bbc.co.uk/sport1/hi/other_sports/swimming/8176121.stm> [accessed 4 January 2018]

T

Tabuchi, Hiroko, 'How Far Can a Trend Stretch?', *New York Times*, 26 March 2016, section Business Day, p. B1

Tacitus, 'Germania', *Medieval Sourcebooks* <https://sourcebooks.fordham.edu/source/tacitus1.html> [accessed 31 October 2017]

Taylor, Kate, 'Stolen Egyptian Statue Is Found in Garbage', *New York Times*, 17 February 2011 <http://www.nytimes.com/2011/02/17/arts/design/17arts-STOLENEGYPTI_BRF.html> [accessed 7 June 2017]

Terrell, W. M., 'Letter from Dr Terrell', *Southern Watchman* (Athens, Georgia, 18 January 1855), p. 2

Thatcher, Oliver J. (ed.), *The Library of Original Sources* (Milwaukee: University Research Extension Co., 1907), 1: The Ancient World <http://sourcebooks.fordham.edu/ancient/hymn-nile.asp> [accessed 5 June 2017]

'This Is Nike's First Flyknit Apparel Innovation', Nike News <https://news.nike.com/news/nike-flyknit-sports-bra> [accessed 9 January 2018]

Thomas, Hugh, *The Slave Trade: The History of the Atlantic Slave Trade 1440–1870* (London: Phoenix, 2006)

Tillotson, Jason, 'Eight Years Later, the Super Suit Era Still Plagues the Record Books', *Swimming World*, 2018 <https://www.swimmingworldmagazine.com/news/eight-years-later-the-super-suit-era-still-plagues-the-record-books/> [accessed 10 January 2018]

Tocqueville, Alexis de, *Alexis de Tocqueville on Democracy, Revolution, and Society*, ed. by John Stone and Stephen Mennell (Chicago: The University of Chicago Press, 1980)

'Tombs of Meketre and Wah, Thebes', The Metropolitan Museum of Art <http://www.metmuseum.org/met-around-the-world/?page=10157> [accessed 5 June 2017]

Toups, Melissa A., Kitchen, Andrew, Light, Jessica E., and Reed, David L., 'Origin of Clothing Lice Indicates Early Clothing Use by Anatomically Modern Humans in Africa', *Molecular Biology and Evolution*, 28 (2011), 29–32 <https://doi.org/10.1093/molbev/msq234>

Tucker, Ross, 'It's Time to Ban Hi-Tech Shoes', *Times Live*, 2017 <https://www.timeslive.co.za/sport/2017-11-27-its-time-to-ban-hi-tech-shoes/> [accessed 17 December 2017]

V

Vainker, Shelagh, *Chinese Silk: A Cultural History* (London: The British Museum Press, 2004)

van Gogh, Vincent, '649: Letter to Emile Bernard, Arles', 29 July 1888, Van Gogh Letters <http://vangoghletters.org/vg/letters/let649/letter.html> [accessed 13 July 2017]

Vecsey, George, 'U.S. Wins Final with Penalty Kicks', *New York Times*, 11 July 1999, section Sport, pp. 1, 6

Vedeler, Marianne, *Silk for the Vikings*, Ancient Textiles Series, 15 (Oxford: Oxbow Books, 2014)

Venable, Shannon L., *Gold: A Cultural Encyclopedia* (Santa Barbara: ABC-Clio, 2011)

Vickery, Amanda, *Behind Closed Doors: At Home in Georgian England* (Yale: Yale University Press, 2009)

——, 'His and Hers: Gender Consumption and Household Accounting in Eighteenth-Century England', *Past & Present*, 1 (2006), 12–38

Vigliani, Enrico C., 'Carbon Disulphide Poisoning in Viscose Rayon Factories', *British Journal of Industrial Medicine*, 11 (1954), 235–44

'Viking Ship Is Here, The', *New York Times* (New York, 14 June 1893), p. 1

'Viking Ship Sails, The', *New York Times*, (New York, 2 May 1893), p. 11

Vogt, Yngve, 'Norwegian Vikings Purchased Silk from Persia', *Apollon*, 2013 <https://www.apollon.uio.no/english/vikings.html> [accessed 31 July 2017]

Vollrath, Fritz, 'Follow-up Queries', 14 February 2017

——, 'The Complexity of Silk under the Spotlight of Synthetic Biology', *Biochemical Society Transactions*, 44 (2016), 1151–7 <https://doi.org/10.1042/BST20160058>

Vollrath, Fritz, and Selden, Paul, 'The Role of Behavior in the Evolution of Spiders, Silks, and Webs', *Annual Review of Ecology, Evolution, and Systematics*, 38 (2007), 819–46

Vollrath, Fritz, Zoology Professor, University of Oxford, Skype interview with author, February 2017

W

Wade, Nicholas, 'Why Humans and Their Fur Parted Ways', *New York Times*, 19 August 2003, section News, p. F1

Walker, Annabel, *Aurel Stein: Pioneer of the Silk Road* (London: John Murray, 1995)

Walmsley, Roy, *World Prison Population List, Eleventh Edition* (Institute for Criminal Policy Research, October 2015)

Walton Rogers, Penelope, *Textile Production at 16–22 Coppergate*, The Archaeology of York: The Small Finds (York: Council for British Archaeology, 1997), xvii

Wardle, Patricia, 'Seventeenth-Century Black Silk

Lace in the Rijksmuseum', *Bulletin van Het Rijksmuseum*, 33 (1985), 207–25

Wayland Barber, Elizabeth, *Prehistoric Textiles: The Development of Cloth in the Neolithic and Bronze Ages* (Princeton: Princeton University Press, 1991)

——, *Women's Work: The First 20,000 Years. Women, Cloth, and Society in Early Times* (New York: W. W. Norton, 1995)

Weber, Caroline, ' "Jeans: A Cultural History of an American Icon", by James Sullivan – *New York Times* Book Review', *New York Times*, 20 August 2006, section Sunday Book Review, p. 77

Werness, Hope B., *The Continuum Encyclopedia of Native Art: Worldview, Symbolism & Culture in Africa, Oceania & Native North America* (New York: Continuum International, 2000)

'What Is a Spacesuit', NASA, 2014 <https://www.nasa.gov/audience/forstudents/5-8/features/nasa-knows/what-is-a-spacesuit-58.html>

'What Lies Beneath?', *The Economist*, 8 August 2015 <https://www.economist.com/news/books-and-arts/21660503-tantalising-clue-location-long-sought-pharaonic-tomb-what-lies-beneath> [accessed 13 May 2018]

What to Wear in Antarctica?, Scott Expedition <https://www.youtube.com/watch?v=KF2WXlS1WvA&index=5&list=PLUAuh5Ht8DS266bwmWJZ5isWPhSEbsP-U>

Wheelock, Arthur K., *Vermeer: The Complete Works* (New York: Harry N. Abrams, 1997)

'When the Gokstad Ship Was Found', UiO: Museum of Cultural History, 2016 <http://www.khm.uio.no/english/visit-us/viking-ship-museum/exhibitions/gokstad/1-gokstadfound.html> [accessed 27 October 2017]

White, Shane, and White, Graham, 'Slave Clothing and African-American Culture in the Eighteenth and Nineteenth Centuries', *Past & Present*, 1995, 149–86

'Why Do Swimmers Break More Records than Runners?', BBC News, 13 August 2016, section Magazine <http://www.bbc.co.uk/news/magazine-37064144> [accessed 10 January 2018]

Widmaier, Dan, 'Spider Silk: How We Cracked One of Nature's Toughest Puzzles', *Medium*, 2015 <https://medium.com/@dwidmaier/spider-silk-how-we-cracked-one-of-nature-s-toughest-puzzles-f54aded14db3> [accessed 6 December 2016]

Widmaier, Dan, Co-Founder and CEO of Bolt Threads, phone call with author on 17 February 2017

Wigmore, Tim, 'Sport's Gender Pay Gap: Why Are Women Still Paid Less than Men?', *New Statesman*, 5 August 2016 <https://www.newstatesman.com/politics/sport/2016/08/sport-s-gender-pay-gap-why-are-women-still-paid-less-men> [accessed 11 January 2018]

Wilder, Shawn M., Rypstra, Ann L., and Elgar, Mark A., 'The Importance of Ecological and Phylogenetic Conditions for the Occurrence and Frequency of Sexual Cannibalism', *Annual Review of Ecology, Evolution, and Systematics*, 40 (2009), 21–39

William of Newburgh, *History*, v <https://sourcebooks.fordham.edu/basis/williamofnewburgh-five.asp> [accessed 19 May 2017]

——, *History*, IV <http://sourcebooks.fordham.edu/halsall/basis/williamofnewburgh-four.asp#7> [accessed 4 May 2017]

William of St Thierry, 'A Description of Clairvaux, C. 1143' <https://sourcebooks.fordham.edu/Halsall/source/1143clairvaux.asp> [accessed 19 May 2017]

Williams, Wythe, 'Miss Norelius and Borg Set World's Records in Winning Olympic Swimming Titles', *New York Times*, 7 August 1928, p. 15

Williamson, George C., *Lady Anne Clifford, Countess of Dorset, Pembroke & Montgomery 1590–1676. Her Life, Letters and Work* (Kendal: Titus Wilson & Son, 1922)

Wilson, Eric, 'Swimsuit for the Olympics Is a New Skin for the Big Dip', *New York Times*, 13 February 2008, section Sports, p. D4

Wolfe, Tom, 'Funky Chic', *Rolling Stone*, 3 January 1974, pp. 37–9

Wood, Diana, *Medieval Economic Thought* (Cambridge: Cambridge University Press, 2002)

Woolf, Jake, 'The Original Nike Flyknit Is Back In Its Best Colorway', *GQ*, 2017 <https://www.gq.com/story/nike-flyknit-trainer-white-rerelease-information> [accessed 9 January 2018]

'Woollen Sailcloth', Viking Ship Museum <http://www.vikingeskibsmuseet.dk/en/professions/boatyard/experimental-archaeological-research/maritime-crafts/maritime-technology/woollen-sailcloth/> [accessed 12 October 2017]

X

Xinru, Liu, 'Silks and Religions in Eurasia, C. A.D.

600–1200', *Journal of World History*, 6 (1995), 25–48

Y

Yin, Steph, 'People Have Been Dyeing Fabric Indigo Blue for 6,000 Years', *New York Times*, 20 September 2016, section Science, p. D2

Young, Amanda, *Spacesuits: The Smithsonian National Air and Space Museum Collection* (Brooklyn: Powerhouse, 2009)

Young, David C., *A Brief History of the Olympic Games* (Malden: Blackwell, 2004)

Yu, Ying-shih, *Trade and Expansion in Han China: A Study in the Structure of Sino-Barbarian*

Economic Relations (Berkeley: University of California, 1967)

Z

Zhang, Peter, and Jie, Chen, 'Court Ladies Preparing Newly Woven Silk', 25 October 2015 <http://www.shanghaidaily.com/sunday/now-and-then/Court-Ladies-Preparing-Newly-Woven-Silk/shdaily.shtml> [accessed 4 August 2017]

Zinn, Howard, 'The Real Christopher Columbus', *Jacobin Magazine*, 2014 <http://jacobinmag.com/2014/10/the-real-christopher-columbus/> [accessed 26 November 2017]

注释

序章

1 Wayland Barber, *Prehistoric Textiles*, p. 4.

2 Muldrew, 498–526; Hobsbawm, p. 34; Riello and Parthasarathi, *The Spinning World*, pp. 1–2.

3 Quoted in, Levey, *Lace: A History*, p. 12; A. Hume, 'Spinning and Weaving: Their Influence on Popular Language and Literature', *Ulster Journal of Archaeology*, 5 (1857), 93–110 (p. 102); J.G.N., 'Memoir of Henry, the Last Fitz-Alan Earl of Arundel', *The Gentleman's Magazine*, December 1833, p. 213 <https://babel.hathitrust.org/cgi/pt?id=mdp.39015027525602;view=1up;seq=25>.

4 Wayland Barber, *Prehistoric Textiles*, p. 43; Keith, p. 500; Wayland Barber, *Women's Work*, pp. 33–5.

5 关于纺织及其工具的绝佳讨论，我推荐Wayland Barber, *Women's Work*, pp. 34–7; Albers, pp. 1–2.

6 Ryder, 'The Origin of Spinning', p. 76; Keith, pp. 501–2.

7 Wayland Barber, *Prehistoric Textiles*, p. xxii.

8 Dougherty, p. B4.

9 Dwyer, p. A19.

10 Handley.

11 'Summary Abstracts of the Rewards Bestowed by the Society,' p. 33; Petty, p. 260.

12 'Leeds Woollen Workers Petition'.

13 Wayland Barber, *Prehistoric Textiles*, p. 102.

14 Homer, p. 13.

15 Vainker, p. 32; Pantelia; Kautalya, p. 303.

16 Freud, p. 132.

17 Quoted in Wayland Barber, *Prehistoric Textiles*, p. 287.

18 Vickery, 'His and Hers', pp. 26–7.

19 Muldrew, pp. 507–8.

20 Kautalya, p. 303; Levey, pp. 17, 26.

21 'Most Bangladeshi Garment Workers Are Women'; Bajaj, p. A4.

411

1　洞中纤维

1 Bar-Yosef et al., p. 335; Hirst.

2 Bar-Yosef et al., pp. 331, 338–40; Hirst.

3 Balter, p. 1329; Lavoie; Hirst.

4 Kvavadze et al., p. 1359.

5 Hirst; Kvavadze et al., p. 1359.

6 Wayland Barber, quoted in Richard Harris.

7 有证据表明，我们的身体可以习惯，甚至经过长期的演化，可以适应持续的低温。例如，澳大利亚的原住民生于南部较冷的地区，进化出与我们不大一样的身体比例，以减少热量流失。但即使这种演化带来的保护也是不够的。Frankopan, pp. 48–9.

8 Gilligan, pp. 21–2; *An Individual's Guide to Climatic Injury.*

9 两位作者认为，女性承受更大的选择压力，因此她们的体毛更少。他们还推测我们保留了阴毛，是因为它有助于费洛蒙的传递，是吸引异性之物。Pagel and Bodmer, ; Wade, p. F1.

10 Kittler et al.

11 Gilligan, p. 23.

12 证据表明人类至少在80万年前就会使用火了。Gilligan, pp. 17, 32–7; Toups et al.

13 人们认为蓝花亚麻产出的纤维是最好的。 Kemp and Vogelsang-Eastwood, p. 25; Lavoie. 已知最早的亚麻种植发生于公元前5000年左右，在今伊拉克境内。Wayland Barber, *Prehistoric Textiles* pp. 11–12.

14 其他的韧皮纤维使用前也要经历类似的处理过程。

15 Wayland Barber, *Prehistoric Textiles*, p. 13; Kemp and Vogelsang-Eastwood, p. 25.

16 William F. Leggett, p. 4.

17 Wayland Barber, *Prehistoric Textiles*, p. 41.

18 Ibid., p. 3.

19 Keith, p. 508; Wayland Barber, *Prehistoric Textiles*, p. 43.

20 Wayland Barber, *Prehistoric Textiles*, p. 83.

21 Kuzmin et al., pp. 332, 327–8; Wayland Barber, *Prehistoric Textiles*, p. 93.

22 Gilligan, pp. 48–9, 53–4.

23 Wayland Barber, *Prehistoric Textiles*, p. 3.

24 Lavoie; Soffer et al., pp. 512–13; Wayland Barber, *Prehistoric Textiles*, p. 10; Helbaek, p. 46; William Leggett, pp. 11–12.

25 Wayland Barber, *Prehistoric Textiles*, p. 40.

26 Barras.

27 Fowler; Wayland Barber, *Prehistoric Textiles*, p. 11; Helbaek, pp. 40–1.

28 Helbaek, pp. 41, 44.

2 亡者的裹尸布

1 至少卡特在自己后来讲述发现的书是这样写的。他的挖掘笔记记录了对卡纳冯更为简短的回答："是的，很了不起。" Carter and Mace, *The Tomb of Tut-Ankh-Amen*, I, pp. 94–6.

2 有人认为这座墓穴中还有更多的秘密。2015年，另一位英国考古学家尼古拉斯·里弗斯声明自己认为仍有两个门洞藏在图坦卡蒙墓室北边和西边的墙后，其中一个可能通往储藏室，另一个则可能通往另一个更为辉煌的墓室，即奈费尔提蒂王后的墓室。虽然获得这一发现的念头十分让人振奋，但留一些保守的怀疑空间或许更好些。'What Lies Beneath?'; Litherland.

3 卡特不止一次抱怨箱子"一团糟的状态"，以及其中物品"不协调而怪异地放在一起"。Carter and Mace, *The Tomb of Tut-Ankh-Amen*, I, pp. 170–2.

4 Reeves, p. 3

5 Carter and Mace, 'Excavation Journals and Diaries', 28 October 1925; Carter and Mace, *The Tomb of Tut-Ankh-Amen*, II, p. 107.

6 Carter and Mace, *The Tomb of Tut-Ankh-Amen*, II, pp. 107–9.

7 在可能获得的发现物的排序中，亚麻布远逊于莎草纸。有人这么写信告诉我："所有的考古学家都巴不得"能发现财宝，"尤其是跟阿玛纳这段有争议的时期的古物……而有些人更想找到莎草纸而非财宝"。Litherland.

8 Carter and Mace, *The Tomb of Tut-Ankh-Amen*, II, pp. 107–9, 51; Ibid., I, p. viii; Riggs, *Unwrapping Ancient Egypt*, pp. 30–1.

9 Riggs, *Unwrapping Ancient Egypt*, pp. 31, 117; Clark, p. 24.

10 Lucas and Harris, p. 140; Kemp and Vogelsang-Eastwood, p. 25.

11 Herodotus, II; Riggs, *Unwrapping Ancient Egypt*, p. 114.

12 若是再过一段时间，等茎秆变黄再拔起，纤维会更强韧，适合做工装服；完全成熟的茎秆中的韧皮纤维则用来制作毯子、线或绳索。

13 Bard, p. 123.; Kemp and Vogelsang-Eastwood, p. 27.

14 Kemp and Vogelsang-Eastwood, pp. 25, 29.

15 Thatcher, pp. 79–83; Ahmed Fouad Negm's poem is called 'The Nile is Thirsty' and was translated by Walaa Quisay. Slackman.

16 'Tombs of Meketre and Wah'.

17 Riggs, *Unwrapping Ancient Egypt*, p. 115; Lucas and Harris, p. 141; Clark, pp. 24–6; Kemp and Vogelsang-Eastwood, p. 70.

18 埃及亚麻布的另一个特别之处在于，大多数面料是用两根合股线，而非纺成的单股线织成的。例如，在阿玛纳工匠村的工人村遗址发现的来自公元前2世纪的几千种织物碎片中，几乎80%是两股线的。Lucas and Harris, p. 141; Riggs, *Unwrapping Ancient Egypt*, p. 116; Kemp and Vogelsang-Eastwood, pp. 3, 5, 87.

19 Kemp and Vogelsang-Eastwood, p. 29; Bard, pp. 843, 208; William F. Leggett, p. 14; Riggs, *Unwrapping Ancient Egypt*, p. 111.

20 Kemp and Vogelsang-Eastwood, pp. 34, 25–6.

21 Riggs, *Unwrapping Ancient Egypt*, p. 20; Clark, pp. 24–5.

22 Herodotus, II, p. 37; William F. Leggett, p. 27;

Riggs, *Unwrapping Ancient Egypt*, p. 117; Plutarch, p. 13.

23 Halime; Taylor.

24 Carter and Mace, *The Tomb of Tut-Ankh-Amen*, I, fig. xxxvia; Riggs, *Unwrapping Ancient Egypt*, pp. 3–11.

25 这位女士很难追寻，因为学者们最初称她为桑贝提斯（Senbtes）。多亏了大都会博物馆的埃及学家奈福·阿伦解开了我的疑惑。

26 'A Lady of the Twelfth Dynasty', pp. 104, 106; Mace and Winlock, pp. 18–20, 119.

27 Murray, p. 67; Riggs, *Unwrapping Ancient Egypt*, pp. 119, 121.

28 Granville, p. 272; Lucas and Harris, p. 270; William F. Leggett, p. 24; Riggs, 'Beautiful Burials, Beautiful Skulls', p. 255.

29 Herodotus, II, v. 86; Riggs, *Unwrapping Ancient Egypt*, pp. 77, 79.

30 Riggs, Ibid., pp. 78–80, 122; Eaton-Krauss.

31 Riggs, Ibid., p. 45.

32 Pierre Loti, *Le Mort de Philae*, quoted in Moshenska, p. 451; Pierre Loti, *Le Mort de Philae*, quoted in Riggs, *Unwrapping Ancient Egypt*, pp. 61, 45.

33 Pain; Moshenska, p. 457.

34 Granville, p. 271.

35 Ibid., pp. 274–5, 298, 277; Moshenska, p. 457; Sample.

36 Granville, p. 304; Pain.

37 Robson; Riggs, *Unwrapping Ancient Egypt*, pp. 80, 85.

38 Herodotus, I; Granville, p. 271; Maspero; Carter and Mace, *The Tomb of Tut-Ankh-Amen*, II, p. 51.

39 Maspero, p. 766; Granville, p. 280; Pain; Sample.

40 Riggs, *Unwrapping Ancient Egypt*, p. 85.

41 肢解木乃伊在古物出土过程中并不罕见。事实上，以当时的标准，卡特已经很努力了，至少他把遗体重新拼凑后才放进棺材：直到1960年代，多数挖掘行为的标准还是只留下长骨和头骨，其他的部分都扔掉。

42 Carter and Mace, *The Tomb of Tut-Ank-Amen*, I, p. vii; Carter and Mace, 'Excavation Journals and Diaries', 18 November 1925; Harrison and Abdalla, p. 9; Shaer, pp. 30–9.

3 礼物和马匹

1 Hinton, *Classical Chinese Poetry*, p. 107.

2 Hinton, *Classical Chinese Poetry*, pp. 105, 108; Hinton, 'Su Hui's Star Gauge'.

3 Hinton, *Classical Chinese Poetry*, p. 105.

4 Ibid., p. 108.

5 据传说，黄帝的统治时期是公元前2697年到前2598年。

6 Feltwell, p. 37.

7 P. Hao, 'Sericulture and Silk Weaving from Antiquity to the Zhou Dynasty', in Kuhn and Feng, p. 68; Feltwell, pp. 37, 39.

8 Vainker, p. 16; Feltwell, p. 42.

9 Feltwell, p. 51; P. Hao, in Kuhn and Feng, pp. 73, 68.

10 Vainker, p. 16; Feltwell, pp. 47–8, 40–2, 44.

11 Vainker, pp. 16–17. P. Hao, in Kuhn and Feng, p. 73.

12 Zhang and Jie; Blanchard, pp. 111, 113.

13 P. Hao, in Kuhn and Feng, pp. 71–2; Good; Gong et al., p. 1.

14 Vainker, pp. 20, 24–5.

15 'Earliest Silk'; G. Lai, 'Colours and Colour Symbolism in Early Chinese Ritual Art', in

Dusenbury, p. 36; Kuhn, in Kuhn and Feng, p. 4; Xinru, pp. 31–2.

16 Ssu-Ma Ch'ien, *Records of the Grand Historian of China*, trans. by Burton Watson, 2nd edn (New York: Columbia University Press, 1962), p. 14; Xinru, p. 30.

17 Kuhn, in Kuhn and Feng, pp. 5–6; P. Hao, in Kuhn and Feng, p. 68; Vainker, pp. 6, 8, 11.

18 Confucius, quoted in Dusenbury, p. 38; J. Wyatt, in Kuhn and Feng, p. xv; Feng, 'Silks in the Sui, Tang and Five Dynasties', in Kuhn and Feng, p. 206; Kuhn, 'Reading the Magnificence of Ancient and Medieval Chinese Silks', in Kuhn and Feng, p. 4.

19 Kassia St Clair, *The Secret Lives of Colour* (London: John Murray, 2016), p. 85; Kuhn, in Kuhn and Feng, pp. 17, 23; Vainker, p. 46.

20 Lu, p. 420; Kuhn, in Kuhn and Feng, pp. 15, 10, 12; C. Juanjuan and H. Nengfu, 'Silk Fabrics of the Ming Dynasty', in Kuhn and Feng, p. 370.

21 Kuhn, in Kuhn and Feng, p. 19; P. Hao, in Kuhn and Feng, p. 82.

22 P. Hao, in Kuhn and Feng, p. 75; Kuhn, in Kuhn and Feng, pp. 10, 14–15; Stein, 'Central-Asian Relics of China's Ancient Silk Trade', pp. 130–1.

23 Quoted in Ssu-Ma Ch'ien, p. 155.

24 Yu, pp. 41–2.

25 McLaughlin, p. 85; Ssu-Ma Ch'ien, op. cit., p. 169.

26 Yu, pp. 47–8.

27 McLaughlin, p. 85; quoted in David Christian, p. 18.

28 Yu, p. 37; quoted in Ssu-Ma Ch'ien, p. 170.

29 C. Juanjuan and H. Nengfu, 'Textile Art of the Qing Dynasty', in Kuhn and Feng, pp. 468, 489.

4 丝绸建造的城市

1 Walker, pp. 93–4; Mirsky, pp. 5–6, 15.

2 Walker, pp. 94, 99–100.

3 Hastie, .

4 Mikanowski; Hastie.

5 Stein, 'Explorations in Central Asia'.

6 Mikanowski.

7 Valerie Hansen, *The Silk Road*, p. 213.

8 The phrase in its original form is: '*Die Seidenstrassen*'.

9 David Christian, p. 2; Yu, pp. 151–2; Valerie Hansen, *The Silk Road*, p. 4.

10 这一观点的详细阐释见彼得·弗兰科潘的《丝绸之路》。书中还阐述，丝绸之路的中心地带与边缘地带意义同样重大。

11 David Christian, pp. 5–6; Li Wenying, 'Sink Artistry of the Qin, Han, Wei and Jin Dynasties', in Kuhn and Feng, p. 119.

12 The Bactrian camel fancier was the author of the *History of the Northern Dynasties*, quoted in Peter Frankopan, p. 11; Valerie Hansen, *The Silk Road*, pp. 3, 50.

13 这些布的碎片在另一个人的墓里被发现。纸很珍贵，很少被毁坏。在这里，宫廷文件被回收利用，制作下葬的纸衣服。当研究者们将墓打开，将遗体上的衣服脱下时，他们将文件及真相拼凑了出来。

14 Feltwell, p. 13; 'Sogdian Ancient Letters', trans. by Nicholas Sims-Williams <https://depts.washington.edu/silkroad/texts/sogdlet.html> [accessed 10 August 2017]. Frankopan, p. 57.

15 Frankopan, pp. 115–16, 125–6.

16 Ibid., pp. 18–19; Bilefsky; Polo, pp. 223, 148.

17 McLaughlin, p. 93.

18 Vainker, p. 6; Xinru, p. 39; Frankopan, p. 11; Walker, pp. 99–100.

19 Quoted in Valerie Hansen, 'The Tribute Trade with Khotan', pp. 40–1; Liu Xinru, p. 29.

20 在其他一些国家（包括印度）生长的一些蚕类产的丝也可用来纺线，但家蚕的丝是最好操作的，并且这种蚕在公元前3300年就已被养殖。

21 Good, p. 962; Yu, p. 158.

22 L. Wenying, in Kuhn and Feng, p. 119; Feltwell, pp. 9–10.

23 Xinru, pp. 46–7, 29–30.

24 L. Wenying, 'Silk Artistry of the Northern and Southern Dynasties', in Kuhn and Feng, pp. 198, 171.

25 Kuhn, 'Reading the Magnificence of Ancient and Medieval Chinese Silks', in Kuhn and Feng, pp. 30–3, 36, 39.

26 C. Juanjuan and H. Nengfu, 'Silk Fabrics of the Ming Dynasty', in Kuhn and Feng, p. 375; quoted in Feltwell, p. 11.

27 Feltwell, pp. 146, 20, 18, 26, 150.

28 Frankopan, p. 116. Vogt.

29 Vedeler, pp. 3,7, 20, 13; Vogt.

30 特里马乔的角色在被创造出来200年后仍保持着明显的现代性。事实上，菲茨杰拉德的《了不起的盖茨比》最开始就用这一角色的名字为书名，而原型角色的特征在盖茨比的堕落和极力想要追回黛西的行为中可以窥见。Molotsky.

31 Arbiter.

32 P. Hao, in Kuhn and Feng, p. 65; Pliny the Elder, chap. 26.

33 J. Thorley, 'The Silk Trade between China and the Roman Empire at Its Height, Circa A. D. 90–130', *Greece & Rome*, 18.1 (1971), 71–80 (p. 76); Frankopan, p. 18; David Christian, p. 5; Vainker, p. 6; McLaughlin, p. 13.; J. Thorley, p. 76; Frankopan, p. 18; David Christian, p. 5.

34 Feltwell, p. 141; Yu, p. 159; McLaughlin, pp. 150, 153.

35 L. Wenying, in Kuhn and Feng, p. 119; Frankopan, p. 18.

36 Horace quoted in Arbiter. Seneca quoted in McLaughlin, p. 149.

37 Arbiter, chap. 32; Suetonius, p. 495; quoted in McLaughlin, p. 149.

38 Walker, pp. 102–3.

5　海上火龙

1 本书包含了800—1000则故事，保存下来的最早版本来自13世纪。

2 'When the Gokstad Ship Was Found'; 'A Norse-Viking Ship'

3 Hogan; Magnusson, p. 36.

4 船的龙骨是用一整块橡木刻成的。

5 Magnusson, p. 37; Correspondent, p. 4.

6 Magnusson, p. 44; quoted in Jesch, *Women in the Viking Age*, pp. 119–23.

7 Magnusson, pp. 23,40; Jesch, *Ships and Men in the Late Viking Age*, p. 160.

8 Magnusson, p. 21.

9 Ibid., p. 17; Frankopan, p. 116; Hussain; Mulder.

10 Snow; Linden.

11 'Viking Ship Sails'; 'Viking Ship Is Here'; quoted in Magnusson, p. 39.

12 Linden; Strauss.

13 Cherry and Leppard, p. 740.

14 Heyerdahl; Cherry and Leppard, pp. 743–4.

15 David Lewis, p. 55.

16 Cherry and Leppard, p. 744.

17 Johnstone, pp. 75–7.

18 Robert A. Carter, pp. 52, 55.

19 Tacitus; Sawyer, p. 76; Magnusson, p. 93.

20 Magnusson, p. 19.

21 如今费尔岛的针织毛衣全球闻名，经常出现在香奈儿等时尚品牌的秀场上。费尔岛的人口从400人降至60人，也就是说他们无法仅靠针织维持生计。他们多半只在冬天日照短的时候，从日常工作中挤出时间编毛衣。客人下单后，可能得等上三年。

22 Eamer.

23 Bender Jørgensen, p. 175; Cooke, Christiansen and Hammarlund, p. 205; Amy Lightfoot, 'From Heather-Clad Hills to the Roof of a Medieval Church: The Story of a Woollen Sail', *Norwegian Textile Letter*, ii.3 (1996), 1–8 (p. 3).

24 Lightfoot, pp. 3–4; Eamer.

25 Cooke, Christiansen and Hammarlund, p. 205; Lightfoot, pp. 3, 5; Bender Jørgensen, p. 177.

26 Cooke, Christiansen and Hammarlund, p. 203.

27 在挪威今天使用的按传统方式制造的船上，船帆约100平方米，每平方米要使用重750克至1050克的布料，而小一点的船上的帆每平方米只要300克至750克的布料。Bender Jørgensen, p. 173.

28 'Woollen Sailcloth'; Lightfoot, p. 7; Bender Jørgensen, pp. 173, 177.

29 Eamer; Cooke, Christiansen and Hammarlund, pp. 209–10.

30 Quoted in Lightfoot, p. 7.

31 Holman.

32 Quoted in Magnusson, p. 34.

33 Snow.

34 Choi.

35 Bender Jørgensen, p. 173.

6　国王的赎金

1 *Statutes of the Realm*, pp. 280–1, 380; Knighton quoted in Wood, p. 47.

2 Power, p. 15.

3 Ibid., pp. 34–5; Ryder, 'Medieval Sheep and Wool Types', p. 23; Walton Rogers, p. 1718.

4 Ryder, 'Medieval Sheep and Wool Types', p. 23.

5 Nightingale, pp. 8, 10; Walton Rogers, pp. 1715, 1829.

6 Walton Rogers, pp. 1708, 1710.

7 Ibid., p. 1713.

8 Ryder, 'Medieval Sheep and Wool Types', p. 19; quoted in Walton Rogers, pp. 1769, 1715, 1766.

9 Hurst, p. 82; Ryder, 'Medieval Sheep and Wool Types', p. 14.

10 Walton Rogers, pp. 1719–20.

11 Ibid., pp. 1827, 1731, 1736, 1741, 1753, 1759.

12 Hurst, p. 87; Walton Rogers, p. 1720; Fryde, p. 357.

13 Walton Rogers, p. 1826; Power, pp. 8–9, 15–16.

14 Hurst, p. 57; Power, pp. 59, 17, 73; Ohlgren, p. 146.

15 Ohlgren, pp. 124, 157, 176–80, 146.

16 Nightingale, pp. 22, 9; Hurst, pp. 61–2.

17 Quoted in Power, pp. 64, 73.

18 Hurst, p. 63; Nightingale, p. 10; quoted in Power, p. 74.

19 William of St Thierry; 'Cistercians in the British Isles'.

20 莫城修道院、莫尔顿女修道院和方廷斯修道院是三所重要的北部西多会修道院，他们都从事这项活动。Robin R. Mundill, 'Edward I and the Final Phase of Anglo-Jewry', in *Jews in Medieval Britain: Historical, Literary and Archaeological Perspectives*, ed. by Patricia Skinner (Martlesham: Boydell, 2012), pp. 27–8; R. B. Dobson, 'The Decline and Expulsion of the Medieval Jews of York', *Transactions & Miscellanies (Jewish Historical Society of England)*, 26 (1974), 34–52 (pp. 35, 39–40). Robin R. Mundill, 'Edward I and the Final Phase of Anglo-Jewry', in Patricia Skinner, pp. 27–8; R. B. Dobson, pp. 35, 39–40.

21 Donkin, pp. 2, 4; Jowitt Whitwell, p. 24.

22 Jowitt Whitwell, pp. 8–9.

23 Ibid., pp. 11, 30.

24 Gillingham, pp. 22, 17–19.

25 Quoted in Gillingham, p. 222.

26 这笔赎金并没有被正式称为赎金，而是被包装为理查侄女的嫁妆，因为这一协议还要求他的侄女嫁给利奥波德的一个儿子。Jowitt Whitwell, p. 1; Gillingham, p. 252.

27 Jowitt Whitwell, p. 2; Gillingham, pp. 239, 247.

28 William of Newburgh, *History*, IV, Chap. 38.

29 Newburgh, *History*, V, Chap. 1.

30 Quoted in Jowitt Whitwell, pp. 5–6.

7 钻石与拉夫领

1 Schütz, p. 236.

2 Wheelock, p. 7.

3 Ibid., p. 3; *The Lacemaker*.

4 《情书》和《写信的女人与女佣》是这一时期作品的另外两个例子。Van Gogh.

5 要注意的是，一些人认为蚌壳和木底鞋的意涵完全不同，且更为色情。令人困惑的是，这两种物件都出现在描绘堕落女人的画作中，暗示着远远不像这般纯洁的打发时间的方式。Franits, p. 109.

6 Levey, p. 1; Kraatz, p. 27.

7 Ibid., p. 6.

8 Ibid., p. 6; Kraatz, pp. 12, 14–15.

9 Wardle, p. 207; Kelly, p. 246; Will quoted in Williamson, p. 460.

10 Venable, pp. 195–96.

11 例如，1613年伊丽莎白公主的婚礼上，青年侍从穿戴的就是黄铜花边。Levey, p. 16; M. Jourdain, p. 167.

12 Stubbes, p. xxxi.

13 Kraatz, p. 22; Pepys.

14 Levey, p. 12; Kraatz, p. 22.

15 Levey, p. 2.

16 Kraatz, p. 12.

17 Levey, pp. 1–2.

18 Kraatz, p. 12.

19 事实上，英国的肥皂税一直保留到了19世纪中期，而导致的结果是肥皂黑市和走私猖獗。'The Soap-Tax'; Vickery, *Behind Closed Doors*, pp. 29–30.

20 Quoted in Appleton Standen.

21 Marshall.

22 Kraatz, pp. 45, 48.

23 Ibid., pp. 42, 45.

24 Ibid., p. 48.

25 为了给这一数字提供参照，在此说明，路易十四的宫廷画家和哥白林双面挂毯工厂的厂长夏尔·勒布伦一年的薪水是11200里弗。Kraatz, pp. 48, 50.

26 Levey, pp. 32–3.

27 Moryson, n, p. 59.

28 Kraatz, p. 52.

29 Levey, p. 9.

30 Quoted in Arnold, p. 2.

31 Carey, pp. 29–30; Philip Stubbes quoted in Levey, p. 12; Thomas Tomkins quoted in Arnold, p. 110.

32 Arnold, pp. 219–20, 223.

33 The Kenilworth inventory of 1584, quoted in Jourdain, pp. 167–68.

34 Levey, pp. 17, 24–5; Jourdain, p. 162.

35 Kraatz, pp. 39–42, 64–5.

36 Arnold, p. 2; Levey, pp. 16, 24.

37 Levey, p. 17.

38 Kraatz, p. 18.

39 Levey, pp. 26–7.

40 Ibid., pp. 9, 26.

41 Ibid., pp. 32, 17.

8 所罗门的外衣

1 Southern lady overheard by Mary Chesnut. Quoted in White and White, p. 178; Duncan.

2 'Notices'.

3 Description of Preston in Smith; quoted in Hunt-Hurst, p. 728; Description of Bonna in Booker; Prude, pp. 143, 154.

4 如果拿走新衣服还需要其他理由，那就是逃走者的衣服通常会被嗅觉灵敏、忠于职守的"黑人猎狗"闻出来。

5 Hunt-Hurst, p. 736; 'Advertisement: Dry Goods, Clothing, &c.'; 'Advertisement for Augusta Clothing Store' White and White, pp. 155–60.

6 这一规则的重要特例即前奴隶出版的回忆录，常常有他们的白人朋友或资助人写的前言，向读者保证书中内容确实是黑人自己写的。虽然有这些声明，还是有很多白人拒绝相信黑人，尤其不相信曾是奴隶的人能够写出回忆录。南部各州为了防止奴隶有此念头，特别规定了奴隶不得学习识字。Prude, pp. 127–34.

7 18世纪的奴隶贸易是最为兴旺的，而1500年至1800年间，约800万人从非洲被带到美洲，最开始主要是由西班牙人和葡萄牙人，后来则由英国人、法国人、荷兰人和丹麦人贩运。Beckert, *Empire of Cotton* p. 36.

8 Thomas, p. 62. Equiano, p. 34. White and White, p. 152.

9 Schwartz, p. 34.

10 *Niles' Weekly Register*; 'Public Sentiment'. 女性逃走的几率比男性小得多，可能是因为她们很早就听从别人的建议生了孩子，而她们不愿抛下孩子逃走或不愿让孩子遭受逃亡路上的苦难。Hunt-Hurst, p. 734.

11 Terrell.

12 White and White, p. 159; Prude, pp. 156, 146; Equiano, p. 138.

13 Quoted in White and White, p. 181; Smith.

14 Hope Franklin and Schweninger, p. 80; Jones.

15 Quoted in White and White, p. 161.

16 *North Carolina Narratives*, ed. by The Federal Writers' Project of the Works Progress Administration for the State of North Carolina, *Slave Narratives: A Folk History of Slavery in the United States* from Interviews with Former Slaves (Washington: Library of Congress, 1941), xi, p. 286.

17 White and White, pp. 164, 168; quoted in Prude, p. 143.

18 Quoted in White and White, p. 176.

19 Boopathi et al., p. 615.

20 Moulherat et al.

21 Beckert, *Empire of Cotton*, p. xiii; Romey; Yin.

22 印度至少从5世纪就开始进行手工轧棉了。

23 Beckert, *Empire of Cotton*, pp. 15–16.

24 Quoted in Riello and Parthasarathi, *The Spinning World*, p. 221.

25 Quoted in Bailey, p. 38.

26 Beckert, *Empire of Cotton*, p. 249.

27 然而，应该要记住，即使在工业革命的最高峰，英国的商业布料生产在全球范围仍是无足轻重的。1800年，中国的纺织业者生产的棉布量是英国同行的420倍。

28 Beckert, 'Empire of Cotton', Beckert, *Empire of Cotton* pp. 65–7, 80.

29 多年后，他无意间促进了美国的反抗：是他建议财政大臣查尔斯·汤森德实行激怒了美国人的征税。Thomas, pp. 285–6, 249, 282.

30 Tocqueville, p. 306.

31 Beckert, *Empire of Cotton*, pp. 15, 45.

32 Hammond.

33 在1856年给儿子的信中，他谈及了这些关系。他建议儿子，在自己死后这两个女人及她们给他生的孩子仍为"家中的"奴隶，他认为这种安排"是她们在世上最幸福的生活了。我不能给这些人自由，让他们去北方，这对他们太残忍了"。Bleser, pp. 286, 19; Rosellen Brown, 'Monster of All He Surveyed', p. 22. Hammond.

34 Bailey, p. 40.

35 Beckert, *Empire of Cotton*, pp. 9, 8; quoted in Zinn.

36 Berkin et al., I, p. 259. Bailey, p. 35.

37 Beckert, *Empire of Cotton*, pp. 102–3; Bailey, p. 38.

38 Cloud, p. 11.

39 Brindell Fradin, pp. 12–14; *Slave Life in Georgia: A Narrative of the Life, Sufferings and Escape of John Brown, A Fugitive Slave, Now in England*, ed. by L. A. Chamerovzow (London: The British and Foreign Anti-Slavery Society, 1855), p. 11.

40 Chamerovzow, pp. 13, 15, 19, 28–30, 171.

41 Ibid., p. 129.

42 Randall Miller, pp. 471, 473.

43 这就是"加拿大礼服"这一词语的发源，这个词用来形容用丹宁布制作的整套服装。

44 Branscomb; DeLeon.

45 Miller and Woodward, pp. 1, 6; Birkeboek Olesen, p. 70.

46 Lynn Downey, *A Short History of Denim* (Levi Strauss & Co, 2014), pp. 5–7 <http://www.levistrauss.com/wp-content/uploads/2014/01/A-Short-History-of-Denim2.pdf>; Davis, quoted in Stephanie Hegarty, 'How Jeans Conquered the World', *BBC News*, 28 February 2012, section Magazine <http://www.bbc.co.uk/news/magazine-17101768> [accessed 23 March 2018].

47 Downey, pp. 2–4; Weber; Hegarty.

48 Quoted in Downey, p. 11.

49 Wolfe, p. 37.

50 Espen.

51 Farchy and Meyer.

52 Benns; Walmsley; 'Prison Labour Is a Billion-Dollar Industry'. Brown Jones. *Cotton and the Environment*, p. 1; Siegle.

9　绝境中的服装

1这个书名听起来有点耸人听闻，但其实挺真诚的：阿普斯利·彻里-加勒德本打算取名为"去地狱：与斯科特为伴"。

2Scott, pp. 375–6.

3James Cook.

4Quoted in Cherry-Garrard, pp. xxxiv–xxxv. Scott, pp. 230, 283, 129, 260.

5灯芯绒能满足这方面的需求。它通常是棉质的，成品面料上排列着平行的绒条。这种面料很耐穿，通常用来制造工装，并且可以保暖，因上面的绒条可以锁住空气。(p. 122).

6"这种材料完全满足我们的要求，我很感谢您在细节上下的功夫。"'McKenzie's Unshrinkable Mittens'.

7'Clothing: Changing Styles and Methods'.

8华达呢也应用于英国军队的服装制作。"华达呢猪猡"在二战期间成为贬义词，用来指那些远离前线，安全地待在办公室里的人。

9Havenith, p. 122; 'Clothing: Changing Styles and Methods'; Hoyland, pp. 244–5; Rodriguez McRobbie; Parsons and Rose, p. 54.

10他们本试图使用机动雪橇、马车、狗拉雪橇和人拽雪橇结合的行进方式。然而机动雪橇几乎立刻就坏了；马难以适应寒冷的环境，于较早前被射杀了；狗在恶劣的环境中也十分痛苦，于是不

得不送回去。阿普斯利·彻里-加勒德认为狗不可能爬过比尔德莫尔冰川，但英国人同时还是缺少经验的驯狗人和业余的滑雪者，这就意味着他们更难跟狗步调一致。

11Quoted in Alexander, pp. 19–20; 'Journey to the South Pole'; Wilson, quoted in 'Clothing: Changing Styles and Methods'.

12Nuwer.

13Conrad Anker and David Roberts, 'The Same Joys and Sorrows', in Gillman, pp. 206–7.

14Simonson, Hemmleb and Johnson.

15Odell.

16Ibid., p. 458.

17Sawer.

18Mark Brown.

19雪崩也掩埋了马洛里。他发现自己"以仰泳的姿势"奋力穿过奔泻而下的雪。'Climbing Mount Everest Is Work for Supermen'.

20Norton, p. 453.

21Ibid., p. 453.

22Mallory quoted in Gillman, p. 23; Krakauer, pp. 152, 154–5.

23Parsons and Rose, p. 190; Mallory quoted in Gillman, p. 44.

24然而，在他身上找到的笔记显示，他可能改变了主意，最终决定带上全副氧气装备。'Climbing Mount Everest Is Work for Supermen'; Gillman, pp. 22, 44–5, 48.

25Hoyland, p. 246; Odell, p. 461.

26Imray and Oakley, p. 218. 'Clothing: What Happens When Clothing Fails'.

27Mallory quoted in Gillman, p. 23; Larsen.

28 Cherry-Garrard, pp. 243–4.

29 Hillary, p. 26; quoted in 'Clothing: Changing Styles and Methods'.

30 Scott, p. 259; Cherry-Garrard, p. 301.

31 Cherry-Garrard, p. 250.

32 Hoyland, p. 245.

33 英国探险家雷纳夫·费因斯爵士花费了超过4000英镑来购买一块斯科特在探险旅途中携带的亨特利-帕尔默硬饼干。这些饼干是为那次探险专门发明的：它们比一般的饼干更轻，以最轻的质量提供最高的能量。他购买的这一块——已经碎了——是由发现斯科特死于帐篷的那支营救队找到的。Owen; Havenith, p. 126.

34 Imray and Oakley, p. 219.

35 Parsons and Rose, pp. 187–9.

36 Scott, p. 125.

37 Ibid., p. 411.

38 Douglas. K. S. C.

39 希拉里登顶时穿着新西兰品牌Fairydown制作的羽绒套装，并且他和丹增·诺盖都睡在这个品牌的睡袋中。虽然他承认在最高的营地——28000英尺高——他们"冻得发抖"，但他们都成功活了下来。Fairydown在2003年更名为Zone，因为他们发现原来的名字"对海外市场来说太敏感"。Paul Chapman, 'Brand Name That Took Hillary to the Top Goes Back in the Closet', *Daily Telegraph*, 17 September 2003, section World News <http://www.telegraph.co.uk/news/worldnews/australiaandthepacific/newzealand/1441788/Brand-name-that-took-Hillary-to-the-top-goes-back-in-the-closet.html> [accessed 11 June 2017].

40 Laskow.

41 Larsen.

42 Owen.

43 Parsons and Rose, pp. 257, 178; Hoyland quoted in Ainley.

44 Larsen.

45 这支探险队和他们拍摄的照片一直令登山圈的人感觉极为厌恶和不适。

46 Chapman, 'Who Really Was First to Climb Mount Everest?'; Hoyland, p. 244; Alexander, p. 18; Scott, p. 260.

10　工厂工人

1 Humbert, p. 45.

2 Ibid., pp. 46–7.

3 Ibid., p. 117.

4 Ibid., pp. 116, 150.

5 人造丝现在有时被归类为"半合成"纤维，以区别于尼龙、聚酯纤维等从石油中提炼出的纤维。我在这里将其归类为合成纤维。

6 玻璃纸是以完全相同的方式制成的，只不过液体要从非常细的狭缝而不是喷嘴中挤出。同样的黏稠纤维素溶液还能用来制作海绵。

7 Blanc, p. 42.

8 Mendeleev quoted in Blanc, p. 27; 'Artificial Silk'.

9 'Artificial Silk Manufacture'.

10 Blanc, p. viii, 44, 57–8.

11 Lee Blaszczyk, p. 486.

12 Spivack, 'Paint-on Hosiery During the War Years'.

13 'Plans Discussed to Convert Silk'; Associated Press, 'DuPont Releases Nylon'; Spivack, 'Wartime Rationing and Nylon Riots'.

14 Blanc, p. 123; Morris.

15 聚酯纤维最初被称为涤纶，于1946年由英国发明。杜邦购买了专利，到1953年，他们已经在南加州开设了专门生产这种纤维的工厂。Blanc, p. 167.

16 Lee Blaszczyk, pp. 487, 490, 496; 'Advertisement: Courtauld's Crape Is Waterproof', *Illustrated London News*, 20 November 1897, p. 737.

17 Lee Blaszczyk, pp. 496, 508–9; Spivack, 'Stocking Series, Part 1'.

18 Morris.

19 Lee Blaszczyk, p. 514.

20 'New Fibres Spur Textile Selling'.

21 莫代尔和莱赛尔都是澳大利亚兰精公司的注册商标。莱赛尔（天丝）的制作不需要二硫化碳。服装公司经常将使用竹纤维素的人造丝定义为"百分百竹制面料"或"竹丝"；然而用竹纤维素制成的面料依然是人造丝。

22 Hamilton, 'Industrial Accidents and Hygiene', pp. 176–7.

23 Vigliani, p. 235.

24 Blanc, pp. xiii, 148, 159.

25 Agnès Humbert, p. 122.

26 Ibid., p. 141.

27 Hamblin.

28 Blanc, p. 1.

29 Ibid., p. 10.

30 Vigliani, p. 235.

31 Blanc, pp. 11–12.

32 Ibid., pp. ix, 17, 96–7.

33 Hamilton, *Industrial Poisons in the United States*, pp. 368–9.

34 Vigliani, p. 237.

35 Ibid., p. 235.

36 Hamilton, *Industrial Poisons in the United States*, p. 368.

37 Vigliani, p. 235; Hamilton, 'Healthy, Wealthy – if Wise – Industry', p. 12.

38 Blanc, pp. 48, 50, 182–3, 198, 123.

39 阿涅斯作为强制劳工体会到的极少数善意举动之一来自一位自由职工。当时她的衬衫已经磨损得很厉害，导致她一侧的胸部露了出来。管理人员拒绝给她新衣服，但她偷偷溜进一个女职工的办公室，对方给了她一个安全别针。Humbert, p. 151.

40 Ibid., p. 157.

41 Ibid., pp. 151, 155, 173.

42 Ibid., p. 151.

43 'Bangladesh Factory Collapse Death Toll Tops 800'.

44 Ali Manik and Yardley, 'Building Collapse in Bangladesh'; Devnath and Srivastava.

45 Ali Manik and Yardley, '17 Days in Darkness'; The Editorial Board; Estrin.

46 'Rana Plaza Collapse'.

47 Ali Manik and Yardley, 'Building Collapse in Bangladesh'; The Editorial Board; Amy Kazmin, 'How Benetton Faced up to the Aftermath of Rana Plaza', the *Financial Times*, 20 April 2015 <https://www.ft.com/content/f9d84f0e-e509-11e4-8b61-00144feab7de> [accessed 4 October 2017].

48 Schlossberg; Lenzing Group; Scott Christian.

49 Meyer.

50 Tatiana Schlossberg. Federal Trade Commission, *Four National Retailers Agree to Pay Penalties Totaling $1.26 Million for Allegedly Falsely Labeling Textiles as Made of Bamboo, While They Actually Were Rayon*, 3 January 2013 <https://www.ftc.gov/news-events/press-releases/2013/01/four-national-retailers-agree-pay-penalties-totaling-126-million> [accessed 19 September 2017].

51 Lazarus; Changing Markets. Buckley and Piao.

52 Blanc, p. 173.

53 Bedat and Shank.

54 Ma et al.; 'Sulphur and Heart Disease'; Blanc, p. xii.

11　压力之下

1尼尔·阿姆斯特朗似乎本来该说 "That's one small step for *a* man"（这是一个人的一小步），这更符合句意，但后来他自己听录音时同意其他人的看法："a" 听不见。人们反复在最初转播的声音的波形中寻找，但结果是这个词似乎从来没有说出口过。通常的看法是他于1969年7月21日格林尼治标准时间的2点56分15秒踏上了月球表面，在飞船着陆几个小时后。

2Monchaux, p. 251.

3 'Apollo 11 – Mission Transcript'；据巴兹·奥尔德林说，人们印象里宇航员所听见的 "放大的呼吸声" 是好莱坞的发明。Nelson, p. 273.

4宇航员（astronaut）这个词的两部分都恰巧来自古希腊语：*ástron*的意思是星星，*naútes*的意思是水手。

5Collins, p. 100.

6 'What Is a Spacesuit'; Phillips Mackowski, p. 152; Roach, pp. 84, 46, 139; Interview with Bill Dieter, President, Terrazign Inc., Terrazign's Glenn Harness, 2017; Nelson, p. 269; Collins, p. 192.

7Nelson, p. 76.

8Amanda Young, pp. 75, 115.

9集尿袋现在已经成为了收藏品，在拍卖会上的价格达到300美元左右。阿姆斯特朗和奥尔德林返回地球后，在月球上留下了四个保险套式样的集尿袋，两个S号，两个L号。现在，已经没有S号的了——宇航员用的保险套式样的集尿袋现在有三个号码：L号、XL号和XXL号。

10Nelson, p. 77; Amanda Young, p. 88.

11Amanda Young, pp. 92–4, 84; NASA, *Lunar Module*; quoted in James Hansen, p. 489.

12Collins, p. 114.

13Monchaux, pp. 16, 18–20; Robeson Moise, 'Balloons and Dirigibles', in Brady, pp. 309–10.

14这套服装太过贴身，以致威利·波斯特穿着早期成型的太空服时脱不下来，不得不让人把服装从身上切割下来，还要站在古德里奇公司冷藏高尔夫球的冰箱中进行，以免温度过高。Monchaux, pp. 57, 61, 64; Amanda Young, p. 14.

15Phillips Mackowski, pp. 77, 172, 85.

16Monchaux, pp. 82–3, 85–6, 89.

17Phillips Mackowski, p. 170; Monchaux, pp. 94–5.

18Walter Schirra, in Glenn et al., pp. 31, 47–9.

19Amanda Young, p. 22; Walter Schirra, in John Glenn and others, p. 47.

20Cathleen Lewis; Case and Shepherd, p. 14; Amanda Young, pp. 26, 30.

21Noble Wilford.

22Ibid., p. 15; Amanda Young, p. 40.

23Monchaux, pp. 117, 124, 191.

24Ibid., pp. 191–3; Amanda Young, p. 68; Case and Shepherd, pp. 4, 32.

25Amanda Young, p. 75; Monchaux, pp. 209, 211, 219.

26Monchaux, pp. 209, 211.

27面料的层数存在争议。当时的资料多数说明是21层，因此这里使用这一数据。然而，阿曼达·杨在其为史密森航空航天博物馆写的书中则认为欧米茄服装有26层面料。

28 如今，这套服装已经开始分解、腐烂，这是各层面料中的化学物质互相作用的结果。有人发起了众筹项目，计划修复阿姆斯特朗在人类第一次登月当时穿的那套服装。Arena.

29 DeGroot, p. 149.

30 'What Is a Spacesuit'; Allan Needell, in Amanda Young, p. 9.

31 Case and Shepherd, p. 33.

32 Collins, pp. 127, 100, 192.

33 Ibid., pp. 115–16; Case and Shepherd, p. 16.

34 DeGroot, p. 209; Amanda Young, p. 75.

35 Aldrin and McConnell, pp. 122–3; Heppenheimer, p. 218; Monchaux, p. 111.

36 Walta Schirra, in Glenn et al., pp. 47–8.

37 Heppenheimer, p. 222; Kluger; Monchaux, p. 104.

38 A.R. Slonim, *Effects of Minimal Personal Hygiene and Related Procedures During Prolongued Confinement* (Wright-Patterson Air Force Base, Ohio: Aerospace Medical Research Laboratories, October 1966), p. 4.

39 Ibid., pp. 6, 10; Borman, Lovell, and NASA, pp. 156–8; 'Astronauts' Dirty Laundry'.

40 NASA, *Apollo 16*, pp. 372, 435.

41 Hadfield, quoted in Roach, p. 46.

42 PBS; quoted in Nelson, p. 55.

43 Musk, 'I Am Elon Musk; Musk, 'Instagram Post'; Brinson.

44 Monchaux, pp. 263, 95.

45 Grush; Mark Harris; Ross et al., pp. 1–11; Dieter.

46 Dieter; Newman; Mark Harris; Feinberg; Masse.

47 Howell; Burgess, pp. 209, 220–4.

12 更猛，更棒，更快，更强

1 'Swimming World Records in Rome'.

2 Ibid.; Crouse, 'Biedermann Stuns Phelps'; Burn-Murdoch; 'Swimming World Records in Rome'.

3 Quoted in Brennan; Crouse.

4 Wilson

5 'Space Age Swimsuit Reduces Drag'. 虽然乍看可能觉得陌生，但事实上聚氨酯是一种很常见的塑料，它发明于1937年，被应用于各种常见的产品中：你清洗餐具的海绵很可能是聚氨酯制成的。莱卡和弹性纤维也是一样。

6 Milorad Cavic of Serbia, who came second, was also wearing an LZR Racer.

7 Slater.

8 Crouse, 'Scrutiny of Suit Rises'; Wilson; Adlington.

9 Slater.

10 针织面料是由一组组小圈构成的，其本身带有相当的伸缩性，因为每个小圈就像橡皮圈一样。与此相反，编织面料有着固定的角度，无法伸展太多，这使泳衣设计师可以创造出更定型的表面，令运动员的身体颤动得不那么厉害。Christopher Clarey, 'Vantage Point: New Body Suit is Swimming Revolution', *New York Times*, 18 March 2000, section Sports <https://www.nytimes.com/2000/03/18/sports/vantage-point-new-body-suit-is-swimming-revolution.html> [accessed 16 December 2017]; Santry.

11 Dickerman; Furniss.

12 Beisel, quoted in Associated Press, 'Is Rio the End of High-Tech Swimsuits?'; Santry; Adlington. 速比涛另一位前员工斯图·艾萨克也表达过类似的观点. Isaac.

13 Isaac.

14 Quoted in Goldblatt, p. 9.

15 Kyle, pp. 82–3; Christesen.

16 在运动之前和之后都要在身上涂抹橄榄油。体育馆会购买较为低等的装在40加仑的酒罐中的油，然后把油倒进青铜大缸中，再放上搭配的勺子。有人估计，每人每天会用掉约1/3品脱的油。Perrottet, p. 26.

17 Ibid., pp. 6–7, 25; Xenophon quoted in Christesen, p. 201; 199–200, 202, 194.

18 David C. Young, pp. 109–10; Kyle, pp. 82–3; Christesen, pp. 204, 207.

19 Theodore Andrea Cook, p. 70.

20 Kifner.

21 'From the "Jockbra" to Brandi Chastain'; Sandomir; Vecsey; '40 Years of Athletic Support'.

22 Schofield; 'Nike Launches Hijab for Female Muslim Athletes'; Izzidien.

23 Koppett.

24 Williams; Raszeja.

25 Lee, quoted in Campbell; Roberts; Reuell.

26 Koppett.

27 Noble, pp. 57, 58, 62, 64, 66, 68, 71; Stuart Miller.

28 Associated Press, 'Roger Bannister's Sub Four-Minute Mile Running Shoes'.

29 Litsky; 'From the Lab to the Track'.

30 Woolf; 'Nike Engineers Knit for Performance'; Howarth; 'This Is Nike's First Flyknit Apparel Innovation'; Kipoche, quoted in Caesar.

31 Tabuchi; Heitner.

32 Heitner; Elizabeth Harris.

33 Adlington.

34 Wigmore; Tucker.

35 'The Mad Science Behind Nike's NBA Uniforms'; Garcia; Rhodes.

36 正如我们提到过的体育胸罩，何为得体这一概念是值得探讨的。国际泳联于2010年1月出台了新规，其中指明泳衣需要以织物面料制成，男性泳衣只能覆盖从肚脐到膝盖的部分，女性泳衣只能覆盖肩膀到膝盖，并且规定中明确提出泳衣的设计"不得违反道德和健康的品位"。Rogan, quoted in Crouse, 'Biedermann Stuns Phelps'; Federation International de Natation.

37 Tillotson; 'Why Do Swimmers Break More Records than Runners?'

38 Ibid.

39 Isaac; Steyger.

40 Isaac.

13　金色斗篷

1 Kennedy.

2 Author interview with Simon Peers, 8 November 2016

3 Mandel. Hadley Legget.

4 Anderson, pp. 1, 3; Clarke; Wilder, Rypstra and Elgar, p. 31.

5 'Golden Orb Weaving Spiders'.

6 Vollrath quoted in Adams; Hayashi.

7 Vollrath and Selden, p. 820; Hayashi.

8 Randy Lewis.

9 西蒙·皮尔斯对我说，他曾经请别人闭上眼睛，将蛛丝流苏放到他们手上，然后让他们在感觉到的时候告诉他。然而，这面料太轻了，几乎没人能很快察觉。

10 Hambling

11 William F. Leggett, p. 7.

12 Peers, *Golden Spider Silk*, p. 6; Werness, p. 285; Ackerman, pp. 3–4.

13 Gotthelf; Ledford; Wilder, Rypstra and Elgar.

14 这则故事最著名的讲述者是奥维德，但据信它有更早的起源：一个来自公元前600年的古希腊科林斯式的水壶表现了这个故事的场景。

15 在另一个版本里，阿拉克涅项缢而亡，但雅典娜不希望自己的对手如此容易地解脱。这位女神以阿拉克涅使用的垂坠的绳子为灵感，将她变成了垂挂在丝上的蜘蛛，以惩戒其他人不得对神不敬。

16 Quoted in Peers, p. 37.

17 Ibid., p. 14.

18 Bon, pp. 9–11.

19 René-Antoine Ferchault de Récamier quoted in Peers, p. 19.

20 西蒙·皮尔斯在自己的书中提出观点，认为这些床帘可能根本不是蛛丝制成的。当时的报道说，床帘由25000只蜘蛛产出的丝纺成的24股线做成，丝线总长达到10万米。皮尔斯根据自己的经验判断，25000只蜘蛛根本吐不出这么多丝。Peers, pp. 17, 21, 36, 39.

21 Peers, phone interview with author.

22 这座岛的文化之中，不存在19世纪时曾规律性地捕捉蜘蛛、令其产丝的记忆。在西蒙和尼古拉斯的计划开始之前，马达加斯加本地人抓蜘蛛只是为了吃掉。它们是一种当地美味的主要组成部分：将其腿去掉，身体油炸，然后配上一点朗姆酒食用。

23 Peers, p. 44; Hadley Leggett.

24 Mandel.

25 为什么用山羊？据内克夏公司说，做出这一另类的选择，是因为山羊产奶腺体和蜘蛛制丝腺体的相似性。

26 Hirsch; Kenneth Chang, 'Unraveling Silk's Secrets, One Spider Species at a Time', *New York Times*, 3 April 2001 <http://www.nytimes.com/2001/04/03/science/unraveling-silk-s-secrets-one-spider-species-at-a-time.html> [accessed 5 February 2017]; Rogers.

27 即使有人能够复制蜘蛛的吐丝器，这仍然不够：蜘蛛吐丝太慢了，完全模仿蜘蛛的机器产量是达不到商业生产要求的。

28 Dr Randy Lewis, molecular biologist at the University of Utah.

29 Adams.

30 Fritz Vollrath, zoology professor, University of Oxford, Skype interview with author, February 2017.

31 Vollrath, 'The Complexity of Silk', p. 1151.

32 Fritz Vollrath, zoology professor, University of Oxford. Vollrath, 'Follow-up Queries'.

33 Ibid. Adams.

34 闪线公司产品研发部副总裁杰米·班布里奇自

豪地对我说："我们这幢大楼没有蜘蛛。"

35 Widmaier, 'Spider Silk: How We Cracked One of Nature's Toughest Puzzles'; Widmaier, phone call with author.

36 Bainbridge.

37 Widmaier, phone call with author.

38 Bainbridge.

39 Peers, phone interview with author.

尾声

1 例如，"瓦尔卡夫人"这座雕像就穿着一件饰有金色星星和688种其他装饰品的衣服。而令人难以置信的是，一段现存的新巴比伦时期的文字记录提到，另一件神圣的服装上有61颗金色星星，曾被送到金匠那里修补。

2 Bremmer; Colavito, pp. 187, 207.

3 Ruixin et al., p. 42.

4 Bayly, p. 62.

5 下面这段来自当时的记载描述了弗朗索瓦一世一些随行人员的穿着，从中可以窥见场景的华丽："……其他的军官，都穿着金子制的衣服，脖子上挂着金链子，随行的弓箭手穿着金匠打造的甲衣，马身上的铠甲也是如此。"Brewer; de Morga quoted in Brook, p. 205.

6 'Glass Dresses a "Fad"'.

7 Eliot Stein; Paradiso.

图书在版编目（CIP）数据

金线/（英）卡西亚·圣克莱尔（Kassia St Clair）
著；马博译.—长沙：湖南人民出版社，2021.5
ISBN 978-7-5561-2461-9

Ⅰ.①金… Ⅱ.①卡… ②马… Ⅲ.①纺织品-普及
读物 Ⅳ.①TS107-49

中国版本图书馆CIP数据核字（2021）第027492号

First published in Great Britain in 2018 by John Murray(Publishers)
An Hachette company

Simplified Chinese edition copyright © 2021 by Shanghai Insight Media, Co.
Copyright © Kassia St Clair 2018
The right of Kassia St Clair to be identified as the author of the work has
been asserted by her accordance with the Copyright, Designs and Patents Act 1988.
All right reserved.

著作权合同登记号：18-2019-114

金 线
JIN XIAN
［英］卡西亚·圣克莱尔 著 马博 译

出 品 人　陈　垦
出 品 方　中南出版传媒集团股份有限公司
　　　　　上海浦睿文化传播有限公司
　　　　　上海市巨鹿路417号705室（200020）
责任编辑　曾诗玉
美术编辑　凌　瑛
责任印制　王　磊
出版发行　湖南人民出版社
　　　　　长沙市营盘东路3号（410005）
网　　址　www.hnppp.com
经　　销　湖南省新华书店
印　　刷　深圳市福圣印刷有限公司

开本：880mm×1230mm　1/32　　印张：14　　字数：242千字
版次：2021年5月第1版　　　　　印次：2021年5月第1次印刷
书号：ISBN 978-7-5561-2461-9　　定价：79.00元

出　品　人：陈　垦
策　划　人：余　西
出版统筹：戴　涛
监　　制：仲召明
编　　辑：鲁佳音
美术编辑：凌　瑛

欢迎出版合作，请邮件联系：insight@prshanghai.com
微信公众号@浦睿文化